岱崮地貌
形成演化及开发价值

张义丰　王随继　著

图书在版编目(CIP)数据

岱崮地貌形成演化及开发价值 / 张义丰，王随继著. —北京 ：气象出版社，2016.11

ISBN 978-7-5029-6224-1

Ⅰ. ①岱… Ⅱ. ①张… ②王… Ⅲ. ①地貌—形成—研究—蒙阴县②旅游资源—资源开发—开发价值—研究—蒙阴县
Ⅳ. ①P942.524②F592.752.4

中国版本图书馆 CIP 数据核字(2016)第 279980 号

岱崮地貌形成演化及开发价值

张义丰　王随继　著

出版发行：气象出版社

地　　址：北京市海淀区中关村南大街 46 号　　**邮政编码**：100081

电　　话：010-68407112(总编室)　　010-68408042(发行部)

网　　址：http://www.qxcbs.com　　**E-mail**：qxcbs@cma.gov.cn

责任编辑：吕青璞　张锐锐　　**终　　审**：邵俊年

封面设计：易普锐创意　　**责任技编**：赵相宁

责任校对：王丽梅　　**图片支持**：CFP

印　　刷：北京地大天成印务有限公司

开　　本：787 mm×1092 mm　1/16　　**印　　张**：13.5

字　　数：350 千字

版　　次：2016 年 11 月第 1 版　　**印　　次**：2016 年 11 月第 1 次印刷

定　　价：89.00 元

前 言

自2007年岱崮地貌的提出与命名到《岱崮地貌形成演化及开发价值》研究通过验收，历经7个年头，可谓是来之不易，可庆可贺。说到岱崮地貌的发现与首次提出，就像对自然的发现一样，有其偶然，更有其必然。本人生于平原、长于平原，但酷爱山区，加之所学专业又是地貌专业，因此，对山区（山地）研究钟爱有加。2003年，本人及团队在总结北京山区发展和多年研究成果的基础上，提出了沟域经济理论。该理论一经提出，就得到北京市各级政府高度重视，迅速得到应用推广，目前沟域经济已经成为推动北京山区经济、三农发展、农游一体化、生态文明的主要抓手，可谓是示范首都，影响全国。基于当时沟域经济发展背景及其在北方山区的推广，本人提出要选择一个典型的北方山区进行对比研究，通过认真的对比分析，最终选择了沂蒙山区，使本人及其团队有幸走进蒙阴，了解岱崮。在山区对比研究过程中，我们发现岱崮的地貌类型不仅丰富多样，而且集群发育，又具有旅游地貌的造景特征。这引起本人及团队高度重视，展开了深入的考察与研究，形成了岱崮地貌专题报告。通过多次与学术界的沟通与征求意见，正式提出以岱崮镇名字命名岱崮地貌。随之进行了评审，得到专家的高度认可，一致通过验收，这就是岱崮地貌的由来。

岱崮地貌作为我国旅游地貌的一种特殊类型，具有重要的研究与开发价值，引起政府、学界和社会的广泛关注，更是得到了蒙阴县委政府的高度重视。蒙阴县主要领导及相关部门负责同志三进地理所，特别是朱开国书记亲临邀请，使本人受宠若惊，深受感动，经过双方协商，决定启动《岱崮地貌形成演化及开发价值》的专题研究，这是本项研究的背景。

为了积极配合岱崮地貌专题研究，蒙阴县委县政府做了充分准备，专门成立了以朱开国书记、王皓玉县长为组长，本人、张晓兵、彭波、冯家同、王永风、邢俊普、李芸为副组长，房新宇、伊西华、张兆海、公鑫、李祥勇、李波、秦元东、李建华、公衍澍、王兰兰、王焕才为主要成员的项目领导小组。领导小组的成立，为专题研究打下了扎实的基础，尤其是李芸主席、公鑫主任及岱崮地貌办公室的同志与专家组同甘苦、共努力，为岱崮地貌专题研究得以顺利开展立下了汗马功劳。同时，中科院地理所也成立了以本人为组长，王随继副研究员为副组长，闫云霞、颜明、房金福、谭杰、李玲、王彦君、苏腾、秦伟山、孙锴、穆松林为主要成员的项目研究小组。至此，岱崮地貌专题研究的格局已经形成。研究小组的分工是本人主持整个专题研究的统筹及开发价值的深研，王随继副研究员负责岱崮地貌形成演化部分，其他成员按分工进行配合。

《岱崮地貌形成演化及开发价值研究》是在对区域地貌进行大量研究的基础上，基于大量实地考察、补点详查，充分掌握第一手资料与数据，分析总结而成，对岱崮地貌发展具有较强的理论与实践指导性。本成果充分发挥了地理学的综合优势，融合了人文地理学、生态学、环境学、景观学等多维视角，采用了更加切合实际的研究方法和开发模式。针对岱崮地貌的独特性、敏感性和脆弱性，对其形成发育的生命周期进行系统分析，为认识中国旅游地貌地理分异规律提供了理论基础。同时，又针对岱崮地貌的形态进行类型划分，对不同的立地条件下的崮体提出了保护与开发路径。还针对处于不同生命周期阶段的崮体提出了特殊保护的措施。为了促进岱崮地貌的区域发展，提出了“三区”发展战略，以确立岱崮地貌的空间组织和开发程序。

《岱崮地貌形成演化及开发价值》是理论与实践的集成，是中国岱崮地貌的首部成果，它的推出对于促进我国旅游地貌、实现产业多元化、主题特色化、发展国际化具有重要的现实意义，更有助于提升岱崮地貌的知名度，推进其持续发展能力，加快建设岱崮地貌旅游目的地的进程。在研究过程中得到了中国著名地貌学家崔之久、杨逸畴先生的悉心指导，得到了孙文昌、李明德、刘毅、房金福、王庆研究员的热情支持，有力推进本研究的理论与实践探索。同时还得到蒙阴县、临沂市、山东省有关专家鼎力相助，本人及团队对此表示荣幸与感激，在此一并致以诚挚的谢意！

岱崮地貌对于我国旅游地貌的未来发展具有深远影响，但就本研究而言，还有很大的挖掘潜力，本人及团队要在现有的研究基础上，结合蒙阴县、临沂市乃至山东省旅游发展的新形势、新业态，进行基础和规划研究，不断总结和提升岱崮地貌的理论与实践研究，对中国岱崮地貌的崭新未来起到推动作用。本研究是一项复杂而综合的系统工程，限于时间及本人与团队的学识水平和能力，成果中还有很多尚需完善之处，期望学者专家给予批评指正，本人及团队不胜感激！

张文丰

中国科学院地理科学与资源研究所　研究员

2014 年 6 月

目 录

第一章　研究背景

第一节　方山与崮

方山，作为一类典型的地貌景观，很早就引起人们的关注，但是，对其系统性的研究相对其他地貌形态来说并不多见。

在西方国家中对这类地貌景观的称呼也有较大差别：美国英语术语一般将方山称作Mesa，指桌型地形（Tableland）；西班牙语及葡萄牙语将其通常称作 Table（Landform），另外还有一些地方将其称作 Table Mountain。在中国，将方山也称作桌子山、平顶山、嶂、崮等等，其中方山最为常见，而以崮称之最为形象。崮者，从字形看，既有方（固为方形、两侧笔直）的形态，也有坚固（基岩出露、傲立苍穹）内涵，且不失山的意境。

虽然对此类地貌景观的称呼多种多样，但是对其定义基本一致，那就是：方山是具有平坦顶面和悬崖陡壁的山或丘陵的高端处地貌形态。这类地貌景观在中国、美国、西班牙、阿根廷、北部非洲、南部非洲、阿拉伯半岛、印度、澳大利亚等许多地方都有发现，世界各大洲都有典型的代表。

方山主要由上下岩性不同的至少两部分岩体构成：顶部岩层是方山的鲜明标志，这里的岩石抗风化剥蚀能力强，但具有一定的节理，可以在重力作用下坍塌后退而形成陡峻的岩体陡壁，长期的地表外营力及重力作用下使其形成典型的层厚、壁陡、顶部平缓的方山“标志”层；下部的岩石一般是抗风化能力较差、岩性较为软弱的岩层，以泥岩、页岩等碎屑岩为主，也可以是泥页岩与其他薄层岩石的互层，总体厚度远大于顶部的形象层。这套岩石在长期风化剥蚀作用下，逐渐变成似椎体缓坡，侧面观之犹如三角形，上部标志层的崩塌后退与该套岩石侧向风化剥蚀保持一致。这套岩石是方山的基座。

通常情况下，不同的方山可以具有类似的基座，但顶部却具有相差悬殊的标志层。标志层可以是火山岩或砂岩类，也可以是蒸发岩类。不同岩性的方山顶部岩体反映着方山形成演化的不同路径。

中国类似方山的地貌形态并不鲜见，其中以岱崮地区为核心的崮作为代表的地貌形态是一种独特的方山类型，有必要对其形成机理和演变进行深入的分析。

第二节　国内外典型方山特征综述

为了深入揭示以岱崮地区为核心的崮的形成、演变、特征及其景观，首先需要对全球主要方山的特征进行综合对比分析，从而为这类崮的科学定位找到理论依据。

方山作为特色鲜明的一类山岳地貌景观，在世界各大洲都有分布。其中一些方山因其具有独特的旅游价值，已经被当地政府或旅游公司开发为旅游区，接待来自不同地区的游客。下面，对于世界上一些比较知名的且具有代表性的方山进行简述，以了解其特征。

一、北美洲的著名方山——美国西部高原的天空之岛

1. 位置

美国的峡谷国家公园（Canyonlands National Park，又译作坎宁兰兹国家公园）位于美国西部高原区犹他州西南部的摩押镇（Moab）附近。美国西部的两大河流——绿河（Green River）和科罗拉多河（Colorado River）交汇于该峡谷国家公园，并将公园分为天空之岛、迷宫区、针区三大部分。其中以方山为特征的天空之岛位于公园北部，处于科罗拉多河与绿河的交汇点之上部。

2. 几何形态

天空之岛顶部宽阔且比较平坦，平均海拔高度为 1520 米，高出砂岩台地（sandstone bench）366 米，而砂岩台地则高出河床 305 米。从 Google 地图量测，顶部距离水面约 330 米左右。顶部以裸露的基岩为主，局部低洼处有风化形成的紫色土，在节理缝隙中生长有灌木，土壤区有稀疏草被，总体上乔木植被不发育。

3. 岩性及地层特征

该区域在宾夕法尼亚时期存在一个沉降盆地和与之相邻的抬升山脉。围陷在盆地内的海水在中宾夕法尼亚时期形成了较厚的蒸发岩。蒸发岩与山脉剥蚀物形成了 Paradox 地层。Paradox 盐床在宾夕法尼亚晚期开始运动，一直持续到侏罗纪末期。一些科学家认为 Upheaval 穹顶是由 Paradox 盐床运动形成的，但是更多的研究表明陨石撞击理论可能更正确。

宾夕法尼亚晚期，暖浅海再次淹没了该区域，形成了富含化石的砂岩、页岩

岩系。紧接着进入了侵蚀阶段，形成了不整合接触。二叠纪初期，海洋扩张过程中沉积了 Halgaito 页岩。海岸低洼地带之后重新占据该区域，形成了象峡谷(Elephant Canyon)地层。

大的冲积扇填充了盆地，与奇形怪状的山系相邻处形成了富铁长石砂岩构成的卡特勒(Cutler)红色岩床。海岸区的水下沙坝和沙丘与红色岩床交错，之后形成了浅色的雪松(Cedar)方山砂岩，这种岩石构成了方山的崖壁。此后，颜色较浅的氧化泥质沉积物形成了有机火山页岩。随后，海岸沙滩和水下沙坝沉积层再度占据主导地位，同时形成了分选极好、颜色单一的白条(White Rim)砂岩。

二叠纪海洋退却后形成了第二个地层不整合面。逐渐扩展的低地上的洪泛平原覆盖了原有的侵蚀面，潮汐面上也出现了泥质沉积物并形成了 Moenkopi 地层。当海岸退却导致侵蚀再度发生时，便形成了第三个地层不整合面。紧接着在侵蚀面上形成了 Chinle 地层。

三叠纪时期该地区的干旱气候不断加剧，地表风沙以沙丘的形式进入该地区形成了翼状(Wingate)砂岩。一段时期内研究区气候条件曾一度变得较为湿润，降水增加导致河流的径流量增大，河流对河床的下切侵蚀能力变强，最终使河流切穿了以沙丘形成的 Kayenta 地层。当干旱气候再度出现时，美国西北部被大规模沙漠覆盖，在这样的气候背景下，形成了纳瓦霍(Navajo)砂岩。其中在侵蚀时期内形成了第四个不整合面。

泥面的出现形成了卡梅尔(Carmel)地层并且形成了 Entrada 砂岩。长时期的侵蚀剥蚀掉区域内大部分的 San Rafael 岩群以及白垩纪时期形成的所有地层。

7000 万年前的 Laramide orogeny 造山运动开始抬升区域中的落基山脉。侵蚀加剧，当科罗拉多峡谷下切到 Paradox 地层的盐床时，上覆地层向河谷延伸，形成了地堑。在更新世(Pleistocene)冰期期间，降水增多，加剧了河谷向下切蚀的速度。类似的下蚀作用一直持续至今，但是下蚀速率相对较低。

总之，天空之岛的方山主要有两大类型，其中侵蚀残留区以岩柱、岩墙为主，另一类为长条形突出岩体(图 1-1)。它们都是海相砂岩地层，经历长期的构造抬升后，遭受地表径流侵蚀而形成的产物。

图 1-1　美国峡谷地方山全貌(截图于 Google 地图)

二、非洲南角的著名方山——南非桌山

1. 位置

桌山(Table Mountain)位于南非的南端开普敦,处于大西洋与印度洋两大洋的比邻处,是南非乃至世界上最著名的平顶山之一,是南非开普敦半岛国家公园的重要组成部分。

桌山呈近东西向展布、耸立于划分两大洋的开普敦半岛北端、开普敦城市西郊,其余脉狮子头峰、信号山、魔鬼峰与之相连,背靠不远处的高山峻岭,前拥波光粼粼的大西洋海湾,与印度洋海湾比邻。桌山南部的海湾为天然良港,并因桌山而得名为桌湾。

桌山是开普敦市的著名地标,桌山顶部的风景被列为南非最著名的景观之一,对世界游客具有极强的吸引力。来此游览的游客既可以通过空中索道到达桌山之巅,也可以徒步攀登至山顶,在桌山的平坦顶面上可俯瞰开普敦市和桌湾全貌,并且可以同时欣赏大西洋与印度洋两大洋的汹涌波涛、旖旎风光。

2. 几何形态

桌山主峰海拔高度1086米,山顶平坦恰似一个巨大的桌面。由于地处印度洋和大西洋两洋交汇的特殊地理位置,加上奇特的地中海型气候条件,山顶常年云雾缥缈,恰似一张轻薄的桌布,变幻着神奇莫测,有时云雾也会偶然散去,但这样的日子一年中屈指可数,而且每次也就持续数个小时。

在桌山顶部两端令人印象深刻的悬崖之间,平坦的顶面长约3千米(其中非常平缓的顶面长约1500米),宽200多米。桌山,东边以魔鬼峰(Devil’s Peak)为界、西边以狮子头峰为界,构成了开普敦城区生动的背景。岩壁高耸,在开普敦城的衬托下雄伟壮观。在桌山东边,还发育了一个锥形孤峰,与桌山遥相辉映,意趣盎然。湛蓝的天空,碧绿的坡麓,包围着本色依然的桌山岩壁,层次清晰,风景独秀。

3. 岩性及地层特征

南非方山台地上部地层由奥陶纪石英砂岩组成,通常被称作“方山砂岩”(Table Mountain Sandstone),这类砂岩具有很高的抗风化性能,常常形成特征鲜明的陡峭灰色峭壁。在砂岩的下部,是一层含云母的基部页岩,这类页岩非常易于被风化,由于风化物的覆盖使得这类页岩层的出露不明显。岩壁的基底是由晚

前寒武纪高度变质的千枚岩和角页岩(phyllites and hornfelses)褶皱地层组成，它们以被非正式地称呼为白垩土页岩(Malmesbury shale)而闻名，曾经经受过开普花岗岩(Cape Granite)的入侵。

基底岩石远非“方山砂岩”那样具有极强的抗侵蚀能力，但是，开普花岗岩的抗风化能力却较强，其主要露头在狮子头峰的西边可见。

桌山顶部远看非常平坦，但在身临其境之时，会有不同的观感。由于长年受到海风的吹袭以及山顶土壤缺乏，缺少乔木，而在岩石节理缝隙中生长了灌木植物和草被。砂岩顶面边部看不到平整的砂岩层面，而是风化剥蚀残余的各类怪石，有的像浑圆的大石球、有的像沧桑的巨人、有的像舞蹈的仙女、有的像犀利的宝剑，等等。这是地表主要受风力影响，经过长期剥蚀作用而成的产物。

邱建平认为，南非桌山的形成主要是风蚀产物，也是风蚀地貌的一类。风蚀地貌多见于岩性强弱相间的沉积岩(主要是砂岩、泥岩等)地区，由风蚀作用所形成的风蚀地貌在大风区域有广泛的分布，特别是正对风口的迎风地段发育更为典型。南非开普敦正好位于大西洋的巨大风口上。突兀隆起千余米海拔高度的桌山正对风口的迎风地段，风蚀作用特别强烈，在经历了几千万年不断的风力侵蚀后，形成了如今蔚为壮观的风蚀方山地貌[1]。

但是，对于陡峻的桌山岩壁的形成，仅用风蚀作用是难以圆满解释的，因为陡峻的岩壁自然有沿岩石节理缝隙的崩塌作用的制约。如前所述，该方山的岩壁地层是由石英砂岩构成的，而其底部是非常容易风化的页岩。这两类岩石存在明显的差异风化特征，砂岩底部的页岩风化速率大、向内凹进的程度显著，从而引起上部一部分砂岩体的悬空和失稳，及至难以承受重力崩塌时自然就发生岩体坠落，形成陡峻的崩塌面。另外，桌山石英砂岩与下部侵入页岩地层的火山岩之间形成了不整合接触面，这个不整合面也是上部砂岩地层失稳崩塌的因素之一。

南非桌山的砂岩具有近水平层面，水平层理不发育，但是斜层理或交错层理非常发育，这可能揭示了滨海相沉积体系。因为滨海相石英砂岩粒度较细、分选好，而且胶结成岩作用也较好，使得桌山砂岩体具有很强的抗侵蚀能力。

4. 相关传说

桌山因为岩壁陡峻、顶部平坦开阔而雄浑，也因为桌布似的云雾常年笼罩而神秘。关于桌山之云还有一个久远而有趣的传说：一天，一个名叫范汉克斯的海盗在桌山附近和一个魔鬼相遇，他们便在一块马鞍形的岩石旁一边吸烟斗，一边攀谈起来。那天情绪不错的魔鬼向海盗透露说，山上只剩下一个为赎回罪孽的魔鬼保留的温暖洞穴。准备改邪归正的海盗灵机一动，提出与魔鬼进行吸烟比赛，谁赢了，那个温暖的去处就属于谁。他们的竞赛一直延续至今，因此桌山上从此总是云雾缭绕。为什么冬天没有云了呢？那是因为魔鬼和海盗现在年事已高，在阴冷潮湿的冬日暂停比赛。

三、温岭大溪方山

1. 位置

温岭大溪镇方山位于总面积450平方千米雁荡山脉之中，是浙江省温岭长屿—方山地质公园的一部分。浙江省温岭长屿—方山地质公园，位于温岭市中西部，包括两大部分：长屿硐天古采矿（石板）洞窟遗址及附近的自然人文景观；方山和南嵩岩地区的火山岩地质遗迹与历史文化景观。温岭大溪方山已与著名的南非桌山结为“姐妹山”。

2. 景观特征

温岭市大溪镇境内的方山，是在一亿多年前的原始地貌改变过程中留下的火山遗迹，是亚洲最大的中生代流纹岩火山台地。景区面积9.88平方千米，周围绝壁深谷，高差皆在100米以上，气势磅礴。山顶700亩（1亩≈666.67平方米，下同）台地坦荡开阔，恍若空中平原，天外琼台。

温岭方山岩壁陡峭，顶部较为平缓，没有乔木，草被发育。方山岩体耸立云天，雄浑壮观，其火山岩地层的柱状节理非常发育。

温岭大溪镇典型方山成长条状，岩壁如斧劈，顶部平坦开阔，在阳光的照射下，岩壁金碧辉煌，与岩壁下部坡麓地带的翠绿植被形成鲜明对比。

陶奎元等[2]认为，雁荡山独特的流纹岩地貌景观，在形态、成因、审美学意义上均有别于砂砾岩地貌、喀斯特地貌、丹霞地貌和花岗岩地貌，雁荡山地貌可以作为中生代火山岩地貌的模式地，它具有典型性、代表性，可称之为雁荡山地貌或雁荡山型火山岩地貌。同时，他们对雁荡山地貌进行了分类，类别包括“叠嶂”和方山等，认为叠嶂具有“山体直立似屏障，其顶平身陡，两侧直立面为断崖”的特征。

嶂者方展如屏，陡崖直耸云霄。对雁荡山的嶂使用“叠嶂”来形容和记载，最早出自徐霞客。雁荡山之洋洋叠嶂均由巨厚的流纹岩层构成，是多期次火山喷发、岩浆溢流而成。从岩浆岩的叠层数目可判断火山岩浆的溢流次数。其中横纹、曲纹均为岩浆流动的标记，纵纹理为垂直岩层的节理（裂隙）[3]。

奇异、雄壮、秀丽并蓄于叠嶂，从不同方向观之，景色各异：于谷底，环视之嶂壁回合；平视之，如城如墙；仰视之，回嶂通天，非中午、子夜不见日月，震撼心灵；于高处俯视之，顶齐等高，排列分明，时断时续，展布有序[2]。

雁荡山叠嶂有：铁城嶂、游丝嶂、化城嶂、屏霞嶂、紫薇嶂、莲台嶂、朝阳嶂等。呈环状分布、厚度在30米左右的流纹岩层，构成富有个性的叠嶂，显然有别于其他名山通常的断崖[2]。

雁荡山之方山，呈方形或长方形山体，由流纹岩组成，其顶平而周边陡直，为两个方向的陡层崖。温岭方山是雁荡山地貌的一个重要组成部分。方山山顶平缓、开阔，周围为如刀削般的陡崖，气势恢宏，令人叹为观止；崖下为平缓的山麓。从下仰望，巍峨磅礴之势赫然在目[2]。

3. 岩性及地层特征

东西长25千米，南北长18千米的雁荡山气势磅礴，众山脉皆拔地而起，山势雄奇堪比黄山，其地质遗迹更是堪称中生代晚期亚欧大陆边缘复活型破火山形成与演化模式的典型范例。它记录了火山爆发、塌陷、复活隆起的完整地质演化过程，享有"古火山立体模型"的美誉。而位于温岭境内的雁荡山北沿余脉——方山是这一"立体模型"无法忽视的所在：它是中国最大的火山平台，是对以峰、嶂、岩洞景观为特色的雁荡山奇绝风光的最佳补充[2]。

陶奎元等[2]从地质的角度对雁荡山叠嶂及方山的形成与火山作用进行了有益探讨，认为方山熔岩台地貌是由山峰顶部的层状玻璃质火山岩帽发育而成的以裸岩陡崖为特征的地貌。雁荡山火山先后经历了四期喷发，形成由下而上四个岩石地层单元，火山喷发后又有岩浆侵入，构成一个侵入岩单元。

雁荡山火山第一期喷发：第一岩石地层单元，其岩相为火山碎屑流，代表性岩石为低硅流纹质熔结凝灰岩，分布于破火山边缘带，呈围斜内倾，火山内部由于断裂切割，于溪谷底部有部分出露[2]。第二期喷发：第二岩石地层单元，其岩相为溢流相与侵出相，代表性岩石为流纹岩，呈复合熔岩流单元或岩穹。该岩石地层单元叠加在第一岩石地层单元之上，岩层近于水平或略向内部倾斜。雁荡山的嶂、洞和主要瀑布均分布这一岩石地层单元之中[2]。第三期喷发：第三岩石地层单元，其岩石主要为空落凝灰岩，局部有薄的流纹岩层，凝灰岩带构成小型峰丛[2]。第四期喷发：第四岩石地层单元，其岩相为火山碎屑流，代表性岩石为高硅流纹质熔结凝灰岩。该岩石地层单元分布最高层位，通常构成雁荡山锐峰[2]。

岩浆侵入单元：上述四期火山喷发结束之后有岩浆侵入，在破火山中发育中央侵入体，其岩石为斑状石英正长岩[2]。

上述四个岩石地层单元在剖面上依次叠置，在水平面由外向内呈环状分布，构成了一个极其典型的破火山口[2]。

叠嶂与方山地貌与丹霞地貌相似，具有“顶平、身陡、麓缓”的特征，但其岩壁以棱角鲜明区别于后者的圆滑。在中国已建成的13个以火山地质遗迹为主体的国家地质公园，多数为新生代火山地质遗迹。像方山这样的单纯由中生代火山岩构成风景秀丽的地质公园并不多见，其开阔台地和丰富的地貌景观（含梅雨瀑等），在中国火山岩风景区极为罕见[2]。

4. 形成及演化

雁荡山叠嶂及方山地貌是内、外动力地质作用共同作用的结果。内动力地质作用首先形成了大型破火山，其后经历了地壳抬升剥蚀火山构造、区域构造断裂和岩石节理作用导致岩石破裂岩块崩塌、流水侵蚀以及风化剥蚀等外动力地质作用，最终形成了雁荡山岩石地貌[2]。北宋科学家沈括游雁荡山后得出了流水对地形侵蚀作用的学说，这比欧洲学术界关于侵蚀学说的提出早600多年[2]。

四、其他方山

上述方山在形态特征方面具有很好的一致性，但是在岩性和形成过程方面却有相当大的差异，它们从不同方面展示了大多数方山的地层构成和形成过程。下面简单介绍展示部分其他具有特色的方山。

1. 意大利魔帝圣者方山

魔帝圣者方山（the mesa of Monte Santo）位于意大利撒丁岛中北部的Logudoro，似缓坡山坡顶部出现了较厚层基岩山冈，顶部平坦，与其下部风化较强的岩层不同。从植被发育情况看，缓坡山坡上植被茂密，表明风化土层较厚，而方山顶部基岩裸露，植被不发育，岩壁及山顶部都没有乔木，表明很少保留风化层。由此可见，意大利魔帝圣者山峰也属于方山。

2. 美国格拉斯山脉的方山

格拉斯山脉（玻璃山脉，Glass Mountains）位于美国俄克拉荷马州西北部，它由一系列方山组成，沿美国412公路延展。这类方山基本由下部的紫色易风化岩层形成山峰的主体部分，顶部出现较厚层灰色基岩形成了陡峭的岩壁和平坦的顶面，成为色彩对比强烈的方山山系。

美国俄克拉荷马州格拉斯山方山的典型性在于，其岩性不同于前述的其他主要方山，顶部是厚层石膏帽，下部是易于被侵蚀的胶结较弱的砂砾岩、泥岩等沉积地层构成,该方山位于美国俄克拉荷马州伍兹县境内。这个方山的最大特色在于山顶方山岩体为石膏地层,厚度较大,虽然也属于蒸发岩体,但是却不同于其他地方可见的碳酸盐岩,当然,从岩性上看,更不同于那些砂岩方山、火山岩方山。鉴于方山的潜在旅游价值,目前,俄克拉荷马州政府已经在此建立了一个公园,给登山者提供了徒步登上方山的机会。

3. 阿根廷瑟罗—尼格罗(Cerro Negro)方山

瑟罗—尼格罗方山位于阿根廷的 Zapala 地区,该方山的平面形态不规则,岩层似乎不是特别致密,但是差异风化作用还是导致形成了顶部平坦、山坡较陡的方山地貌。当然,该方山相对周边地区其高程差并不是非常突出。另外,该方山处于干旱—半干旱气候区,草类植被寥落,乔木甚至灌木类植被罕见。

4. 美国科罗拉多高原纪念碑峡谷(Monument Valley)的方山

在科罗拉多高原地区一个由砂岩形成的巨型孤峰群区域,其中最大的孤峰高于谷底约 300 米。该区域位于亚利桑那州北方州界和犹他州南方州界(坐标大约 36°59′N,110°6′W)的附近。纪念碑峡谷在纳瓦霍族保留地之内,可经由美国 163 号公路到达。

纪念碑峡谷是科罗拉多高原的一部分。谷底大多是含粉砂岩的卡特勒组(Cutler Formation)地层或从河流切穿峡谷形成的砂质沉积物。纪念碑峡谷的鲜艳红色来自于风化的砂岩中暴露的铁氧化物,谷中较暗的蓝灰色岩石则是来自氧化锰的侵染。

谷中的孤峰清楚分成多个地层,最主要的地层有三个。最底下的地层是称为 Organ Rock 的页岩,中间则是谢伊层砂岩(de Chelly),最顶层则是称为孟科匹(Moenkopi)层的页岩,更上方被称为 Shinarump 的粉砂岩覆盖。纪念碑峡谷内有许多巨型岩石结构,其中包含了“太阳之眼”(Eye of the Sun)。

这里除了上述孤丘群居方山外,还有一类长形方山,其地层组成及结构大致与前述孤丘状方山类似。

5. 河北省嶂石岩景区的方山

嶂石岩风景名胜区(以下简称嶂石岩)位于河北省赞皇县境内,距省会石家庄市 86 千米,是距省会最近的消夏避暑天然胜地,为国家级风景名胜区、国家地质公园、国家 AAAA 级旅游景区。景区总面积 120 平方千米,主要分为纸糊套、冻凌背、圆通寺和九女峰四个景区。嶂石岩区位优势显著,东临天下第一桥赵州桥,西接大寨虎头山,北连革命圣地西柏坡,南牵临城崆山白云洞,居于冀南黄金旅游圈的中心，距京、津、济南、太原、郑州等周边大中城市均不超过400千米。

这里出现的方山以里川沟东侧山地处最为典型，如黄庵垴、白马垴等。在槐河西岸支沟源头的分水岭处也有零星分布。

该处方山位于太行山中段，地质构造上属于南北向并向北倾伏的赞皇大背斜的西翼。区域地层主要为厚的坚硬层，其岩性为中元古界长城系红色石英砂岩，产状平缓，岩性坚硬，节理发育，成为地貌发育的基础。砂岩岩层下面则是一层比较薄、比较软的泥岩或泥质砂岩。砂岩层上覆古生代寒武纪灰岩，构成了太行山的主脊[4]。

据最新研究成果，太行山地区，大约在37～24 MaBP的渐新世，喜马拉雅造山运动第一幕结束，地壳的构造运动比较宁静。地表以剥蚀、夷平为主。整个太行山地都形成了准平原，即甸子梁期准平原。大约在24～11.6 MaBP的中新世早、中期，喜马拉雅造山运动第二幕开始，本区内的地壳以抬升为主，太行山地初步形成。甸子梁期准平原被抬升到太行山顶部，构成了山地夷平面。随之，也引起了外力的强烈侵蚀、剥蚀，开始雕塑着盘状谷以上的造景地貌。大约在11.6～3 MaBP的中新世晚期至上新世早期，喜马拉雅造山运动第二幕趋于结束。外力的侵蚀、剥蚀又居于主导地位，并以侧蚀、展宽为主，逐步形成了盘状宽谷和山麓剥蚀面，即唐县期宽谷—山麓面。大约自3～2.5 MaBP的上新世末期或第四纪初期开始，在喜马拉雅造山运动第二幕还没有最后结束的情况下，第三幕就提前到来，这就是新构造运动。太行山地又一次强烈抬升。至现在，已将甸子梁期夷平面抬高到了1700～1750米，唐县期山麓面抬高到了1200～1400米。与此同时，外力的侵蚀、剥蚀作用也在强烈地进行，并雕塑了盘状谷以下、“V”形峡谷中的地貌。目前新构造运动还没有结束，太行山地仍在上升，河流仍在下切。“V”形峡谷中的地貌继续在雕塑[4]。

由于长城系红色砂岩年代古老，岩性坚硬，在历次的构造运动中受到侧向挤压，在岩层承受的挤压应力聚集和应力释放过程中产生的波动效应（或振荡效应）使岩层中的节理在一定间隔内相对密集成带，形成节理密集带。节理密集带内的节理密度最高达50条/米（一线天），是普通岩层节理密度的50～100倍。节理密集带的宽度可从几十厘米到几米，甚至十几米。由于密集的节理使岩石更加破碎，成为抗蚀能力较差的软弱带，故流水（包括水流和冻融）、重力、风等外营力便沿此软弱带向陡壁横向切入，形成竖直的沟缝（其边界为节理密集带的边界）。该沟缝可切入陡壁数米、数十米甚至上百米（一线天为112米）。而在沟缝切入陡壁后，如与其他方向的节理密集带交汇或抵达与之共轭的节理密集带的交叉处，则沟缝便出现分叉现象而形成次级沟缝。如此发展，逐级分叉，形成多等级的树杈状沟谷系统。该发育机理是嶂石岩地貌发育的框架，也是形成方山、排峰、塔柱的主要机制[5]。

陈利江等[5]的研究结果表明。嶂石岩地貌发育过程经历幼年期、青年期、壮年期和老年期 4 个阶段：

(1)幼年期(长墙、岩缝、垂沟、巷谷形成阶段)。在甸子梁期夷平面形成以后，随着喜马拉雅构造运动第二幕的开始，太行山中段地区的地壳快速隆起，从而使山体构造隆升，坚硬的石英砂岩岩层出露，并在其前缘形成陡崖。由于崖面上垂直节理，尤其是垂直节理密集带的存在，外营力便沿此侵蚀而发育成楔形岩缝，并向岩体内横向(或侧向)切入，如一线天、小天梯、槐泉寺、回音壁、冻凌背等崖壁上大小不等的岩缝。岩缝进一步发展而成为巷谷。

(2)青年期(方山、断墙、Ω 型套谷形成阶段)。巷谷进一步扩大发育为障谷。障谷两壁又生成岩缝并发育成次级巷谷，如果相邻的巷谷间距在 10～30 米，则数个巷谷可组成一个套谷即 Ω 套谷。此阶段由于次级巷谷的延长，山体被分割成方山，方山进一步发育为断墙。如大王台、仙人台、古佛岩、噙玉崖等。

(3)壮年期(石柱、排峰形成阶段)。一方面障谷向下层侵蚀发育成叠套谷，另一方面更次一级的沟缝或巷谷将方山进一步切割成排峰、石柱。如鸡冠寨、九女峰等。

(4)老年期(块状残丘、孤石形成阶段)。排峰受到进一步侵蚀、分割而发育为塔柱(石柱)，塔柱进一步风化而倒塌，形成块状残丘、孤石或块石堆，如白马垴等。标志着嶂石岩地貌一个发育过程或演化旋回的结束。

第三节　国内外方山地貌研究综述

在对世界各地一些典型方山的综合对比中可以发现，方山在形态或造型方面具有共性，在形成演化中都经历了内外动力作用，同时具有下部相对软弱易蚀岩层和上部非常致密的抗蚀岩层的“二元结构”，上部致密岩层可以称作方山的“标志层”或者“方山帽”。当然，不同的方山其“标志层”的岩性却有较大的差异。就目前的资料，可以根据“标志层”岩性的不同将方山分为以下四种类型：(1)砂岩方山——由坚固的沉积砂岩构成其标志层；(2)蒸发盐岩方山——由蒸发作用形成的致密岩层构成其标志层；(3)火山岩方山——由火山作用形成的致密岩层构成其标志层。(4)以岱崮地区厚层海相碳酸盐岩为方山标志层的聚集型崮可以划分为独特的第四类方山——岱崮地貌。厚层碳酸盐岩可以形成于古海洋环境，也可以形成于陆地湖泊环境。而构成方山标志层的碳酸盐岩一般具有矿物类型单一的特征，陆缘碎屑物的含量很低，这样其抵抗风化作用的能力要强一些，而海相碳酸盐岩具有形成崮的标志层的条件；湖泊环境中形成的碳酸盐岩矿物种类复杂，并且含有泥质物成分，因此，在其出露地表后容易遭受风化作用的剥蚀，很难长期稳定地保存下来，也就难以形成崮。

下面，将前三种世界常见的方山进行概括，而作为新提出的第四类方山——岱崮地貌，将在下面各章进行深入细致的分析研究。

一、砂岩方山

这类方山以南非桌山和美国的峡谷国家公园的天空之岛为代表，其中南非桌山由奥陶纪石英砂岩组成，另外，美国纪念碑峡谷的孤峰状方山及长条状方山也属于砂岩方山。可见，这类方山分布较为广泛。

这类方山的“标志层”其地层时代可以有较大差别，但地层的主要特点是以分选好、胶结致密、成岩充分的海相砂岩构成。这类砂岩，抵抗流水侵蚀、风力侵蚀、化学侵蚀、生物侵蚀的能力强，但由于内动力作用影响所以形成多组节理面，其抵抗重力侵蚀的能力弱。可以推测，这类方山可以出现在不同的气候带中。

在中国，一些顶平壁陡的陆相砂岩为主体的丹霞地貌景观很可能也属于这类砂岩方山，这有待于将来的更深入对比研究。如果确实如此，则砂岩方山的标志层岩性不局限于海相砂岩，还包括一些致密的陆相砂岩。

二、蒸发盐岩方山

以蒸发盐岩作为标志层的方山以美国俄克拉荷马州格拉斯山的方山为代表。

石膏岩是干旱气候环境下通过蒸发作用形成的一类岩层，其厚层且连续分布体一般发育在陆相浅湖环境中。当蒸发盐岩作为方山的标志层时，势必保留于干旱—半干旱气候环境中，格拉斯山的方山的标志层就是形成于这类环境中。由于石膏岩的化学风化作用强烈，在降水量大的湿润及半湿润气候区，石膏岩难以保存，因此，这类环境下很难发现有石膏岩方山的存在。

三、火山岩方山

火山岩方山是指方山帽由火山岩构成。中国浙江温岭大溪镇方山是这类方山的典型代表，是迄今第一个以白垩系火山与流纹岩地质地貌为主题的世界地质公园。

火山岩质地坚硬、胶结致密，具有较高的抵抗地表各类侵蚀作用的能力，因此，由火山多次喷发的岩浆叠积而成的厚层火山岩可以在出露地表后长期保存。另一方面，火山岩浆在冷凝过程中会形成一系列流纹、层面、节理等，成为重力崩塌侵蚀的引导面，因此，岩体边部的重力侵蚀是它难以抗拒的。长期的重力侵蚀作用下便形成了以火山岩作为帽子的方山。

第四节　中国典型山岳地貌成景类型与开发案例

一、中国典型山岳地貌成景类型

由于构造的差异抬升，使得中国形成了特有的三级地势的典型多山国家，丘陵山地约占国土面积的2/3以上，平原所占面积不足10％。因此，山成为大部分人所熟知的地貌类型，在日常生活和文化传承上，山都发挥了重要影响，早在春秋战国时期，就有所谓“仁者乐山”之说。几千年来，不同类型的山岳成为人们游览观赏的胜地，至2004年，中国共确定了177处国家级风景名胜区，其中山岳型旅游风景区约占一半[6]。由于不同地区地质构造、岩性及其风化方式不同，形成了形态各异的外形景观。根据地貌特征来进行归类[7]，山岳景观可以划分为：峡谷风景区、岩溶风景区、低山丘陵风景区和高山风景区。

1. 峡谷风景区

所谓峡谷风景区是指以狭窄而深切的河谷地形为依托，开展观光和漂流活动的地区。从自然角度讲，峡谷自然景观的本质特点是山与水在线状方向上的动态组合[8]。

中国东南流向的河流，切割着北东、北北东走向的山脉，形成许多峡谷，有不少可游览的峡谷风景。从喜马拉雅山区的雅鲁藏布江大峡谷，至青藏高原边缘的虎跳峡，至四川盆地西侧的大渡河金口峡谷，至四川东侧的长江三峡，再至东南丘陵上的浙西峡谷，峡谷规模与地壳上升量在同步变小，在构造作用的参与下，地壳抬升愈强的地方峡谷愈深，其景观的内涵愈丰富[9]。中国西部的峡谷气势恢宏、中部婀娜多姿、东部细腻清秀。有游览观赏价值的峡谷，一般都具备悬崖、峭壁、险峰，且岐陡、谷深，支谷相间森列于江河两岸，急流险滩时隐时现，大的能行船、小的能撑筏。

2. 岩溶风景区

岩溶为地表水和地下水对可溶性岩石所进行的一种以化学溶蚀为主、机械剥蚀为辅的地质作用所形成的多种地表、地下奇异的景观与现象的总称[10-12]；形成以山、水、洞为主的各式各样的单独景观或组合景观，由于石灰岩在风化过程中，通过地表水和地下水的溶蚀冲刷作用，而形成山、水、洞紧密结合，景色秀丽，造型奇特，景观形象丰富多彩的风景区。中国岩溶地貌分布很广，面积约 130 万平方千米，占国土面积的 14%左右，具有观赏价值的风景区主要分布在华南和西南地区。这些地区长期处于湿热的条件下，岩溶发育比较典型，而且也比较集中，如云南石林县石林，广西桂林、阳朔，广东肇庆等著名风景区。广西是世界上最典型的热带岩溶地区之一，石灰岩经长期溶蚀作用，山体石骨嶙峋，又具有瘦、透、漏、皱之特色。峰林地区的水面是十分重要的，任何包围和遮挡水面的连片建筑物都会使山、水分离，使景观失色。石灰岩地区的水，使得溶蚀地貌更加富有魅力。长江中下游地区石灰岩溶蚀程度较差，这些丘陵，坡度比较平缓，虽不奇特，但颇秀丽，与溶洞、河湖结合构成以洞穴为主的风光，如桐庐的瑶琳仙境，宜兴的善卷洞与张公洞，彭泽的龙宫洞等。至于北方地区，沟谷干旱无水，降水随溶蚀裂隙漏入地下，在山地与平原或盆地接触处，往往有岩溶泉出露，而形成以泉水为主的风景，如太原晋祠泉、太行山麓娘子关泉等。也有少数溶洞，如北京上方山云水洞、石龙洞等。

3. 低山丘陵风景区

这类风景区相对高度在 800 米以下，主峰不甚明显，群峰竞秀，或此起彼伏于江畔，或环列于湖滨，或过渡于高山和平原间，或立于海岸、岛屿之上。按成因和景观形象特征，这类风景区可分为：砂岩风景区和花岗岩丘陵风景区。

砂岩风景区包括丹霞风景区、张家界风景区和嶂石岩风景区。丹霞风景区的所谓丹霞地貌就是红层地貌，以赤壁丹崖为特征的红色陆相碎屑岩地貌。它们堆积在拗陷盆地中，岩层大体呈水平状。以后随地壳隆起而整体上升。在热带、亚热带的风化作用下，受流水的切割，形成形态奇特景象丰富的丘陵。红层在我国分布面积很广，大约有30多万平方千米，主要在长江流域以南，红层富有垂直节理和球状风化特征，经风化和崩塌作用以后，形成垂直的崖壁和浑圆的山顶。如“碧水丹山，奇秀东南”的武夷山，“丹崖赤壁”的丹霞山，奇峰竞秀的龙虎山、圭峰以及凌空拔起的齐云山等都是这类丹霞风景区。

丹霞风景区面积一般不大，山也不太高。红层因富含氧化铁，使岩石色彩呈各种红色。丹霞地貌是以赤壁丹崖为特征的红色陆相碎屑岩地貌，广泛分布于我国东南、西南和西北地区，是以砂砾和石英砂岩构成的砂岩地貌。其形成的最早时间始于晚侏罗世，白垩系是沉积的主要阶段[13]，由于地块沉降，成为陆上的断陷湖盆，接受了巨厚的白垩系红层堆积，堆积物以砂和砾为主，形成了抗侵蚀能力较强的物质基础，之后在新构造运动中，经历的隆升过程导致巨厚沉积物高出水准面，上升到一定程度后长期相对稳定，利于丹霞地貌按连续过程从幼年期到老年期逐步演化，在逐次抬升过程中，遭到流水侵蚀、风化剥蚀及根劈作用等削去大量堆积物[14]，抬升过程中形成的断裂带对丹霞地貌发育起到了有效的控制作用，其不仅控制着整个山体的格局，对于单个山块的形态也有限定意义，同时受本身岩性的影响，差异风化显著，最终形成一系列奇特的景观。

张家界地貌风景区是以砂岩峰林为景观特色的风景区，位于湖南省张家界市武陵源区，是在中国华南板大地构造背景和亚热带湿润区内，由产状近水平的中、上泥盆统石英砂岩为成景母岩，以流水侵蚀、重力崩塌、风化等营力形成的，以棱角平直的高大石柱林为主，以及深切嶂谷、石墙、天生桥、方山、平台等造型地貌为代表的地貌景观。陈长明与谢丙庚[15]对张家界峰林地貌的演化过程作了详细的分析，将张家界武陵源区的地貌演化分三个阶段，受两个夷平期控制。第一阶段：武陵期(J2—J3)，该地貌发育期内，古武陵山区已具雏形，一般高出海面200～300米，并形成武陵期夷平面(即现代海拔高度1000米以上夷平面)；晚期在边缘部位发育沟壑。第二阶段：湘西期夷平期(E3—N)，地壳经历了一段稳定期后开始下沉，武陵山区沦为孤岛，被广布的白垩海(湖)所包围，渐新世后，海水的湖水退出，自此本区上升为陆，并发育湘西期夷平面；上新世后，地壳又再次上升，武陵期夷平面上升到300～500米，湘西期夷平面也上升到200～300米；区内主要水系，如索水等开始发育，古夷平面上出现沟壑。第三阶段：喜山运动后，地壳快速上升，武陵期夷平面上升到800米以上高度，湘西期夷平面也上升到600米高度；经过不同时期的地质作用，形成了现今3000余根大小不等，高低不同的砂岩柱峰，另外还有堡、墙、沟、谷和盆等景观，主要的景点有天子山、十里画廊和黄石寨等。张家界砂岩峰林地貌以张家界武陵源区的张家界国际地质公园最为典型和集中，峰林面积达 86 平方千米，共有大小峰林 3100 多个，峰林高差数十至 300 米不等。以斛角成棱、兀立巍峨、分离兢颖、丛聚如林的岩峰石柱群体的充分表露为主要特色[16]。

嶂石岩地貌风景区作为一种地貌类型，以阶梯状长崖和半圆形围谷或深切嶂谷为主要形态，具有顶平、身陡、麓陡基本特征的滨海—浅海相石英砂岩地貌，主要发育地层为中元古界[17]。嶂石岩地貌的典型地段发育于太行山中、南段，尤以河北省会石家庄市西南 100 千米的赞皇县嶂石岩村附近最为突出。在太行山中、南段，自北而南断续分布长达 3000 多千米。其最宽处在邢台以西的晋冀交界处，宽达 50 千米以上；最窄处在太行山南段和中段，宽 1～5 千米。最南部甚至仅以狭长的深切峡谷出现。总面积约为 3200 平方千米，主要分布在石家庄市的平山县、鹿泉区、元氏县和赞皇县，邢台市的内丘县、阳城县、沁水县等地；河南省约有 400 平方千米，主要分布在安阳市的林州市、淇县，新乡市的辉县，焦作市的修武县等地[17]。

花岗岩类岩石是大陆上分布最广泛的岩石之一，是构成大陆地壳的重要组成部分[18]，其分布相当广泛，尤其广东、福建、桂东南、湘南、赣南一带更为集中。中国以花岗岩地貌景观为主构成的国家级及世界级景区 40 多处，其中世界遗产 2 处（黄山、泰山）、世界地质公园 2 处（黄山、内蒙古克什克腾）、国家重点风景名胜区 29 处、国家地质公园 10 处，如果加上其他花岗岩旅游景区（点）则数量更多[19]。花岗岩地貌景观已成中国最重要的旅游目的地。花岗岩丘陵有的覆盖着一层红色风化壳，状如馒头，这种丘陵，要有良好的植被才能成景。有的风化壳剥去以后，露出球状石块，形态独特，形象古朴敦厚，或节理发育，石柱、石壁参差穿空。中国东南沿海一带，由于雨量充沛，气候温暖，风化和冲刷作用强烈，有的风化土层已被剥蚀，石蛋、石墩满布，形成特有的风景区，如福建厦门的万石园、鼓浪屿，海南岛崖县海滨，浙江普陀山等。形形色色，大大小小，疏疏密密的浑圆而多变的花岗岩石块，成了花岗岩丘陵风景的重要组成部分。苏州天平山则是以花岗岩垂直节理为主的丘陵，山不高，却有“壁立千仞”“拔地平天”的意境。人们利用这些奇特的景观形象，冠以雅名，题刻赞颂，如普陀山的“师石”、厦门万石山的“石笑”、鼓浪屿的郑成功水操台、崖县天涯海角的“南天一柱”等。其他低山丘陵风景区，需要有良好的植被条件，或有江河湖泊相伴，或有文物古迹存在，构成秀丽的景观形象。这类风景在中国南方很多，“山清水秀”便可概括其特点了。

4. 高山风景区

以山的绝对高度为标准，地貌学上一般把海拔高度3500米以上的山称为高山。从风景的角度和直观视觉效果来看，把相对高度作为山岳景观分类的依据较为合适，也比较符合我国传统高山风景的观念。可把相对高度1000米以上（风景区内最低点与最高点之差），坡度大而陡峻，主峰明显，群峰簇拥的山岳，称作高山风景区。这类山地气候和植被的分布都有明显的垂直带谱现象。如泰山、嵩山、华山、恒山、天柱山等都在千米以上，汉武帝时，就被封为五岳。此外，如黄山、庐山、峨眉山、五台山、雁荡山、武当山、九华山、井冈山等，均属高山风景名胜区。高山风景区的成因往往有共性，多数是被若干组断层切割而隆起的断块山，如峨眉山、庐山、华山、黄山等。山势凌空拔起，断层崖形同斧劈，十分高峻，或因山体岩石坚硬，抗蚀力强，覆盖其上的其他岩层被剥蚀风化了，而它则屹立于众山之上，如衡山、天柱山、天目山等这类风景区，山高且面积大，一般都有几百平方千米。

综上所述，由于我国特殊的地形地貌，造就了类型多样，高低错落的山岳风景，而且特点突出，更具有深厚的文化底蕴，因此，开展山岳风景旅游时，不仅要考虑景观本身的自然特性，也要将人文特质纳入其中，在配置景观的自然特性时，要将山水融合，才能相映成趣，体现整体魅力。

二、抱犊崮国家森林公园开发实例

1. 抱犊崮国家森林公园的地理位置及自然环境

抱犊崮国家森林公园处于117°33′E，34°52′N，位于枣庄市东北20千米处，主峰抱犊崮位于枣庄市山亭区北庄镇境内，为岱崮地貌核心区之外的典型崮之一，崮顶海拔高度584米，总面积为665.5公顷（1公顷＝10000平方米，下同），属暖温带季风性气候，四季分明[20]。以山岳成景类型的划分标准来衡量，抱犊崮国家森林公园属于典型的低山丘陵风景区。1992年9月，抱犊崮被林业部批准为国家级森林公园，2001年12月，抱犊崮—熊耳山被国土资源部批准为国家地质公园，是山东省带有亚热带常绿阔叶树种的天然杂木林汇集区。抱犊崮国家森林公园的森林覆盖率在98%以上，以天然杂木林和松柏防护林为主，有各种植物165科，627种。主要森林植被类型为：元宝槭、栾树、黄连木林组成的自然林（属杂木林）。抱犊崮作为岱崮地貌的组成部分，其地质遗迹和地质地貌景观开始受到保护，该地质遗迹是在地球演化的漫长地质历史时期由于内外动力的地质作用，形成发展并遗留下来的不可再生的潜在资源，是生态环境的重要部分，具有极高的科学研究价值，也是潜力巨大的旅游资源[21]。

2. 抱犊崮国家森林公园的景区特色

抱犊崮国家森林公园园内山体连绵，自西向东延伸形成一道天然屏障，森林覆盖面积广阔。抱犊崮属沂蒙山区，是一座集自然景观、人文景观为一体的名山。山势突兀、巍峨壮丽、泉流瀑泻、柏苍松郁。山脚下有古庙两座，分别为清华寺和巢云观；半山处有山洞数十个；崮顶沃土良田数十亩，松柏茂盛，苍翠欲滴。伫崮东眺，黄海茫茫云雾缭绕山腰间，有一处十八罗汉洞，洞内四周壁崖上雕刻着神态各异的佛像。抱犊崮以她独有的"雄、奇、险、秀"而著称，整个山体地势陡峭，坡度一般在 20°～35°之间，接近崮顶基部可达 45°以上，高近百米的崖壁，仿佛刀削斧砍一般峭立，峭壁下仰瞻崮顶，犹如一座威武雄壮的万仞山城，崮顶岩石为九龙群张夏组厚层鲕粒灰岩，下部为长清群馒头组砂岩、泥质灰岩、粉砂质泥灰岩及页岩。两组岩石接触界面明显，界面以上巨石覆盖，岩石裸露，垂直节理发育，四周峭壁如削。界面以下的山坡中段，坡度由陡到缓，一般在 20°～35°以上，岩石松软，为粉砂质泥灰岩、页岩，易风化剥蚀，水土流失严重，山坡下段，坡度显著减小，一般 8°～10°，岩石为砂质页岩[21]。崮身宛如高高的圆杯倒扣于山峰之上，自颈至巅，峭壁如削，山石裂缝纵横，古柏倒挂。晴日的早晨登临崮顶观云海日出，只见云水一色，曦晖初显，一轮丹阳冉冉跃出云海，蔚为奇观。

第五节　立项依据和研究计划

一、岱崮地貌的定义及研究意义

1. 岱崮地貌在国内岩石造型地貌类型中的定位

崮作为中国山东沂蒙地区广泛发育的一种地貌景观的名称，其历史可谓十分久远，也反映了当地民众很早就对这类地貌景观与常见的山丘进行了必要区分，以崮这个形象的字形对之加以命名。近年来，一些学者除了关注崮的景观特征外，开始关注崮的科学意涵。数年前，张义丰等地貌学者将岱崮地貌列为丹霞地貌、张家界地貌、嶂石岩地貌、喀斯特地貌之后的中国第五大岩石造型地貌，不但引起了当地民众对身边特色景观的更大自豪，也引起了地貌学者及旅游界学者的广泛关注。

2. 岱崮地貌在国际方山地貌类型中的定位

方山，是不同国家、不同民族、不同语系的人对类似崮的各种地貌形态的统称，但是，不同地方的民众对方山的解读也存在着较大的差异。比如，沂蒙地区的崮，有些人认为不同于方山。我们认为，崮是方山大类中的一类，但因其岩性形态等可有自己的特色。前面通过对世界上各类方山的综合调研和标志层岩性类型归纳可以发现，以岱崮地区厚层海相碳酸盐岩为方山标志层的聚集型崮可以列为世界已报道过的砂岩方山、火山岩方山、蒸发盐方山之外的新型方山类型。可见，岱崮地貌在国内国际都具有重要的地位。

3. 岱崮地貌的定义及区域分布

岱崮地貌是由寒武系海相碳酸盐岩作为标志层的聚集型崮组成的一类方山，在中国及世界上具有独特性，是中国旅游地貌的一种独特类型，具有顶平、壁陡、节理发育好、下伏岩层易蚀等典型特征。其分布以岱崮镇 30 个崮的集中出现为其核心区，以蒙阴县为其典型区，向东和向南至临沂市境内的沂水县（以纪王崮为主的崮群）、费县和平邑县，以及枣庄市抱犊崮，为其主要辐射区。因此，依据产出的集中程度其分布呈现出由密至疏的三个分布区。

4. 崮与岱崮地貌的区别

崮是四周陡峻、顶部较平的山。与岱崮地貌的形态基本一样，都由下部巨厚的坡度较缓的基座和顶部陡峻的致密厚层岩石共同构成的地貌。崮除了具有岱崮地貌的全部特性外，其顶部厚层致密岩石除了寒武系海相碳酸盐岩外，还包括其他类型的岩石，比如火山岩或者侵入岩，如孟良崮等。因此，岱崮地貌是崮的一种特例。

5. 岱崮地貌有待研究的主要科学问题

岱崮地貌以连片集中、平面形态多样而广受关注，但是，对于岱崮地貌的系统研究还不充分，还有许多待解的科学问题成为悬案。因此，概括岱崮地貌的主要特征、查明岱崮地貌的区域分布、剖析岱崮地貌的地层特征、阐述地质构造的影响和外营力作用特点、归纳岱崮地貌的形成模式，具有现实意义。而对于岱崮地貌的保护和开发建议，会为岱崮地貌地质公园的开发提供理论基础。因此，岱崮地貌的系统研究具有重要的科学意义及实践价值。

为深入系统揭示“岱崮地貌”的成因、分布、演化、特征及其科学意义，确立“岱崮地貌”在地貌学上的科学地位，经中国科学院地理科学与资源研究所张义丰研究员与蒙阴县委县政府的多次沟通交流达成共识，决定实施“岱崮地貌”专题研究项目。

二、岱崮地貌研究的主要内容

1. 岱崮地貌区域背景调查

包括自然环境(区域地层、构造、地形、水文、气候、植被、土壤、野生动物及环境、生态保护等),人文与历史(政区地理变迁、重大事件、重要遗迹、著名人物等),社会经济条件(人口、城镇、经济、交通、土地利用等);社会经济发展规划概况(国家或省级区域发展战略、县域社会经济发展规划)。

2. 岱崮地貌成因

包括地貌类型(地貌类型划分),地貌分布(包括地貌分布图、地貌剖面图,剖面图含实测图和综合图),地貌形成的影响因素(岩性、构造、地壳运动、气候变化、人类活动等),地貌演化(地貌演变过程、地貌演变模式等)。

3. 岱崮地貌典型特征

包括方山在地貌分类中的位置,岱崮地区方山的主要特征(方山的形态特征)、方山的构成(地层与地貌结构)、方山的分布特征,岱崮地区的主要方山(位置、面积、高度、地形、地层、历史时期人类活动遗迹、土地利用特征,附图、表及照片若干),岱崮地区方山的地貌与环境意义。

4. 岱崮地貌景观研究

岱崮地貌的内涵,岱崮地貌的景观特征(包括与丹霞地貌、喀斯特地貌、张家界地貌、嶂石岩地貌等典型山岳地貌景观的对比),岱崮地貌的成景原理,岱崮地貌的学术与资源价值。

5. 岱崮地貌保护与开发

岱崮地貌的保护与开发的指导思想,岱崮地貌的保护与开发规划,岱崮地貌的保护与开发措施。

三、岱崮地貌研究计划

2012 年 12 月启动专题研究,2013 年 8 月完成。整体研究工作方案如下:

1. 2012 年 12 月上旬,进行初步野外考察:包括岱崮镇区域地貌考察,典型崮实地考察,测量地层剖面。

2. 2012 年 12 月中下旬,室内资料整理与区域资料收集。

3. 2013 年 1 月上旬，专家组主要成员与县委县政府主要领导交流岱崮地貌开发与美丽蒙阴建设、岱崮地貌保护与生态文明建设、岱崮地貌旅游价值与农游一体化发展。

4. 2013 年 4 月上旬，蒙阴县周边地区（临沂）岱崮地貌区域调查，包括抱犊崮考察并与枣庄相关部门座谈，纪王崮考察并与沂水相关部门座谈，蒙山考察并与管委会座谈，平邑、泗水、莒南、沂南、沂源岱崮地貌及旅游资源考察。

5. 2013 年 4 月中旬，岱崮地貌野外详查，包括重点崮的详查及数据采集，崮与区域山水关系考察（以沟域为主），崮与区域构造关系考察，崮与区域地层关系考察，崮与区域生态关系考察，崮与区域产业关系考察（农业与旅游），崮与乡村关系考察。

6. 2013 年 4 月下旬至 7 月底，室内研究阶段，包括资料的系统整理，基本图件的绘制，专题报告的撰写，专题报告的统稿。

7. 2013 年 8 月中上旬，专题报告交流与修改：岱崮地貌专题汇报，召开座谈会，听取县委县政府的修改意见，修改完善专题报告，岱崮地貌补点考察。

8. 2013 年 8 月下旬，专题报告评审：专题研究评审会，商讨岱崮地貌的保护与旅游开发规划问题，商讨岱崮地貌的品牌打造问题（申遗和地质公园以及岱崮地貌风景区建设），商讨岱崮地貌的推介宣传与论坛问题。

参考文献

[1] 邱建平. 南非桌山的地质景观. 浙江国土资源，2010(1)：56-57.

[2] 陶奎元，沈加林，姜杨，等. 试论雁荡山岩石地貌. 岩石学报，2008，**24**(11)：2647-2656.

[3] 陶奎元. 徐霞客与雁荡山—初论雁荡山自然景观成因与科学文化内涵. 火山地质与矿，1996. **17**(12)：107-117.

[4] 吴忱，许清海，阳小兰. 河北省嶂石岩风景区的造景地貌及其演化. 地理研究，2002(2)：195-200.

[5] 陈利江，徐全洪，赵燕霞，等. 嶂石岩地貌的演化特点与地貌年龄. 地理科学，2011(8)：964-968.

[6] Meaghan Newson（刘云清译）. 鼓励和奖励最佳方案：澳大利亚的自然和旅游认定计划(NEAP). 产业与环境，2002(3-4).

[7] 谢凝高. 我国风景名胜区类型. 中国会议：圆明园，1984(3)：194-201.

[8] 方起东，祝炜平. 峡谷的自然地理特征与旅游开发研究. 地域研究与开发，2002(6)：68-71.

[9] 林辰，吴小根，丁登山. 峡谷旅游开发研究初探. 安徽师范大学学报，2003(3)：67-71.

[10] 车用太，鱼金子. 中国的喀斯特. 北京：科学出版社，1985：36-38.

[11] 袁道先. 岩溶学词典. 北京：地质出版社，1989：67.

[12] 袁道先. 中国岩溶学. 北京：地质出版社，1994：86-98.

[13] 朱诚，彭华．安徽齐云山丹霞地貌成因．地理学报，2005，**60**(3)：445-455.

[14] 伏庆是．郴州飞天山丹霞地貌类型及成因．飞天山丹霞地貌与生态旅游学术研讨会论文集．长沙：《湖南地质》编辑部，2002：44-48.

[15] 陈长明，谢丙庚．关于建立"张家界柱峰砂岩地貌"类型的探讨．湖南师范大学自然科学学报，1994，**17**(4)：84-87.

[16] 唐云松，陈文光，朱诚．张家界砂岩峰林景观成因机制．山地学报，2005，**23**(3)：308-312.

[17] 郭康，邸明慧．嶂石岩地貌．科学出版社．2007：5.

[18] 洪大卫，王涛，童英．中国花岗岩概述．地质评论，2007，**53**：9-16.

[19] 陈安泽．中国花岗岩地貌景观若干问题讨论．地质论评，2007，**53**：1-8.

[20] 于法展，阎传海．山东枣庄抱犊崮自然保护区评价研究．徐州师范大学学报(自然科学版)，1998，**16**(3)：54-56.

[21] 安仰生，张旭，孙茂田，等．鲁中南岱崮地貌的成因及演化——以抱犊崮为例解析．山东国土资源，2010，**26**(2)：9-12.

第二章　岱崮地貌区域背景

第一节　岱崮地貌的地理位置和范围

岱崮地貌主要位于沂蒙山区，以蒙阴县境内分布最多为特征。蒙阴县位于临沂市西北（图 2-1），介于东经 117°45′～118°15′和北纬 35°27′～36°02′。因位于蒙山之阴而得名。南北长 65.4 千米，东西宽 45.8 千米，全县总面积为 1601.6 平方千米。至 2012 年底，下辖蒙阴街道办事处、联城镇、常路镇、高都镇、坦埠镇、野店镇、岱崮镇、桃墟镇、垛庄镇、旧寨乡、蒙阴经济开发区和云蒙湖生态区，464 个行政村及 1730 个自然村。全县总人口 55.1 万人，其中农业人口为 44 万人，人口密度 340 人/平方千米。全县现有乡镇及行政村分布如图 2-2 所示。

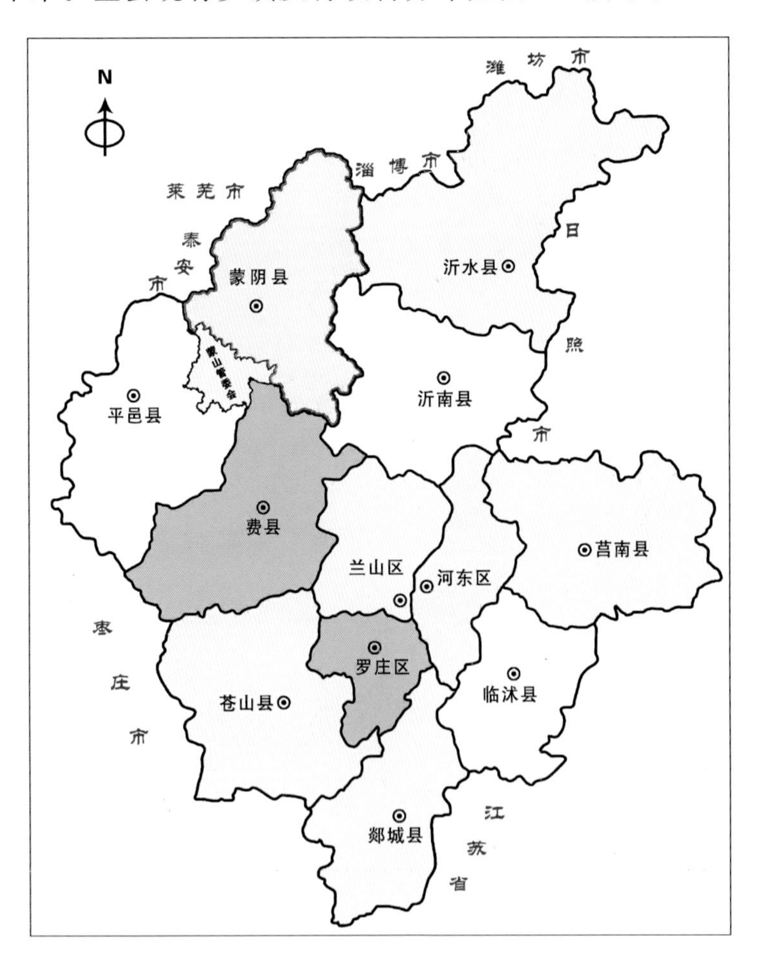

图 2-1　山东省临沂市行政区划图

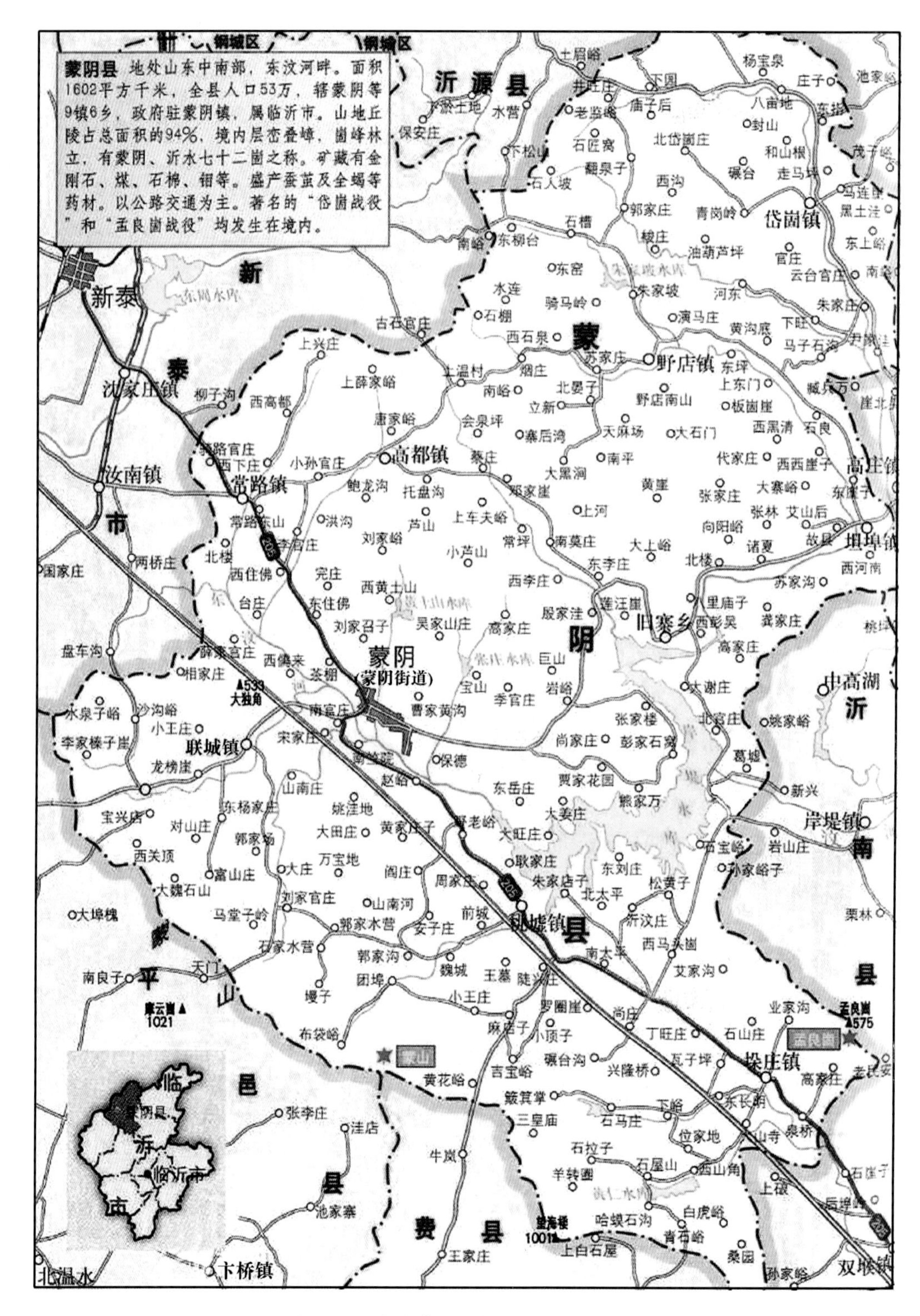

图 2-2　山东省蒙阴县行政区划及交通图

据2000年第五次人口普查统计，全县有14个民族，分别是汉族、回族、苗族、壮族、瑶族、白族、哈尼族、俄罗斯族、鄂伦春族、满族、仫佬族、锡伯族等。其中汉族人口占99.85%，其他少数民族占0.15%。

现已查明，蒙阴县沂蒙山区保留完整的各类崮多达72座。这些崮中，包括南北岱崮在内的30座崮集中分布在蒙阴县岱崮镇方圆180.7平方千米的地域中，可谓群崮聚集，相趋相依；北望泰山，与之争妍。岱崮镇也因为独特的群崮风貌而被誉为“中国第一崮乡”和“中国最美小镇”之称。因此，岱崮镇是岱崮地貌的主要集群分布区。

第二节　自然环境和主要自然资源

一、蒙阴县自然环境和主要自然资源

1. 蒙阴县自然环境

蒙阴县位于山东省东南部，隶属于临沂市，地处著名的沂蒙山区腹地，因位于山东省第二高峰蒙山之阴而得名，其地理坐标为东经117°45′～118°15′，北纬35°27′～36°02′，南北长为65.4千米，东西宽为45.8千米。

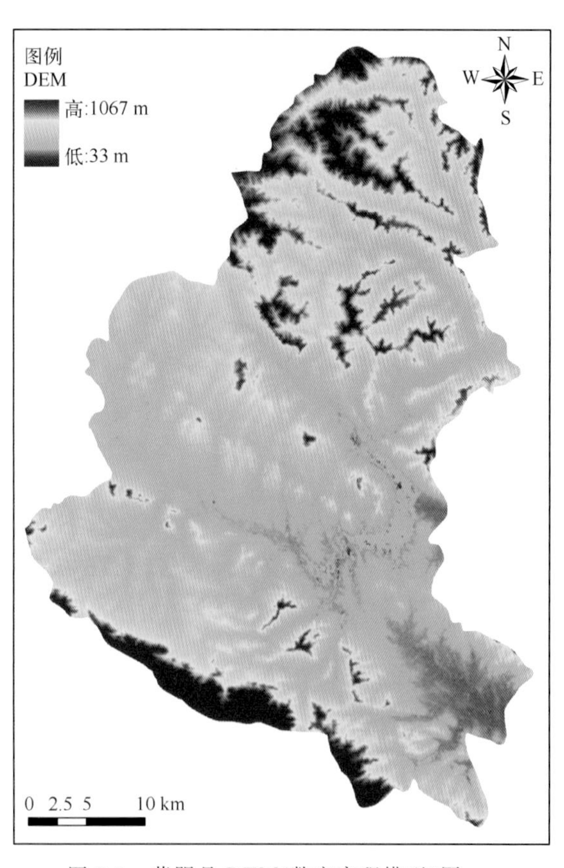

图2-3　蒙阴县DEM(数字高程模型)图

蒙阴县境内地势总体上呈现南北高、中部地区低(图2-3)的特点，由北部西部向东南逐渐倾斜。地质构造比较复杂，断裂构造发育主要受蒙山、新泰—垛庄两条大断裂控制，境内山岭起伏，层峦叠嶂。中山丘陵占27%，低山丘陵占54%，平原区占10%，水域占9%。

蒙阴县境内的主要河流有东汶河、梓河、蒙河等。在该县境内河道主要以东南向展布为主，属于淮河流域支流沂沭河水系(图 2-4)。上述三条河流支流很多,主要的有 40 多条(表2-1,图 2-5);支流河道多以东南向、东北向延展。这些河流的主支流相互联通构成蒙阴县水系网。在东汶河有大型水库一座:岸堤水库(现称云蒙湖,总库容量为 7.82 亿立方米);中型水库四座:黄土山水库(总库容量为 1100 万立方米)、黄仁水库(总库容量为 1205 万立方米)、张家庄水库(总库容量为 1153 万立方米)、朱家坡水库(总库容量为 1230 万立方米)。

图 2-4 蒙阴县境内遥感及水系图

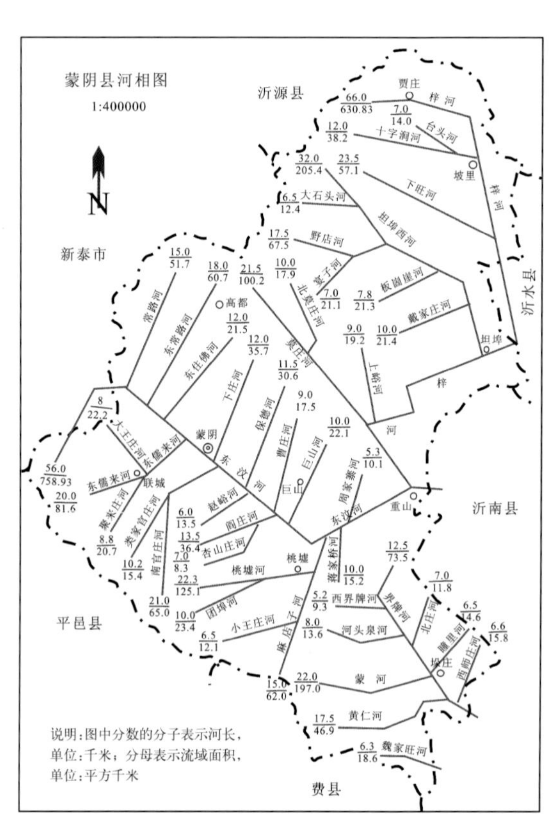

图 2-5 蒙阴县境内长度超过 5 千米水系的特征概括图[1]

东汶河:有两个源头:南源头在联城镇青山,东流经蒲河村转向北,至小鸿喜庄流入新泰市境,经许庄转向东流入本县常路镇于洼村,至小张台村与北源头汇合;北源头发源于常路镇和新泰市交界处的巨连山东麓,南流经西高都、常路,到小张台村与南源头汇合流向东南,经县城入岸堤水库,至垛庄镇葛墟村入沂南县境,全长 56 千米,在蒙阴县流域面积为 758.93 平方千米,最大流量为 3010 立方米/秒,平均干流坡降为 1.63 米/千米。此河 5 千米以上的支流 21 条,内有一级支流 14 条,二级支流 6 条,三级支流 1 条。

表 2-1　蒙阴县长度达到 5 千米及其以上河流的基本情况汇总

河名	发源地		河口		注入处所	县内流域面积/平方千米	干流长度/千米	干流平均坡降/(米/千米)	支流等级	流经主要地点
	地点	高程/米	地点	高程/米						
东汶河	常马乡青山	440	重山村北	150	由重山入沂南县境	758.93	56	1.63	主流	龙岗埠、蒙阴城、青山埠
常路河	常路镇北巨连山	430	大张台村东	200	东汶河	51.7	15	4.00	一级	常路
东高都河	上薛家峪北	360	台庄村东南	198	东汶河	60.7	18	1.00	一级	高都
东住佛河	芦山北	493	莫家庄西南	195	东汶河	21.5	12	6.00	一级	东住佛
下庄河	芦山东坡	504	蒙阴城东南	185	东汶河	35.7	12	10.00	一级	蒙阴城
保德河	三山子	397	南保德南	183	东汶河	30.6	11.5	6.00	一级	北张家庄、保德
曹庄河	巨山	538	西岳庄西南	176	东汶河	17.5	9	16.00	一级	季官庄、曹庄
巨山河	巨山东小位山	355	东岳庄西南	174	东汶河	22.1	10	8.00	一级	石门、刘官庄
东儒来河	大望山	640	北竺院村北	188	东汶河	81.6	20	4.00	一级	大城子、东儒来
南官庄河	土门崮	770	南竺院东南	185	东汶河	65	21	5.00	一级	朱家庄、南竺院
赵峪河	郭家沟	303	赵峪东北	183	东汶河	13.5	6	7.00	一级	大田庄、罗家庄
阎庄河	黄土崖子	340	东堡子村	176	东汶河	36.4	13.5	7.00	一级	阎庄、大站
桃墟河	石家水营南	1108	苏家后西	165	东汶河	125.1	22.3	11.00	一级	前城子、水营
团埠河	布袋峪东南	950	魏城西	192	桃墟河	23.4	10	47.00	二级	大棉场、团埠
麻店子河	天麻林场	965	南桃墟东南	170	桃墟河	62	15	22.00	二级	花果庄、陡兴庄
蒋沟桥河	罗圈崖南	370	苏家后村北	163	东汶河	15.2	10	8.00	一级	南太平、蒋沟桥
类家官庄河	大河峪南	841	姚沟东南	202	南官庄河	15.4	10.2	20.00	二级	郭家场、类家官庄
聚来庄河	殷家沟南	539	聚来庄东北	211	东儒来河	20.7	8.8	14.00	二级	孟家林、杨家庄
大王庄河	大山口	450	宋家城子东	203	东儒来河	22.2	8	12.00	二级	小王庄、大王庄
杏山庄河	保沟底西	373	东宋家庄东北	193	阎庄河	8.3	7	11.00	二级	山南河、杏山庄
小王庄河	九泉峪东南	536	小王庄村东	193	麻店子河	12.1	6.5	20.00	三级	松林子、小王庄
周家寨河	黄斗顶山	460	周家寨村南	159	东汶河	10.1	5.3	22.00	一级	马家花园

续表

河名	发源地		河口		注入处所	县内流域面积/平方千米	干流长度/千米	干流平均坡降/(米/千米)	支流等级	流经主要地点
	地点	高程/米	地点	高程/米						
梓河	后雪山	578	重山村北	150	岸堤水库	630.83	66	3.00	主流	北贾庄、坡里、坦埠、旧寨
十字涧河	北岱崮	679	坡里村北	240	梓河	38.2	12	2.00	一级	燕窝
下旺河	石人坡	627	柳树头村南	225	梓河	57.1	23.5	9.00	一级	郭家庄、板崮前
坦埠西河	新泰市来八峪东	604	坦埠村西	190	梓河	205.4	32	8.00	一级	野店、坦埠
野店河	连沟北望天顶	655	野店村东北	235	坦埠西河	67.5	17.5	12.00	二级	烟庄、野店
板崮崖河	晨云崮	633	上东门东南	215	坦埠西河	21.3	7.8	19.00	二级	汪崖、板崮崖
戴家庄河	大峪顶	541	西崖子村东	200	坦埠西河	21.4	10	13.00	二级	阚家庄、戴家庄
上峪河	黄崖顶	626	旧寨西南	170	梓河	19.2	9	18.00	一级	大上峪、郭家上峪
莫庄河	古石山	461	旧寨西南	169	梓河	100.2	21.5	5.00	一级	温村、尹家洼
北莫庄河	公家庄北	537	南莫庄南	187	莫庄河	17.9	10	13.00	二级	大黑涧、上河
台头河	磨盘岭西南	632	燕窝村	270	十字涧河	14	7	19.00	二级	茶局峪、上龙旺
大石头河	新泰市茶山东南	570	朱家坡水库	275	坦埠西河	12.4	6.5	17.00	二级	马家庄、大石头
晏子河	黄家洼南黄崖顶	626	伊家圈南	255	野店河	21.1	7	20.00	三级	黄家洼、南晏子
蒙河	华皮岭北麓	501	西师古庄东	118	入沂南县境	197	22	6.24	主流	垛庄
界牌河	小沂汶庄北中山子	319	垛庄西	141	蒙河	73.5	12.5	5.00	一级	界牌、朝仙桥
西界牌河	凤凰山	501	西界牌东北	168	界牌河	9.3	5.2	25.00	二级	杏山前、西界牌
河头泉河	邓家庵子南	306	丁旺庄东	150	界牌河	13.6	8	8.00	二级	牛蹄湾、朝仙桥
黄仁河	华皮岭	772	彭家宅村北	137	蒙河	46.9	17.5	15.00	一级	黄仁、大山寺
北庄河	连埠峪北	324	程家庄东	142	界牌河	11.8	7	11.00	二级	石汪河、北庄
疃里河	芦山头	448	垛庄西南	140	界牌河	14.6	6.5	18.00	二级	大草场、疃里
西师古庄河	万泉山	464	西师古庄东	118	蒙河	15.8	6	22.00	一级	椿树峪、戴家沟子
魏家旺河	青石峪南	299	田家沟北	197	蒙河	18.6	6.3	8.00	一级	青石峪、山前河

梓河：发源于北贾庄乡后雪山和荞麦棱子山（旧县志载：发源于沂水县甄家疃），东流至上旺村折向南，至尹家洼村入沂水县境，继续南流至坦埠村东南折入蒙阴县，经故县村、北楼村、李家宅子村注入岸堤水库与东汶河汇合。全长 66 千米，流域面积为 895.3 平方千米，在蒙阴县流域面积为 630.83 平方千米，最大流量为 5410 立方米/秒，河床宽为 100～300 米，干流平均坡降为 3 米/千米。梓河有 5 千米以上的支流 12 条，其中一级支流 5 条，二级支流 6 条，三级支流 1 条。

蒙河：发源于垛庄镇蒙山山脉的华皮岭北麓，东流经石马庄、下峪、沙屋后、桑行子村折向东南流经西师古庄村入沂南县境。为在县内长为 22 千米，流域面积为 197 平方千米，干流平均坡降为 6.24 米/千米。该河 5 千米以上的支流 8 条，内有一级、二级支流各 4 条。

蒙阴县地处暖温带半湿润大陆性季风气候区，一年四季分明，春天干旱多风、夏天炎热多雨、冬季干燥等气候特征。1959—1987 年间的年平均气温 12.8℃，多年平均降水量为 785.3 毫米/年（1959—2010 年），最大降水量为 1281.8 毫米/年（1970 年），属于湿润到半湿润气候区。受东亚季风气候作用的影响，年内降水主要集中在汛期的 6—9 月份，这四个月的降水量占全年降水量的 70%～80%，其中 7，8 月份多暴雨（24 小时内降水超过 50 毫米）、降水量可占全年降水量的 50%以上。迄今的实测资料显示，1994 年一年发生暴雨 7 次，为历年暴雨次数最多的年份；而最大暴雨降水量为 339.4 毫米，发生于 1970 年。

受地势及季风等因素的影响，蒙阴县境内南部地区太平洋水气输送条件较好，降水量明显大于北部。南部年平均降水量可达 800～850 毫米，属于湿润气候区，暴雨发育区即处于年均降水量＞800 毫米等值线内；北部年平均降水量略少，为 700～800 毫米，属于半湿润气候区，也是暴雨较发育区。

2. 蒙阴县林业资源

蒙阴县森林覆盖率和植被覆盖率分别达 55% 和 70%。现有林地面积 1093230 亩，其中防护林面积 484005 亩，经济林面积 457770 亩*，用材林面积 102405 亩。全县在 2000 年包括林地在内的各类土地利用的空间分布图如图 2-6 所示。

蒙阴地区植物物种丰富，现已查明的有 1000 余种，其中木本植物 71 科 174 属 440 种（当地乡属树种 61 科 132 属 311 种，国内外成功引进树种 34 科 62 属 129 种），乔木树种 43 科 91 属 229 种，灌森树种 40 科 83 属 186 种，藤本植物 12 科 15

* 1 亩≈666.67 平方米，下同。

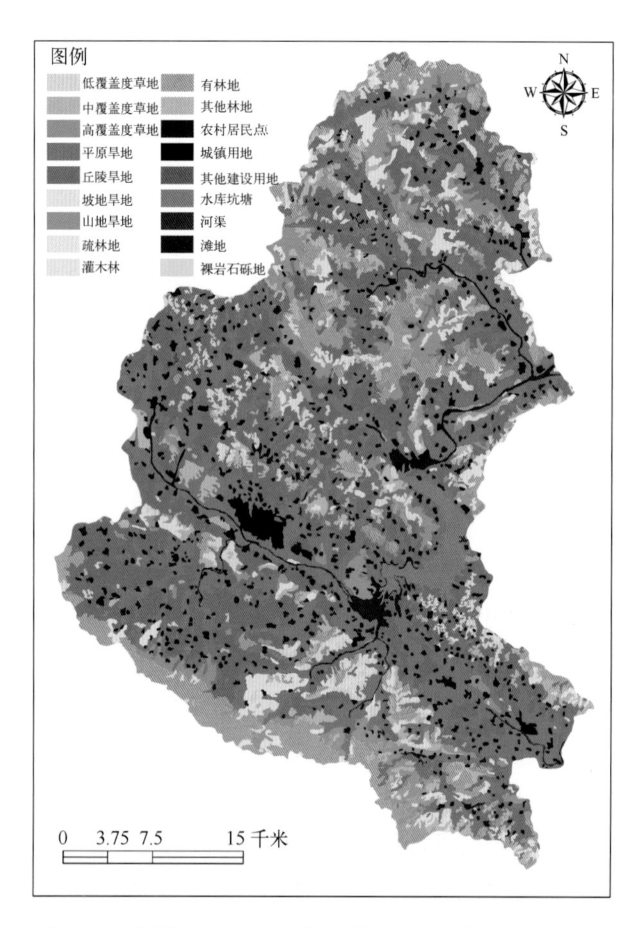

图 2-6　蒙阴县 2000 年各类土地利用的空间分布图

属 25 种，有各类中草药类植物 64 科 111 属 189 种，盛产金银花，还有板栗、大枣、桃、杏、山楂、茶树等。

3. 蒙阴县矿产资源

蒙阴县境内已查明有花岗石、金刚石、黄金、麦饭石、陶土、石灰石、钾长石、钠长石、煤、铁等 38 种矿藏，以“齐鲁红”为代表的花岗石分布广泛，储量达百亿立方米，质地优、光泽好、色差小、易开采加工。目前全县年生产各种优质板材百万平方米、异型材 20 多万件。县内拥有全国最大的金刚石原生矿，已探明储量为 2000 万克拉，曾发现重 119.01 克拉的“蒙山一号”钻石。石灰石遍及全县，是蒙阴县分布最广的非金属矿产，覆盖面积约占全县总面积的 23%。陶土储量 8000 万吨以上。矿泉水质好量大，有着广阔的开发前景。

4. 蒙阴县主要旅游资源

蒙山云蒙景区　蒙阴县已经开发的知名旅游景点有多处，其中在山东省内山峰海拔高度仅次于泰山的有蒙山，已经被授予国家森林公园和国家 AAAAA 级景区(图 2-7 所示蒙山核心景点蒙山瀑布峰)。蒙山位于蒙阴县南部边界区，海拔高度 1156 米，也被称为亚岱。蒙山云蒙景区山清水秀，鸟语花香，宁静清幽中又不乏雄伟奇特。公园里除了茂密的植被，还有多种野生动物，素有百里林海，天然课

图 2-7　蒙山瀑布(蒙阴县岱崮地貌办公室提供照片)

堂的美誉。公园中自然景观非常多，著名的有七十二峰，三十六洞以及九十九峪。整个景区分为六大区域，分别是水帘洞、云蒙峰、雨王庙、老龙潭、百花峪、望海楼。还有八大壮丽秀美的自然景观，像蒙山飞瀑、蒙山叠翠、蒙山花潮、蒙山日出、蒙山云海、蒙山秋色、蒙山听涛、雪峰玉谷。还有最为壮观的水帘洞瀑布，在江北地区是非常少见的，水帘洞瀑布是属于三叠式的，落差大，湍急的水流飞溅落下，溅起的水珠像明珠一般，让人赞叹。

此外，还有孟良崮红色旅游基地、钻石矿山公园、云蒙湖旅游区等，构成了蒙阴县主要旅游产业。

图 2-8　岱崮镇位置图

二、岱崮镇自然环境介绍

1. 岱崮镇自然环境

岱崮镇处于蒙阴县北部边缘(图 2-8)，辖 42 个行政村，人口 5.3 万人。沂蒙山区素有 72 崮之称，岱崮境内就有龙须崮、南北岱崮、卢崮、大崮、卧龙崮等30 座，为群崮荟萃簇集之地，雄壮奇伟，独特各异，被誉为“天下第一崮乡”。图 2-9，2-10 是岱崮镇美丽景色群崮风貌的代表性图片。

图 2-9　岱崮风光之一(聂松泽摄)

图 2-10　岱崮风光之二(聂松泽摄)

岱崮镇素有临沂"北大门之称"。东与沂水接壤,北与沂源为界。全镇总面积180.7平方千米。这里属温暖带季风气候,一年四季分明。冬季寒冷干燥,雨量稀少,多西北风;夏季高温多雨,西南风为主导风向。年平均气温为13℃,极端最高气温为41.3℃(2002年7月15日),极端最低气温为-18.9℃(1981年1月27日)。多年平均降水量为600~1000毫米。

土壤类型主要以各类棕壤为主,呈中性至酸性,山上多为山地棕壤,质地较粗。缓坡、阴坡较厚,陡坡、阳坡土层瘠薄。适合于各种喜酸性的乔、灌木和草本植物生长。岱崮镇在2000年的土地利用的空间配置格局见图 2-11。

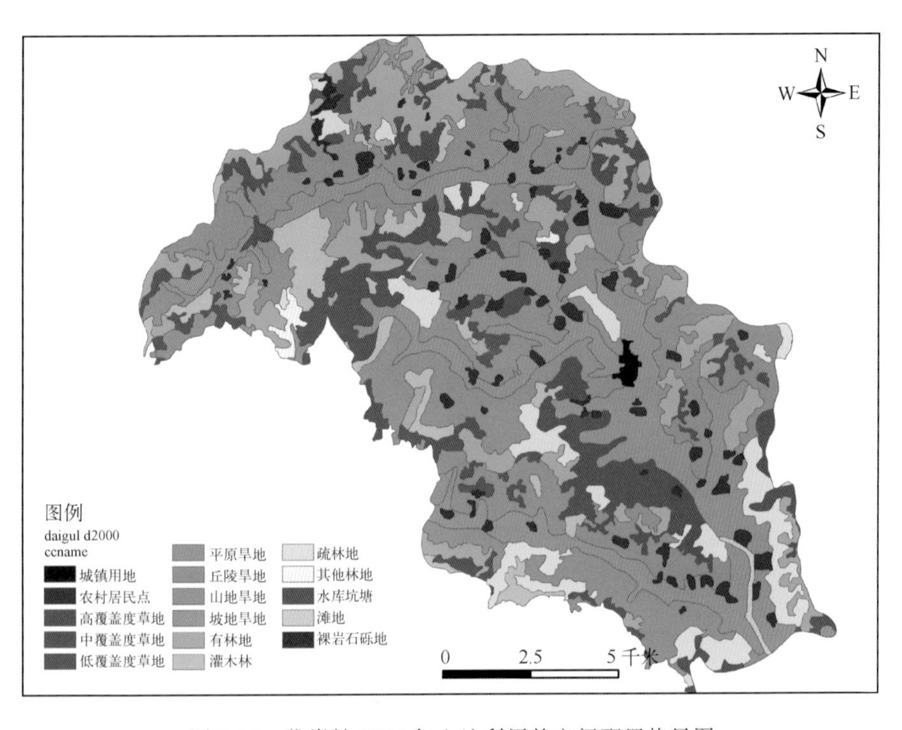

图 2-11　岱崮镇 2000 年土地利用的空间配置格局图

2. 岱崮镇自然资源

岱崮镇境内由县林业局挂牌保护的古树名木主要有油松、国槐、小叶杨、柳树、柿子树、五角枫、侧柏、杜梨、赤松、君迁子、板栗等，部分树龄千年以上。

境内兽类有野兔、獾、刺猬；鸟类有猫头鹰、麻雀、斑鸠、山鸡、啄木鸟、燕子；昆虫类有蝉、蜜蜂、蝴蝶、蜻蜓、螳螂；爬行类有蛇、蜥蜴、壁虎；两栖类有青蛙、蟾蜍等。

岱崮气候宜人，民风淳朴，风景优美，是旅游观光、休闲度假、探险健体、科研考察的理想去处。春则林海花潮，夏则青山绿水，秋则果香四溢，冬则银装素裹，一年四季让游客流连忘返，尽情领略崮乡风韵。

3. 岱崮镇矿产资源

岱崮镇矿产资源较丰富，已探明的有花岗石、大理石、金刚石、铁矿等。贾庄红花岗石储量极大，广泛用于各类异型石材加工及外形装饰，产品远销港、澳及北京、珠海等地。

4. 岱崮镇旅游资源

沂蒙山区素有72崮之称，在岱崮方圆180平方千米的地域中就有30座之多。登上崮顶，放眼望去，奇特的“岱崮地貌”一览无余，气势磅礴的大崮，峭拔耸立的小崮，巍峨雄伟的南、北岱崮，弓腾若飞的龙须崮，造化神奇的卧龙崮，若雕若塑的石人崮，形态逼真的瓮崮，惟妙惟肖的油篓崮……，群崮林立，每一个崮都有一段美丽的传说，是名副其实的“中国崮乡”。

独有的崮乡文化：丰富的旅游资源，使岱崮镇构筑起了以南北岱崮、龙须崮为代表的红色革命崮乡游；以将军树为代表的古树精典游，以桃花节为代表的绿色农业生态游及以犁掩沟、东指为代表的历史典故游为主的旅游新干线。一是红色文化旅游景点丰富。革命战争年代著名的“龙须崮暴动”“大崮保卫战”“南北岱崮保卫战”“卢崮守卫战”等都发生在这里。二是知青文化、三线文化特色鲜明。岱崮是中国20世纪六七十年代建设“小三线”军工企业的一个重镇，曾经有民丰军工模具等军工企业坐落于境内，沂蒙山区“小三线”军工企业的职工总医院也建设于此，来自全国各地的优秀工程师、工人会聚于此，其繁华曾一度超过县城。20世纪90年代，这些军工企业搬迁后，留下了大量的厂房、山洞、设施等，更为我们留下了不可多得的军工文化、知青文化。三是历史文化旅游资源丰富。岱崮，历史悠久，古迹遍布，商周时代的台子崖遗址；东指村南30米处发掘的秦汉时代的卢故城遗址；汉时代的下旺遗址，战国时代的坡里、尹家洼遗址及西周春秋时代的红柞崖、蒋家庄遗址，二十四孝之一郭巨墓祠遗址；并拥有“江北第一美松”——将军树及完整的崮顶山寨遗址，如卧龙崮寨，石臼、寨墙残址、寨门残石，均被认定为金元时期遗存。

生态农业风光：岱崮辖区内有8万亩无公害蜜桃园，是驰名全国的桃乡，年产优质蜜桃2.6亿千克，先后被授予“中华蜜桃第一镇”、“临沂市绿色优质农产品十佳基地”“沂蒙蜜桃之乡”等称号。春季，满山满谷，繁花似锦，落英缤纷；夏季，群崮争翠，绿荫如盖，郁郁葱葱；秋季，漫山遍野，姹紫嫣红，硕果累累。其中，岱崮独有的节日桃花节自2007年开始连年举办，影响力逐渐扩大。一到清明前后盛花期，满山满坡，满谷满壑，是一望无际的粉色桃花，世外桃源，人间仙境，美不胜收。自镇驻地沿杨宝泉，经贾庄到先头峪村，成为著名景观——十里桃花长廊。每年桃花盛开之际，北京、济南等各大城市的社会名流、文人墨客、画家、摄影艺术家都来到崮乡，赏花、写诗、作文、作画、摄影。城市中许多家庭，也纷纷自驾车辆，来桃乡花海游览。当地机关干部、学校师生、农村青年男女也不愿错过这良辰美景，有组织或自发地到桃林花海赏游拍照。因此，桃花盛开之时，渐渐成为岱崮人民的一个盛大节日。一些外地剧团也赶来扎台唱戏，更增添了喜庆气氛。

山水相依的崮乡风貌：岱崮镇境内有大小山头100余座，崮30座，共有河流5条，水库10座，其中梓河、燕窝河、十字涧河三条河流在镇驻地交汇。境内有龙泉、日月泉、蛤蟆泉、猪拱泉等众多山泉，泉水清澈甘洌，增添了独特的水文景观。位于镇驻地梓河之上的映岳湖，一泓碧水，两溪交汇，三桥飞架，掩映崮峰奇姿。连绵的山、奇特的崮与清澈的水相环、相依，风景秀美，凸显出岱崮旅游小镇的独特风貌。

第三节　人文与历史*

一、蒙阴县及岱崮镇历史沿革

1. 蒙阴县历史沿革

自西汉初置县，迄今已有两千多年的历史。这里人杰地灵，名人辈出，是秦朝大将蒙恬和东汉天文历算学家、珠算发明人“算圣”刘洪的故乡。

* 本节根据《蒙阴县志》《中共蒙阴党史大事记》等有关材料汇编。

蒙阴县上古属有穷国。西汉初建县，因在蒙山之阴而得名，隶属兖州泰山郡。王莽篡位后，曾改称蒙恩县。东汉初，地属盖、牟二城。三国魏复置蒙阴县，属徐州琅邪郡。西晋末因战乱废。南北朝时，北魏于蒙阴地置新泰县，属南青州东安郡。东魏时，东安郡之新泰县改称蒙阴县，仍属东安郡。北齐将蒙阴县并入东泰山郡新泰县。自此经隋、唐五代直至南宋景定三年，共712年，都属新泰县。1262年(南宋景定三年)，蒙阴地又由新泰县划入沂水县，称新泰镇(旧蒙阴县志叫新寨镇)。1313年(元皇庆二年)，重建蒙阴县，属益都路莒州。另据《重建蒙阴县碑》载，重建蒙阴县为元延祐二年。1369年(明洪武二年)属青州府。1730年(清雍正八年)，改属莒州。1734年(雍正十二年)属沂州府。1913年("中华民国"二年)，废府设道，蒙阴县属济宁道。1925年改属琅邪道。1928年废道，直属省。1936年属山东省第三行政区。1941年9月，将原蒙阴县的大部分地区划为新蒙县、泰宁县、博莱县。蒙阴县属鲁中区二专区。1943年3月蒙阴县撤销，同年9月恢复，仍属二专区。1949年7月属沂蒙专区。1950年6月改属沂水专区。1953年8月属临沂地区。1994年12月临沂撤地设市，蒙阴县仍属临沂市至今。

2. 岱崮镇历史沿革

清末属东一区坦埠乡；1921年为坡里区，1933年属六区，下设6个乡；1937年调为坡里和贾庄两个乡；1938年复属六区；1941年3月，六区划分为坦埠区和大崮区；1951年10月，大崮区改称九区；1955年11月称为岱崮区；1958年2月调为岱崮、贾庄两个乡，同年10月组成岱崮人民公社，此后相继称岱崮区、岱崮人民公社。1985年9月称坡里镇，因驻地坡里村命名。坡里村传说明洪武年间建村，村东北两面靠山间水泊，故名泊里，后演变为坡里。1993年11月改称岱崮镇。2000年12月，北贾庄乡撤销，并入岱崮镇。因闻名全国的两次岱崮保卫战发生在这里，故以岱崮山命名。

二、蒙阴县境内主要历史人物

蒙恬(？—前210年)秦武将，蒙阴县人，故里在蒙阴县城西南7.5千米处的边家城子村。先世为齐国人。公元前221年(始皇二十九年)，蒙恬被封为秦国将领，南下攻打齐国，被秦始皇封为内史。公元前215年，蒙恬带领秦军收复了匈奴占领的河套南北的广大地区。公元前213年，蒙恬组织军民修筑成万里长城。公元前210年，秦始皇巡游途中病死。秦二世胡亥赐蒙恬自杀。蒙恬被逼吞毒药自杀而死。相传蒙恬发明了毛笔和筝。

刘洪(约公元130—210)字元卓。东汉末年天文学家和历算学家。泰山郡蒙阴人。故里在县城西北4千米处的(蒙阴街道办事处)召子官庄村。174年(汉灵帝熹平三年),刘洪与蔡邕共同撰成了《律历志》。公元206年,刘洪撰成《乾象历》一书。《乾象历》是我国传世的第一部引进月球运动不均匀性理论的历法。刘洪精通数学,著有《九章算术注》。在此基础上,刘洪成功地发明了"正负数珠算"。因此被后人称为珠算的早期奠基人、"算圣"。

李奈字时珍,蒙阴县(蒙阴街道办事处)李家保德村人。1427年6月(宣德二年)中进士,初任行人,主管传旨、册封,后任南京监察御史、陕西布政司左参仪。李奈任职期间,执法严明,刚正不阿,治案无冤狱,被世人称为"铁板李御史"。在戍边期间,他体恤民情,为民着想,被百姓称之为"李佛"。景泰年间(1450—1456),因年老体弱辞官归里,临行时,倾其积蓄竟不够回家的盘缠,幸亏同僚解囊相助才得以回家。著有诗文集《春秋管窥》,现已散失。

公鼐(1558—1626)字孝与,号周庭,明蒙阴县人。明代著名文学家、诗人。曾任翰林院编修、礼部侍郎等职,死后追赠礼部尚书,谥"文介"。1601年(万历二十九年),公鼐考中进士,选为翰林院庶吉士,授编修,后迁国子监司业,累官至左春坊左谕德,为东宫讲官,职责给诸皇子当老师。1619年,公鼐脱离仕途,后病死在家乡蒙阴。著有诗文集《问次斋稿》,在明诗坛占有重要位置。

秦士文(?—1628)字彬予,明天启年间兵部尚书,军事家,蒙阴县常路镇北楼村人。1604年(明万历三十二年)中进士。初任宝坻县令,再任密云县令,又任山西长治县令。1613年(万历四十一年)升礼部主事,1619年(万历四十七年)升任陕西洮岷兵备,布政司参政。1625年(天启六年)秦士文以军功晋升兵部尚书。1626年(天启七年),秦士文因久历疆场致疾乞归,1628年(崇祯元年)5月病故。著有《抚宣奏议》九卷,诗、文各一卷。

三、岱崮镇境内主要文物遗迹

1. 岱崮革命遗址(省级文物保护单位)

岱崮革命遗址,位于岱崮镇岱崮村西,镇驻地西北7.8千米处,西南距蒙阴县城28千米,分南北岱崮和卢崮,二者构成犄角之势。南北两崮处于群山之中,相距2千米,北岱崮海拔高度679米,南岱崮海拔高度705米,山势险峻,崮顶呈鼓形,悬崖高处有30余米。卢崮位于南、北岱崮东部4000米,海拔高度610.3米。1943年11月和1947年6月先后发生了两次岱崮保卫战。1977年被公布为省级重点文物保护单位，总保护范围403万平方米。1943年11月，八路军鲁中一团八连为配合主力作战需要，牵制日伪军，八连指战员英勇奋战，次次击退日伪军的疯狂进攻，经过多日的浴血奋战，胜利完成抗击、牵制、消灭敌人有生力量的任务。为纪念两次岱崮保卫战，嘉奖守崮连队的卓越成绩，先后被上级部门授予了“第一岱崮连”和“英勇顽强岱崮连”的光荣称号。现遗址上仍残留部分战时工事和山洞等。该遗址是对广大青少年进行爱国主义和革命传统教育的重要基地。

2. 丁家庄四合院(省级文物保护单位)

丁家庄四合院，位于岱崮镇丁家庄村内，坐西朝东，分前后两院，占地面积1372平方米。大门已被拆除，现存宅院西北角一门，为如意门，门口面阔2.75米，进深3米。门相上方素面，无装饰，门指正面上方檐口下各饰麒麟图案，背面饰有鹿与梅花图案，三重门，灰瓦，卷棚式檐；前院现有房屋14间，砖木结构。西屋5间，北屋4间，南屋5间。西屋5间窗台以上，抗日战争期间毁于战火，后又重修。南屋5间屋面已塌落。北屋4间面阔13.2米，进深4.8米，三重山，灰瓦，合瓦屋面，卷棚式檐，重梁叠架，柱子垒在墙内，两边檐口饰有龙形图案。从两层石质小楼的拱形门洞穿过，进入后院。该楼上下两层，面阔4.3米，进深3.55米，下层为一拱形门，上层是一耳房，三重山，屋面已部分塌落，四面均开有窗户，台阶为条石垒成，大部分缺失，该楼应为瞭望所用；后院现有房屋11间，砖木结构。东屋5间屋面已塌落。西屋三间，面阔10米，进深4.8米，檐口下饰有狮子图案。西屋与北屋都是三重山，灰瓦，合瓦屋面，卷棚式檐，清水脊，屋脊两端高高翘起两鸱吻，在鸱吻下方陡置雕砖花饰。北屋中部饰“寿”字和“龙”形图案，西、北屋门框下两边各有一石雕，北屋雕有“奔牛祥云”、西屋雕有“牡丹凤凰”和“荷花仙鹤”吉祥图案。该建筑为研究蒙山腹地的清代建筑，提供了重要资料。

3. 大崮革命遗址(县级文物保护单位)

大崮革命遗址，位于岱崮镇大崮村西大崮山上，南邻水泉崮，北邻小崮。1940年3月至5月，国民党顽固派军队8000余人围困中共蒙阴县委、县大队驻地大崮山区。县委、县大队以大崮山为主阵地，苦战数月，在八路军山东纵队一旅的援助下，粉碎了顽军的围困。县委、县大队受到中共山东分局和八路军山东纵队的通令嘉奖；1941年11月7日至9日，八路军大崮独立团一营特务连和四旅二团四连坚守大崮3昼夜，打退日军千余人和国民党顽固派军队3个团的进攻，成功地突围转移。山东分局妇委委员、省妇救会常委陈若克突围被捕，在狱中坚贞不屈，怀抱刚出生的婴儿英勇就义。此地也是抗日战争期间八路军鲁中军区机关、兵工厂、被服厂、弹药库旧址。该遗址是对青少年进行爱国主义和革命传统教育的重要基地。

4. 龙须崮革命遗址(县级文物保护单位)

龙须崮革命遗址，位于蒙阴县岱崮镇笊篱坪村西，龙须崮山上。南望瓮崮，北邻南岱崮，海拔高度707米，西南、东北纵列，崮顶极像龙须而得名。该遗址1999年被公布为县级重点革命文物保护单位。1933年9月5日在中共新泰县委领导下，李阳谷、崔宪武、娄家驷等党员，带领党员农民百余人，携枪80余支，在龙须崮举行武装暴动，宣布“工农革命军山东支队”成立，提出了“打倒军阀雪国耻”“打倒土豪，分田地”等口号，后被国民党驻蒙阴部队镇压。暴动虽然失败了，却打击了国民党的反动统治，扩大了党的影响，这是沂蒙山区最早的一次武装革命暴动。1941年冬，八路军大崮独立团二营保卫龙须崮，先后与数十倍日军、国民党顽固派军队血战近一月，胜利完成了反“扫荡”任务。

5. 蒋家庄遗址(县级文物保护单位)

蒋家庄遗址，位于岱崮镇蒋家庄村南，为河旁1级台地，地名“五亩地”，整体地势东高西低。东靠南(麻)坦(埠)公路，西距梓河100米，南距梓河400米，北距村村通公路20米。遗址南北长约330米、东西宽约240米，面积约为8万平方米。地表采集有东周时代的板瓦、汉代的板瓦等陶器残片。

6. 犁掩沟遗址(县级文物保护单位)

犁掩沟遗址，位于岱崮镇犁掩沟村西南，为水库旁高台地，地名“台子崖”，整体地势南高北低。东紧邻犁掩沟村，西距东指水库大坝100米，南紧靠东指水库，北距韩(旺)莱(芜)公路50米。遗址南北长约160米、东西宽约100米，面积约为1.8万平方米。地表采集有商代鬲等陶器残片，周代鬲、罐等陶器残片。

7. 卢县故城(省级文物保护单位)

卢县故城，位于岱崮镇东指村西南，为河旁1级台地，地名“城隍庙”。整体地势东高西低。东距南(麻)坦(埠)公路80米，路东紧靠东指水库大坝，西距梓河100米，南距东指水库的小河100米，北紧靠一条东西走向的生产路。遗址西北部有一棵古槐。遗址南北长约490米、东西宽约380米，面积约为18万平方米。地表采集有东周时代的瓮、罐、豆等陶器残片，汉代的筒瓦、板瓦等陶器残片。

8. 坡里遗址(县级文物保护单位)

坡里遗址，位于岱崮镇坡里村坡里商业街东，为河旁高台地，地名“东坪子”，整体地势平坦，东部稍高。东为坡里东山自然村，西距梓河100米，北临镇派出所，距镇政府50米，南距天桥山600米。遗址东西长约230米、南北宽约150米，面积约4万平方米。地表采集有龙山时代的鬼脸鼎足，东周时代的鬲、罐等陶器残片。该遗址为研究蒙山腹地龙山、东周时期的文化面貌，提供了重要的实物资料。

9. 茶局峪烈士墓（县级文物保护单位）

茶局峪烈士墓，位于岱崮镇茶局峪行政村碾台自然村东北200米，南紧靠源自于上茶局峪水库的小河，北距村村通公路200米，东北距伊家岭自然村200米。墓群东西、南北长度基本相等，长约30米，面积约990平方米。安葬着抗日战争期间李家宅、官山、卢崮山、岱崮、讨吴等战斗和解放战争期间岱崮保卫战中牺牲的烈士，共72名烈士长眠于此。该墓群是对青少年进行爱国主义和革命传统教育的重要基地。

10. 下旺遗址（县级文物保护单位）

下旺遗址，位于岱崮镇下旺村西南首，为河旁滩地，地名“北大园”，整体地势北高南低。东临下旺村，北为朱（大朱家庄）郭（庄）公路，南近下旺河，遗址东西长约400米、南北宽约200米，面积约9万平方米。地表采集有新石器时代的凿形鼎足，东周时代的罐、板瓦、瓮，汉代的罐、板瓦等陶器碎片。

11. 尹家洼遗址（县级文物保护单位）

尹家洼遗址，位于岱崮镇尹家洼行政村南梁自然村北100米，为河旁高台地，整体地势东高西低。东紧靠南（麻）坦（埠）公路，西紧邻梓河与源自野店石人坡的河流的交汇处，北距小管庄自然村150米，南紧靠两块台地之间的低洼处。遗址东西长约350米、南北宽约250米，面积约8.6万平方米。地表采集有龙山时期的凿形鼎足、罐形鼎，汉代的菱形纹砖等陶器残片。该遗址为研究蒙山腹地新石器时代、汉代时期的文化面貌，提供了重要的实物资料。

12. 红柞崖遗址（县级文物保护单位）

红柞崖遗址，位于岱崮镇红柞崖村东，为河旁高台地，整体地势中部隆起，四周低缓。东距村村通公路30米，西紧靠源自红柞崖水库的小河、距村村通公路30米，东南距狍子沟自然村60米，北距源自红柞崖水库的小河50米，南紧靠村委办公室。遗址南北长约230米、东西宽约70米，面积约1.8万平方米。地表采集有西周时代的鬲、罐，东周时代的鬲、罐、缸等陶器残片。

13. 河东遗址

河东遗址，位于岱崮镇河东村西北，为河旁滩地，整体地势平坦。北紧邻一高台地，地名“北楼台”。西紧靠村村通公路，路西紧邻梓河支流。东紧邻一条南北流向的季节性水沟。遗址东西长约 240 米、南北宽约 120 米，面积约 3.4 万平方米。地表采集有东周的罐、汉代的筒瓦、盆等陶器残片。

14. 蓑衣岭遗址

蓑衣岭遗址，位于岱崮镇蓑衣岭自然村东南，为河旁高台地，整体地势平坦，北部稍高。东距机井 100 米，西距源自沂源县的南北流向的小河 150 米，南距梓河 80 米，北紧靠韩（旺）莱（芜）公路，遗址东部断崖高出地面近 5 米、南部断崖高出地面近 10 米。遗址南北长约 160 米、东西宽约 90 米，面积约 1.2 万平方米。地表采集有东周的鬲，汉代的罐、盆等陶器残片。

15. 坡里革命旧址

坡里革命旧址，位于岱崮镇坡里村，东临双泉山，南临天桥山，北紧临卧龙崮，西望大崮山。1939 年 6 月，八路军第一纵队司令员徐向前等率指挥机关在这里与中共山东分局、八路军山东纵队领导人会师，亲切会见，共商抗日大计，指挥抗战。1939 年 3 月 10 日，山东省第四联合中学在这里开学，该校是抗日民族统一战线的成果，由共产党人、著名爱国知识分子和社会名流等联合创办，招收学生 700 多名。同年 6 月，日军“扫荡”时停办。

16. 重修圣佛院记碑

重修圣佛院记碑，位于岱崮镇蒋家庄行政村牛栏坪自然村南首，坐西朝东，青石质，碑额书体为篆书，碑体正、背面均为楷书。碑额高 1 米，宽 0.87 米，厚 0.29 米，为二龙戏珠图案，上部二龙各一爪，紧握一珠，下部二龙紧盯一珠，二龙环绕“重修圣佛院记”六个字。碑体高 2.26 米，宽 0.87 米，厚 0.29 米，正面记载重修圣佛院的原因、过程。背面记载历代主持名单；碑刻底座为赑屃，高 0.65 米，长 2 米。由蒙阴县县丞王瑍、典史徐莹、道会司于道清、知士官郭荣所立。该碑对研究沂蒙山腹地的佛教文化提供了新的资料。

17. 上旺民居

上旺民居，位于岱崮镇上旺村内，现存南屋三间，为村民宋西良的住宅，民居坐北朝南，面阔 10.46 米，进深 7.6 米，单檐硬山，灰色板瓦覆顶，清水脊，两端各有一鸱吻，前廊卷棚，宽 1.35 米，两侧各饰有福、禄二字，地面用大块条石铺地。

屋门为拱形，门相上方是有福禄寿喜四字合为一字。柱基为八菱形，四周饰有梅、兰、竹、菊等图案。上马石上饰有祥云图案。

18. 下旺民居

下旺民居，位于岱崮镇下旺村内，为村民王均亮的住宅，现已无人居住。民居坐北朝南，面阔 10.7 米，进深 5.35 米，单檐，硬山，清水脊，两端各有一鸱吻，灰瓦覆顶。石质结构，从地基至屋檐均为石块垒砌，重梁叠架。台阶共 15 层，宽 1.85 米，高 2.45 米，全部用长 1.3 米、宽 0.29 米、厚 0.17 米的条石垒成。四周开窗，南、北墙上各有两个窗户，东、西山墙各有一个窗户，均为十字形木棂窗。该民居以往未见著录或公布，系此次调查新发现。为研究蒙山腹地的清代建筑，提供了新的资料。

19. 柳树头墓群

柳树头墓群，位于岱崮镇柳树头行政村东，为河旁高台地，整体地势北高南低。东部紧邻西岭自然村，西靠窑洼自然村。墓群东西长约 460 米、南北宽约 190 米，面积约 9 万平方米。据村民介绍“文革”期间整地时，曾出土过大量砖、罐、铜剑等器物。地表采集有汉代的砖等。

四、崮顶文化、山寨文化

山东省蒙阴县岱崮镇，有一种特殊的地域文化，被史学界称之为崮顶文化。这些崮顶上，遍布文化遗迹，其主要形态是山寨文化。

对岱崮 30 座崮，有山寨文化遗存的崮达 22 座。多为一崮一寨，兼有一崮二寨，亦有一崮多寨，总计 29 座之多。其中，大寨 6 座，占 21%；中寨 8 座，占 26%；小寨 15 座，占 53%。山寨文化遗迹，由人居、防御、生活三部分遗存组成。

1. 人居文化遗迹

崮顶山寨中心区，为居住区。房屋遗址，经普查，大寨在 150 间以上，占地 25 亩左右；中寨在 80 间以上，占地 15 亩左右；小寨 50 间左右，占地数亩。29 寨房屋遗址总计 2000 间以上，利用崮顶面积约 400 亩以上。目前，山寨房屋少部分仅剩墙址，大部分为残墙断壁，极少数框架完好。

山寨房屋的建筑形式和布局，有三大特点：其一房屋面积小，多为 2 米×2.5 米，最小者只有 1.5 米×2 米；其二均属就地采石垒砌，原用石板覆顶或黄草覆顶，今顶盖无存；其三是房屋排列密集，胡同极窄，甚至采石之窝、岩层之根，朝阳崖坎均为人居之所。不难看出，岱崮崮顶山寨的建筑理念，是最大限度增加人口容量。世代岱崮人那相依为命的艰难境遇、那众志无摧的古朴乡亲情，那佑弱护众的古仁人之风，由此而鉴。

2. 防御文化遗迹

崮顶山寨防御设施，主要由寨墙、寨门、岗堡组成。

寨墙。崮顶四面陡峭险峻，无寨墙遗存的山寨 7 座，如南岱崮、北岱崮、卢崮、獐子崮、水泉崮、小崮等，占 24%；崮顶岩层部分低矮、有塌陷或天然巨壑，以寨墙来弥补之山寨 9 座，如卧龙崮、拨锤子崮等，占 31%；崮四周天然屏障薄弱，无天险可倚，四周建寨墙之山寨 13 座，如长山寨、孙家寨、闫家寨等，占 45%。所有山寨寨墙，均就地采石而砌，墙宽均在 2 米左右，墙高均在 4 米以上，有的高达 10 米，长度不一，最长的寨墙周长达 1 千米。至今，少数寨墙已荡然无存，多数寨墙残损，少部分寨墙完好，如孙家寨，仍可见当年雄固之势。

寨门。四周绝壁，一隙可攀之山寨 8 座，每寨均有 1 门，占 27%；四面可攀或四面寨墙之山寨 21 座，每寨均设 3～4 门，占 73%。寨门有 2 种：其一为城堡式石砌石拱门，5 寨共 13 座，但多已坍塌或拆除，只有大崮寨北门保存完好。其他 24 座山寨，除 4 座以天险为门外，均采用长方形石砌门，宽 1.2～1.3 米，高 1.7 至 1.8 米，今多数寨门已残缺不全，少数寨门，如龙须崮、闫家寨东寨门，至今保存完好。

岗堡。寨必有堡，均由石砌，以圆形或半圆形为主，三面有扇形石孔。一是门必设堡，或以门为堡，均因地而宜；二是一寨多堡，一寨四堡如闫家寨，一寨六堡如长山寨，一寨七堡如卧龙崮寨，最险峻之寨至少也有三堡，为观察、瞭望和守御之用。

综观崮顶山寨防御设施设置，最大限度利用自然天险，旨在迅速全面发现、监控敌情，以求“一夫当关，万夫莫开”之功效，体现了岱崮人的勤劳勇敢和聪明才智。

3. 生活文化遗迹

臼、碾、磨，是山寨最主要的谷米加工设施。29 座山寨，共有石臼 18 处，原设有石碾 17 盘，石磨 20 余盘。凡寨顶有平滑岩面之处，必设有石臼，直径 4.5～50 厘米左右，深 30～35 厘米左右；没有平滑岩面，但能采集到面积较大之岩块，便打制为碾台或磨台，再配以碾砣或磨盘。29 座山寨，有 16 座有石臼，有的一寨有二臼，如柴崮，而今，这些石臼大多保存完好，极少数残损。石碾或石磨碾米速度快，加工量大，故凡大寨必设石碾或石磨，如长山寨，当年设碾二盘、磨四盘。今寨顶石碾或石磨，因数十年弃之不用，故多残缺，仅剩碾台或磨台。

其次是仓储遗迹。其一是利用山洞作仓储，南岱崮、北岱崮、龙须崮、卢崮四寨，均挖掘山洞储粮贮物，卢崮寨的石洞至今完好。其二，在寨下梯田中设地窖式仓储，如长山寨，将仓储建于梯田底部，在地堰中开口，上可种粮，几块石头一堵，地堰完好，痕迹全无。该仓的特点，全用石板围砌至顶，直径 2.5 米，中高 2 米，至今保存完好。其三，寨顶择面积较大之平整岩面建立仓储。卧龙崮寨南首、北首，共有 6 处此类仓储遗迹。古人在平滑岩面之上，开凿有 6 处圆形状圈沟，直径 3.5 米、5.5 米两种，高处沟深，低处沟浅，连接疏水口。沿圈沟内侧砌墙，上覆草棚，即可储物。

谷米加工设施和仓储设施，是岱崮人因崮制宜、因地制宜而积淀形成的民俗风习文化。

4. 崮顶山寨起源

崮顶山寨，多为历史古寨，亦不乏近代山寨。“民国”十年左右，蒙山一带土匪（俗称光棍）横行，“绑票”杀掠，乡人纷纷登崮修寨而自卫，时称“光棍势”，长山寨、孙家寨、闫家寨、尖崮寨等 10 处山寨，均建于此时期，占 34%。其他 19 寨，世称古寨，域内外志乘无载记，故其源起，说法纷纭。经我国著名美术考古学专家、山东大学副校长刘凤君教授勘察、确认与论证，一部分山寨已有定论。如卧龙崮寨，石臼、寨墙残址、寨门残石，均被认定为金元时期遗存。以此推论，板崮寨、大崮寨、龙须崮寨、拨锤子崮寨等 13 处山寨起源于此时期。但有些山寨的文化遗存极为苍古，石臼已风蚀至面目全非，证实其起源年代更久远。可以推断，在数千年历史中，甚至自人类有了战争开始，山寨就已经存在了。每逢战乱，崮顶山寨就成为人们居住、生活、生存的天然堡垒，就连达官显贵也争相来崮顶扎寨据守。

崮顶山寨，即是世代乡人的避难之所，更是兵家必争的军事天险。近代抗日战争和解放战争时期，我党我军在岱崮胜利进行了多次著名战役，如第一次岱崮保卫战、第二次岱崮保卫战、卢崮保卫战等，创造了“据守天险、以少胜多”的典型战例。至今，这些崮顶的岗堡、掩体、工事、防空设施遗迹，随处可见。特有的近代军事文化积淀，使岱崮崮顶文化更加灿烂。

五、重大历史事件

蒙阴县是沂蒙山区革命根据地的中心，早在 1923 年，就有中国共产党的有关活动。抗日战争和解放战争时期，全县人民为了祖国的解放事业，做出了巨大牺牲和奉献。支前模范"沂蒙六姐妹"名扬全国，"孟良崮战役"举世闻名。陈毅、徐向前、粟裕、许世友、谷牧和迟浩田等老一辈革命家都曾先后在这里战斗过、工作过。发生的主要历史事件有：1933 年共产党地方组织发动的武装暴动——龙须崮暴动，1933 年 1 月土匪屠崮杀害 480 人的瞭阳崮惨案，1940 年中共蒙阴县委为保护驻地大崮山、反击国民党军围剿的第一次大崮山保卫战，1941 年八路军鲁中军区独立团团部及一个营约 300 余人在此防守、反击日寇围攻的大崮山保卫战，1943 年国民党军反击日寇围攻的三宝山血战，1943 年八路军反击日寇的第一次岱崮保卫战，1947 年 5 月解放军歼灭国民党军精锐——整编七十四师、击毙该师师长张灵甫的孟良崮战役，1947 年 6 月解放军反击国民党军的第二次岱崮保卫战，等等。这些重大历史事件已经有专门汇总，这里不再赘述。

第四节　社会经济条件*

一、人口

2012 年末，蒙阴县全县户籍总户数 177572 户，户籍总人口 550971 人。其中男性 281773 人，女性 269198 人。本年出生人口 6760 人，死亡人口 3966 人。人口自然增长率为 6.44‰。合法生育率达到 90.5%。根据第六次人口普查显示，全县汉族人口占 99.86%，有 17 个少数民族，共 674 人，占 0.14%。少数民族中，农村占 58%，城市占 42%；回族 578 人，占 85.8%。其他少数民族是：苗族、傣族、满族、蒙古族、彝族、朝鲜族、瑶族、土族、壮族、布依族、藏族、鄂伦春族、哈尼族、景颇族、怒族、佤族。

二、各乡镇分述

至 2012 年底，全县设蒙阴街道办事处、常路镇、高都镇、野店镇、岱崮镇、坦埠镇、桃墟镇、垛庄镇、联城镇、旧寨乡 1 街道 8 镇 1 乡和蒙阴经济开发区、云蒙湖生态区，464 个行政村。以下是各个乡镇街道的具体情况。

* 本节根据蒙阴县有关材料汇总编写。

1. 蒙阴街道办事处

全街道办事处有村居委87个，总人口154292人，总面积257.9平方千米，其中耕地面积79.1平方千米。2012年全年完成财政收入10106万元，农民人均纯收入9210元，粮食总产189732吨。有规模以上乡镇企业50个，学校12所，卫生院1所。

农业结构多样化，发展经济林2.8万亩，畜牧业收入占农业收入的比例达到了39%。注重全镇的荒山绿化工作，绿化荒山7000多亩。

旅游资源丰富，地下银河、东蒙人家民俗园、尧山寨民俗园、九女山公园等一批景点。其中地下银河景区被国家旅游局授予“国家AA级旅游景区”，成为齐鲁旅游新十景。

2. 联城镇

全镇有村居委51个，总人口37685人，总面积160.9平方千米，其中耕地面积69.9平方千米。2012年全年完成财政收入1608万元，农民人均纯收入9002元，粮食总产25271.5吨。有规模以上乡镇企业17个，学校13所，卫生院1所。

联城乡突出烤烟生产、畜牧养殖和速生丰产林三个特色产业。2008年全乡烤烟面积达到7000亩，收购烟草76万千克。在保护好基本农田的基础上，利用丰富的荒滩、荒山、河滩资源，发展丰产林、生态林。2008年，速成丰产林达到万亩，核桃、板栗、蜜桃等果品种植面积达9000多亩。

联城乡境内矿产资源丰富，麦饭石、金刚石、花岗石、木鱼石，黄金储藏量很大。以蒙山麦饭石矿泉水为原料研制的银麦啤酒被人民大会堂指定为国宴用酒，青龙山矿泉水被国家有关部门鉴定为天然优质饮用矿泉水。

3. 常路镇

常路镇与泰安市、新泰市接壤，是临沂市和蒙阴县的西大门。全镇有村居委30个，总人口34507人，总面积77.4平方千米，其中耕地面积36.2平方千米。2012年全年完成财政收入1448万元，农民人均纯收入9181元，粮食总产13722.9吨。有规模以上企业28个，学校6所，卫生院1所。

该镇农业呈现多元化、精品化、合作化发展趋势，建成黄瓜、西红柿等蔬菜生产基地、有机蜜桃生产基地、有机葡萄酒和黄烟生产基地。2008年，全镇林果面积发展到4.5万亩，实现产值过亿元；蔬菜大棚发展到1000余个，实现产值2000余万元；黄烟种植面积达到2624亩。

畜牧业在发展中发挥重要作用。鸡、猪、狐等各类养殖大棚160多个，年产值

140 多万元。

工业产业优势明显，工业企业逐步向高、精、尖化迈进，产业优势集中在铁业加工、照明电器、建材生产上。2008 年，常路镇工业企业已发展到 203 家。

4. 高都镇

全镇有村居委 33 个，总人口 32719 人，总面积 90.2 平方千米，其中耕地面积 35.9 平方千米。2012 年全年完成财政收入 1137 万元，农民人均纯收入 9157 元，粮食总产 10483.2 吨。有规模以上企业 25 个，学校 8 所，卫生院 1 所。

高都镇是一个典型的农业乡镇，已初步形成了以苹果、蜜桃、板栗为主导产业的林果大镇。是国家科委 1995 年首批命名的无公害苹果生产基地，2001 年被国家农业部列为“绿色果品生产基地”“全国农技中心高优水果产业示范区”、是临沂市“全市唯一的无公害苹果标准化生产示范乡镇”。全镇红富士苹果 3.8 万亩，蜜桃 8000 亩，板栗 6000 亩，凯特杏、雪枣等特色果品 6000 亩。年产各类干鲜果品 5000 多万千克，全镇果品收入 6000 万元，果品生产已成为农民收入的主要来源。另外全镇中药材种植面积 4000 亩，瓜菜 5000 亩，特色白莲藕 1200 亩。

高都镇矿产资源丰富，矿产品以金刚石、黏土、石灰石等为主。西峪金刚石矿区，储量 451.9 万克拉，占全国 1/4，宝石级含量 20%以上；质量好，适合露天开采。洪沟黏土矿区，储量 2800 万立方米，有灰、黑、红、紫等品种，黏土质量高，含硫、铁等元素低，优系黏土极适宜制作精致陶瓷，次系黏土宜于釉面瓦烧制。石灰石、花岗石、钠长石，储量大，易开采。

5. 野店镇

全镇有村居委 31 个，总人口 36533 人，总面积 196.2 平方千米，其中耕地面积 51.4 平方千米。2012 年全年完成财政收入 1024 万元，农民人均纯收入 9143 元，粮食总产 15175.1 吨。有规模以上企业 13 个，学校 11 所，卫生院 1 所。

近年来，立足山区优势，把发展林果生产作为富民强镇的重头戏，精心实施林果精品工程，果品生产规模和档次显著提高。全镇果园面积现已发展到 10 万亩，基本形成以优质红富士、秀水苹果、金丰、燕山红板栗和乌克兰大樱桃、凯特杏、中华寿桃、河北赞黄枣等名特优为主导的品种体系。在国家、省优质果品评选中，红富士获全国金奖、秀水苹果荣获部优称号，红富士苹果等六个品种荣获省优称号，有 22 处果园被评为省级样板园。围绕“发展绿色产业，保护生态环境”的工作目标，按照“统一规划、统一品种、统一栽植、统一管理”的“四统一”开发治理方案，全镇上下坚持不懈地封山育林，荒山开发，一个“山顶刺槐、松柏戴帽，山腰苹果、板栗缠绕，山脚粮田、名特优环抱”的发展布局业已形成。

6. 岱崮镇

全镇有村居委 42 个，总人口 52934 人，总面积 180.7 平方千米，其中耕地面积 40.6 平方千米。2012 年全年完成财政收入 1403 万元，农民人均纯收入 9142 元，粮食总产 15488.1 吨。有规模以上乡镇企业 19 个，学校 22 所，卫生院 1 所。地质结构十分独特，地貌异彩纷呈，享誉地理学界，这里有“天下第一崮乡”的美誉，是中国大陆首批 11 个“中国最美小镇”之一，位列第三位（表 2-2）。

以蜜桃、花椒、香椿、畜牧养殖为主的农业八大基地建设初具规模。全镇林果面积已达 10 万亩，其中无公害蜜桃面积 8 万亩，年产优质蜜桃 2.6 亿公斤。2004 年，被农业部授予“中华蜜桃第一镇”称号，同时鼓励农民发展杂果、杂粮、中草药生产，大力发展畜牧养殖业，产业结构不断优化，形成了农业发展的多元化结构。

沂蒙山区素有 72 崮之称，岱崮境内就有龙须崮、南北岱崮、卢崮、大崮、卧龙崮等 30 座，为群崮荟萃簇集之地，雄壮奇伟，独特各异，令人神往。“岱崮地貌”具有崮顶平坦、植被条件好，崮坡林木覆盖率高，崮根与村庄相连的特点。三者之间层次分明、结合紧密，景观结构系统完善，蕴藏有丰富的旅游资源，集风景旅游、生态旅游、农业旅游、乡村旅游和文化旅游于一体，极具旅游开发价值。并且有“岱崮豆腐”“岱崮全羊”“岱崮全蝎”“岱崮香椿”等地方名吃、地方特产享誉省内外。

表 2-2　岱崮镇各行政村 2010 年社会经济数据统计表

单位	总面积/亩	耕地面积/亩	户数	人口	果品总量/吨	其中/吨			人均收入/元
						桃	苹果	其他	
坡里	7270	1620	906	2660	7790	7675	38	77	7663
东峪	7584	496	560	2013	5657	5602	19	36	7119
丁家庄	5121	343	504	1468	8798	8734	46	18	7147
东指	1192	41	130	390	4056	3783	273	0	7089
上旺	5624	754	340	1060	8202	7781	370	51	7228
犁掩沟	3663	128	248	751	4062	3864	180	18	6512
蒋家庄	9584	2148	650	2100	8807	8740	23	44	7039
尖洼	2658	756	300	830	4981	4958	12	11	7194
台头	9544	1648	621	2018	6903	6838	26	39	6379
燕窝	3887	972	330	1034	5093	5052	21	20	7113
茶局峪	7081	1920	600	1715	7731	7689	20	22	6861
上峪	3503	221	131	354	4391	4369	10	12	6872
大崮	5331	1514	465	1369	5564	5542	16	6	7091
核桃万	3037	610	256	715	4582	4561	17	4	6982

续表

单位	总面积/亩	耕地面积/亩	户数	人口	果品总量/吨	其中/吨			人均收入/元
						桃	苹果	其他	
十字涧	10802	1304	600	1660	8066	8033	22	11	6907
大岭	3319	1072	318	1083	5021	4989	16	16	6861
柳树头	4855	1313	480	1477	6098	6064	10	24	6744
石门峪	2255	450	208	664	4505	4491	10	4	6518
东上峪	3709	438	234	664	5333	5308	13	12	7085
西上峪	4224	610	201	590	5308	5281	19	8	6822
黑土洼	3398	316	196	560	4169	4131	26	12	6964
河东	8428	822	398	1260	6060	6013	32	15	6895
下旺	8614	1172	650	2130	6783	6701	55	27	6883
冶子河	7837	730	341	1103	4929	4873	39	17	7071
马子石沟	3663	609	290	834	4225	4210	0	15	6646
杜家坡	3611	475	263	730	4427	4423	0	4	6611
板崮泉	14085	1593	601	2015	8380	8277	76	27	6655
贾庄	18310	1200	745	2034	14719	9446	5428	25	7632
八亩地	7565	415	498	1505	6195	3526	2592	77	7294
红柞崖	5170	81	180	580	2579	1963	603	13	6982
杨宝泉	7532	339	280	780	6978	5299	1664	15	7120
公家庄	5815	1283	386	1168	5498	5423	12	63	6782
笊篱坪	3093	565	276	939	6467	6112	25	330	6996
岱崮	6034	1413	311	921	5773	5726	19	28	6680
良家场	3998	890	110	352	3991	3937	16	38	6692
朱家庄	7471	1925	679	2003	8341	8281	32	28	6956
尹家洼	5339	1349	490	1523	6833	6812	6	15	6988
王家峪	7466	105	114	374	4813	4235	566	12	7115
五里沟	10198	599	354	1146	7731	5984	1734	13	6951
井旺庄	10612	343	558	1606	13617	13067	538	12	7034
万杨峪	7113	741	271	806	6925	6779	124	22	6948
先头峪	7460	64	277	780	7436	7417	0	19	7015
合计	267055	35387	16350	49764	267817	251989	14748	1260	6811

7. 坦埠镇

全镇有村居委 32 个，总人口 33523 人，总面积 81 平方千米，其中耕地面积 23.7 平方千米。2012 年全年完成财政收入 2443 万元，农民人均纯收入 9060 元，粮食总产 8437.9 吨。有规模以上乡镇企业 17 个，学校 6 所，卫生院 1 所。

坦埠镇土地肥沃，物产丰富，山清水秀，人杰地灵。以中药材、蔬菜、生姜、长毛兔等特色物产而名扬远近。

该镇以中山寺、将军洞、漱玉泉旅游开发为重点，逐步推进旅游业的发展。

8. 旧寨乡

全乡有村居委 47 个，总人口 39950 人，总面积 124.2 平方千米，其中耕地面积 27.7 平方千米。2012 年全年完成财政收入 1442 万元，农民人均纯收入 8988 元，粮食总产 9539.9 吨。有规模以上乡镇企业 18 个，学校 8 所，卫生院 1 所。

该镇以蜜桃为主发展果业，面积达 3 万余亩，年产蜜桃 9000 万公斤，成为名副其实的全县果业生产强乡镇之一，被国家农业部命名为“全国优质水蜜桃基地乡镇”。同时发展果品大棚种植，鼓励农民发展黄烟种植。

9. 桃墟镇

全镇有村居委 49 个，总人口 54966 人，总面积 171 平方千米，其中耕地面积 45.0 平方千米。2012 年全年完成财政收入 1286 万元，农民人均纯收入 8967 元，粮食总产 17492.7 吨。有规模以上乡镇企业 14 个，学校 20 所，卫生院 1 所。

桃墟镇大力发展果业生产，全镇农果业呈现多元化发展格局，形成了以蜜桃、苹果为主，黄烟种植、蒙山羊等畜牧养殖逐年递增的态势。

10. 垛庄镇

垛庄镇地处蒙阴、沂南、费县三县交界地带，位于山东省第二大水库—岸堤水库下游南侧，全镇有村居委 62 个，总人口 73862 人，总面积 258.9 平方千米，其中耕地面积 101.7 平方千米。2012 年全年完成财政收入 4639 万元，农民人均纯收入 9145 元，粮食总产 33670.7 吨。有规模以上乡镇企业 32 个，学校 22 所，卫生院 2 所。

该镇从山区农业特点出发，大力发展特色高效农业，发展蜜桃、种植黄烟、干果等经济作物，并建设生猪、长毛兔及牛养殖基地。孟良崮工业园也位于该镇。

立足孟良崮、望海楼、云霞洞、黄仁水库、塌崖山等丰富的旅游资源，把旅游业作为富民兴镇的支柱产业，形成了以孟良崮红色游、望海楼、云霞洞绿色游、沂蒙山村生态园和黄仁水库农家乐休闲游为特色的旅游格局；依托河头泉村优美独特的生态环境，发展以东夷部落遗址、蟾宫遗桂等历史文化景点旅游，以优美山水生态景观为主线，全力打造融东夷文化、桂花文化、风土民情、生态观光旅游为一体的生态旅游区。

三、蒙阴县总体经济条件

1. 概况

全县辖1街道办事处8镇1乡、蒙阴经济开发区和云蒙湖生态区。全县总面积1601.6平方千米。2012年全县实现生产总值(GDP)147.58亿元,按可比价计算,比2011年增长11.7%。按户籍人口数计算,人均生产总值26785元。

2. 农业

2012年,农业增加值实现19.30亿元,比2011年增长4.35%;林业增加值实现0.89亿元,增长6.03%;牧业增加值实现3.16亿元,增长3.27%。其他行业中,渔业增加值实现1.15亿元,农林牧渔服务业增加值实现0.90亿元。全年生猪出栏17.05万头,增长0.1%;牛出栏1.06万头,下降29.7%;羊出栏27.92万只,下降0.9%;家禽出栏542.69万只,增长23.1%。肉类总产量25496.06吨,增长5.3%;禽蛋产量8135.94吨,增长5.5%。年末生猪存栏8.79万头,增长4.1%;牛存栏1.01万头,下降5.2%;家禽存栏275.51万只,增长57.6%。水产品总产量1.87万吨,比上年增长2.37%。其中:优质水产品增长较快,鲢鱼、鳙鱼产量分别为0.32万吨、0.41万吨,分别增长19.37%和14.60%。新增造林面积2.83万亩,新育苗0.29万亩,零星植树220.41万株,新增活立木蓄积量9.76万立方米,累计达到168.53万立方米。森林覆盖率达55%。成功创建"山东省绿化模范县"、首批"全国林业合作社建设典型示范县"和全省首个"国家水土保持生态文明县"。优质农产品基地发展到59.8万亩。国家地理标志产品达到4个,无公害、绿色、有机农产品达125种。"蒙阴蜜桃"成为全市唯一的"中国农产品百强品牌"。市级以上农业产业化龙头企业21家,新型农产品经营服务体系建设成为全省典型。

3. 工业

2012年,规模以上工业企业(年主营业务收入2000万元及以上的工业法人企业)达175家。按收入法计算,实现增加值63.16亿元,比2011年增长19.3%。制造业实现增加值60.51亿元,比2011年增长19.4%,占规模以上工业比重由2011年的95.6%提高到95.8%;实现利润13.42亿元,增长18.5%,占规模以上工业利润比重由96.9%提高到97.3%。高新技术产业占比持续上升,实现产值51.10亿元,占规模以上工业总产值的21.0%,比重提高1.1个百分点。

4. 财政·金融

2012年，全县完成地方财政收入5.42亿元，比2011年增长30.1%；其中工商税收占财政收入的比重达到72.6%。全县财政总支出16.51亿元，增长20.0%。全县国、地税系统实现税收10.9亿元，增长24.86%；其中，国税系统实现税收6.33亿元，增长15.58%；地税系统实现税收4.57亿元，增长40.45%。2012年年末全县金融机构各项人民币存款余额104.99亿元，比年初增加18.51亿元，增长21.41%。其中，居民储蓄存款82.06亿元，比年初增加15.04亿元，增长22.44%。

5. 建设·环保

2012年，全县房地产开发投资完成6.27亿元，同比增长25.6%，房屋施工面积88.56万平方米，增长10.0%；销售商品房34.12万平方米，增长3.8%。全县具有资质等级的建筑企业17家（不含劳务分包企业），实现总产值6.55亿元。全年完成房屋建筑施工面积94.5万平方米，竣工面积41.37万平方米。全年环境保护投资1.62亿元，增长6.5%。全年废水排放总量820万吨，工业废水排放达标率、工业烟尘排放达标率及工业固体废物综合利用率均达到100%。工业二氧化硫去除量1978吨，增长3.0%。全年共抽查企业129家，检查产品356批次，查处违法行为45起，罚款78万元。

6. 交通·邮电

2012年，全县公路通车里程达到2378千米，比2011年增长3.3%；年末营运汽车拥有量0.92万辆。全年完成公路货运量4315.9万吨，增长17.2%；客运量1469.4万人次，增长27.3%；公路货运周转量87.2亿吨千米，增长23.55%；公路客运周转量9.6亿人千米，增长23.6%。2012年末邮政业务总量1829.24万元，增长37.78%。

7. 贸易·旅游

2012年，全县实现社会消费品零售总额70.23亿元，增长15.66%。其中城镇实现社会消费品零售额55.43亿元，同比增长15.67%，占全县消费品市场的78.9%；乡村实现社会消费品零售额14.80亿元，同比增长15.23%，占全县消费品市场的21.1%。住宿餐饮业快速发展，全年实现零售额9.64亿元，同比增长15.78%。其中，住宿业实现2.46亿元，餐饮业实现7.18亿元，分别比同期增长15.46%和15.89%。

2012年，全县实现进出口总额4950万美元，增长2%；其中，出口4210万美元，增长0.1％；进口740万美元，增长57％。合同利用境外资金1000万美元，增长50％；实际利用303万美元，增长116％。出口企业达98家。全县旅游景点总数达到17个，其中4A级旅游区2个。全年接待游客580万人次。其中，接待海外游客3.8万人次，旅游总收入34亿元（注：以上数据含蒙山云蒙景区）。

8. 科教文卫体

全县科技活动机构247个，筹集科技经费1100万元。取得各类科技成果11项，受市级以上奖励成果9项。专利申请92件，授权专利80件。全县各类学校187所，专任教师4370人。在校学生76294人。其中，普通中学学校20所，专任教师2520人，在校学生28839人。文艺表演团体为群众演出6612场次，观众人数170万人次。文化馆（站）、图书馆共举办展览105场次，组织文艺活动163次。博物馆藏品0.2万件。公共图书馆总藏书量17.5万册，借阅图书11.8万册。档案馆1个，档案室110个，档案馆藏总量6.66万卷，其中，本年进馆档案420件。年末电视人口覆盖率95％。全年广播节目制作1890小时，电视台节目制作2190小时。全县各类卫生机构531处。其中医院、卫生院14处，专科防治所（站）3处，社区服务中心1处，诊所、医务室42处，农村卫生室471处。

9. 社会生活

2012年，城镇居民人均可支配收入19433.7元，与2011年相比，增长16.2％。城镇居民人均总收入20288.8元，增长16.9％。其中，人均工资性收入15101.6元，增长14.6％；人均经营净收入1624.3元，增长17.2％；人均财产性收入443.6元，增长36.3％；人均转移性收入3119.2元，增长26.3％。城镇居民人均消费性支出11941.8元，增长10.5％，其中，人均食品支出3615.7元，增长11.0％。城镇居民人均住房建筑面积29.31平方米，增加0.11个平方米。农民人均纯收入9099元，增长14.0％。

参考文献

[1] 蒙阴县志编纂委员会办公室. 蒙阴县志. 济南：齐鲁书社，1992：72-74.

第三章 岱崮地貌成因

第一节 岱崮地貌的地层及区域构造特征

一、鲁西地层简介

根据地层分布方面的特点，山东省地层可分三个区域，分别为华北平原区、鲁西区（一些文献称为鲁西南区，二者所指的区域大致相同）和鲁东区。岱崮地貌所在区域属于鲁西区，该区大致以潍坊至临沂以东一条直线为其东界（也是鲁东区的西界）、潍坊—济南以北向西南倾斜的弧线直至与西部省界相交处为其西北界线、南部省界为其南部界线。济南市、淄博市、潍坊市、枣庄市、临沂市、济宁市、泰安市等，其行政所辖范围都属于鲁西区。鲁西区地层主要有太古界、元古界的变质岩系，统称为前寒武系地层；古生代主要有寒武—奥陶系的沉积岩系；另有不同时代的侵入岩系以岩柱、岩墙、岩脉等形式进入上述地层内部，但比例有限；此外有新生代的松散堆积物。下面，主要介绍与岱崮地貌形成及演化密切相关的前寒武系地层、寒武—奥陶系地层及新生代的松散堆积物地层特征。

1. 前寒武系（距今5.4亿年前地层）

鲁西区地层是山东省发育最全的一个地层区，其前寒武系地层出露比较齐全，下面将该区前寒武系地层分为太古界和元古界两部分进行简单介绍。

（1）太古界—泰山群（Artŝ）：鲁西区地层区最老的地层为太古界单一的泰山群构成，自下而上分为万山庄组、太平顶组、雁翎关组和山草峪组，这些地层也是华北地层太古界具有代表性的变质岩群之一，其主要岩性为黑云斜长片麻岩、斜长角闪岩、黑云变粒岩，厚度为10000米以上，被发生在距今大约26亿年左右（2626 MaBP）的石英闪长岩侵入。

（2）元古界—济宁群、土门群：下元古界济宁群，分布于济宁地区，为一套浅变质岩及变火山岩，厚度大于100米，根据同位素测年得到的年龄值为距今17亿年（1700 MaBP）。上元古界土门群，大致相当于青白口系，仅见于沂沭断裂带内及枣庄地区，自下而上为黑山官组、二青山组、佟家庄组、浮来山组和石旺庄组，泥质碳酸盐岩为主，见叠层石[1]。青白口系之上的震旦系在鲁西区缺失，其上覆地层为下寒武统五山组（相对于山西的馒头组）。

2. 寒武系（距今5.4亿～4.85亿年地层）

寒武系地层在山东省沂沭断裂带的安丘—莒县断裂带以西广泛发育，也就是说在鲁西地区露头出露较好。主要为一套海相碳酸盐岩，它以灰岩岩层为主，白云岩、页岩岩层次之，另外含有少量砂岩层。该套地层含有丰富的三叶虫化石和角石类化石，地层厚度达1800余米，矿产丰富[1]。

山东省境内的寒武系地层，属华北地层大区内的晋冀鲁豫地层区，该套地层以怀远间断为其上界，全套地层可分为上、下两部分，上部地层是以奥陶系灰岩夹白云岩为主的地层系统，下部地层是以寒武系灰岩、页岩夹砂岩为主的地层系统。

怀远间断之下的寒武—奥陶系地层，在山东省为连续沉积，厚度为750～1100米，代表滨海—浅海沉积环境，属于稳定区沉积类型。沉积物有紫色、红色等杂色页岩、砂质页岩、砂岩、灰色鲕状灰岩、砾屑灰岩、藻灰岩、白云岩，具有泥裂、帐篷构造和波浪构造，产石膏矿并见石盐假晶印痕。山东省境内寒武纪早期的沉积环境与震旦纪沉积环境相比有所变化，主要表现为海侵范围逐步扩大，使鲁西地区震旦纪时的陆上剥蚀环境逐渐变为寒武纪时的滨浅海沉积环境，所以山东省形成了自东南向西北不断超覆沉积格局，但是，由于受到当时地形及地表高差的影响，海侵总是顺着低洼地区前进，所以水下形成的寒武系沉积地层在区部分布上还是有不同特点，比如，在博山、莱芜—沂源、薛城—墿城一带呈近东西向展布，新汶—蒙阴、泗水—费县呈北西—南东向展布，苍山、莒县—安丘一带则呈近南北向展布。山东省鲁西地区寒武系地层简介如下：

（1）下寒武统。鲁西地区下寒武统自下而上分为五山组、馒头组和毛庄组。

五山组：上部为中厚层白云质灰岩、云斑灰岩，中部为砖红色云泥岩、粉砂质页岩，下部为厚层砂岩。厚度为0.7～70米。

馒头组：上部为砖红色云泥岩、泥质白云岩、泥灰岩，中下部为含粉砂云泥岩夹灰质白云岩、泥质条带灰岩、云斑灰岩、含燧石结核灰质白云岩。在潍坊—临沂小区，该组底部发育一层肝紫色页岩。厚度107～219米。

毛庄组：灰紫色含云母粉砂质页岩夹鲕粒灰岩及生物碎屑灰岩透镜体。厚度为31～49米。

（2）中寒武统：鲁西地区中寒武统由下部徐庄组和上部张夏组构成。

徐庄组：长清、莱芜、淄博一带，顶部为紫红色页岩，上部为粉砂质页岩夹鲕粒灰岩，下部为粉砂质页岩夹砂岩。其他地区，上部为灰色厚层鲕粒灰岩，中下部为浅褐色含海绿石砂岩，灰紫色含云母泥—铁质粉砂岩、页岩。厚度为73～128米。

张夏组：济南—滕州小区，为鲕粒灰岩、藻凝块灰岩、生物碎屑灰岩；淄博—新泰小区，上部为鲕粒灰岩夹页岩，中部为页岩夹薄层灰岩，下部为鲕粒灰岩、藻凝块灰岩；潍坊—临沂小区，上部为鲕粒灰岩，泥质条带灰岩，藻凝块灰岩夹页岩，下部为黄绿色页岩夹薄层灰岩。厚度为98～199米。

(3)上寒武统：上寒武统由下部的崮山组、中部的长山组和上部的凤山组构成。

崮山组：以各类灰岩为主。上部，灰色薄层灰岩夹泥质条带灰岩不等厚互层，夹生物碎屑灰岩，竹叶状灰岩。下部，黄灰色瘤状灰岩黄绿色页岩互层，夹竹叶状灰岩。厚度为52～115米。

长山组：以各类灰岩为主。上部，黄灰色薄层泥质条带灰岩，中厚层藻灰岩，竹叶状灰岩。下部，泥质条带灰岩，薄板状灰岩，竹叶状灰岩夹黄绿色页岩及生物碎屑灰岩。厚度为70～120米。

凤山组：灰色中薄层泥质条带灰岩，云斑灰岩，藻凝块灰岩，竹叶状灰岩。在潍坊—临沂小区，该组则全部相变为中厚层白云岩。厚度这130～211米。

鲁西区不同地层剖面的寒武系地层对比见图3-1，综合对比见图3-2。

3. 奥陶系(距今4.85亿～4.43亿年地层)

山东省境内的奥陶系，基本分布在沂沭断裂带的昌邑—大店断裂以西地区，主要在鲁西地区，属于陆表海相碳酸盐岩建造。仅发育下统和中统，上统缺失，但对华北地层区来说，这是奥陶系发育较好的地区之一。

鲁西地区的奥陶系，在鲁北、鲁西北和鲁西南均被第四系覆盖，期间缺失几乎包括整个中生代在内的其他地层。下面以新泰市汶南剖面为主进行叙述。

(1)下奥陶统

纸坊庄组(O_1z)：分上下两段。下段为黄灰色局部呈紫灰色中层参与竹叶状白云岩、条带状细晶白云岩和灰色厚层白云岩；上段为厚层含燧石结核或条带状中细晶白云岩，总厚度110米左右。本组与上寒武统凤山组成整合接触，与下奥陶统东黄山组呈假整合接触。其主要分布在济南、章丘、淄博、莱芜、临朐、新泰、蒙阴、费县、平邑、枣庄、苍山、平阴、长清以及安丘、沂水的部分地区。

东黄山组(O_1d)：黄灰色薄层泥晶泥质白云岩、泥质白云岩夹角砾状白云岩和微晶灰岩，厚度为87米。下与纸坊庄组呈假整合接触，上与北庵庄组为整合接触。东黄山组分布范围同纸坊庄组。

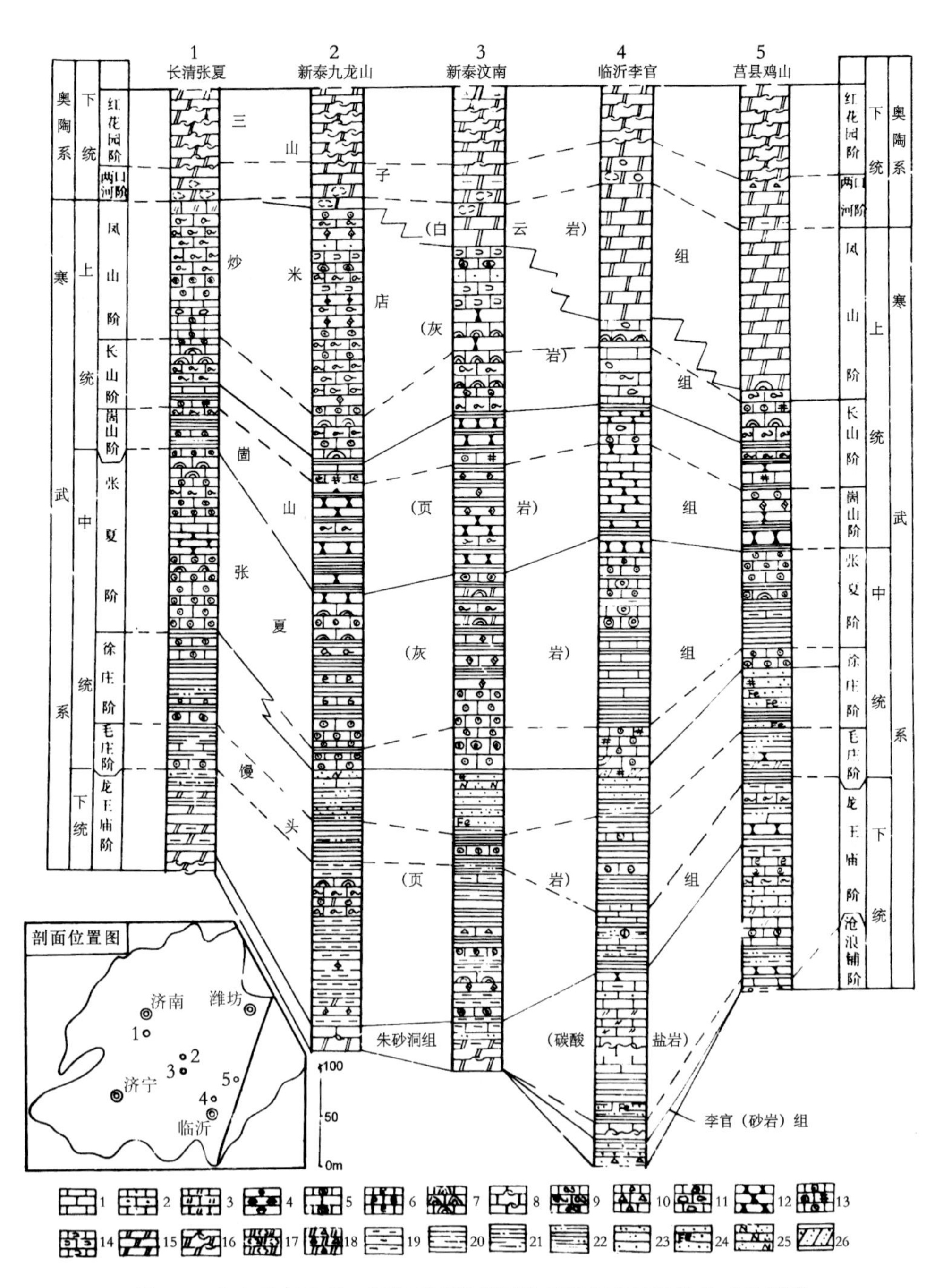

图 3-1　山东省寒武系—奥陶系下统岩石地层及年代地层柱状对比图[1]

（注：实线为岩石地层单位界线，虚线为年代地层单位界线）

1. 灰岩；2. 砂质灰岩；3. 白云质灰岩；4. 泥晶灰岩；5. 含藻灰岩；6. 生物碎屑灰岩；7. 叠层石灰岩；8. 含燧石结核灰岩；9. 条带状灰岩；10. 角砾状灰岩；11. 竹叶状灰岩；12. 瘤状灰岩；13. 含海绿石鲕状灰岩；14. 豹皮状灰岩；15. 白云岩；16. 含燧石结核白云岩；17. 竹叶状白云岩；18. 角砾状白云岩；19. 泥岩；20. 页岩；21. 砂质页岩；22. 粉砂质页岩；23. 粉砂岩；24. 含铁质细砂岩；25. 长石石英砂岩；26. 斜层理砂岩。

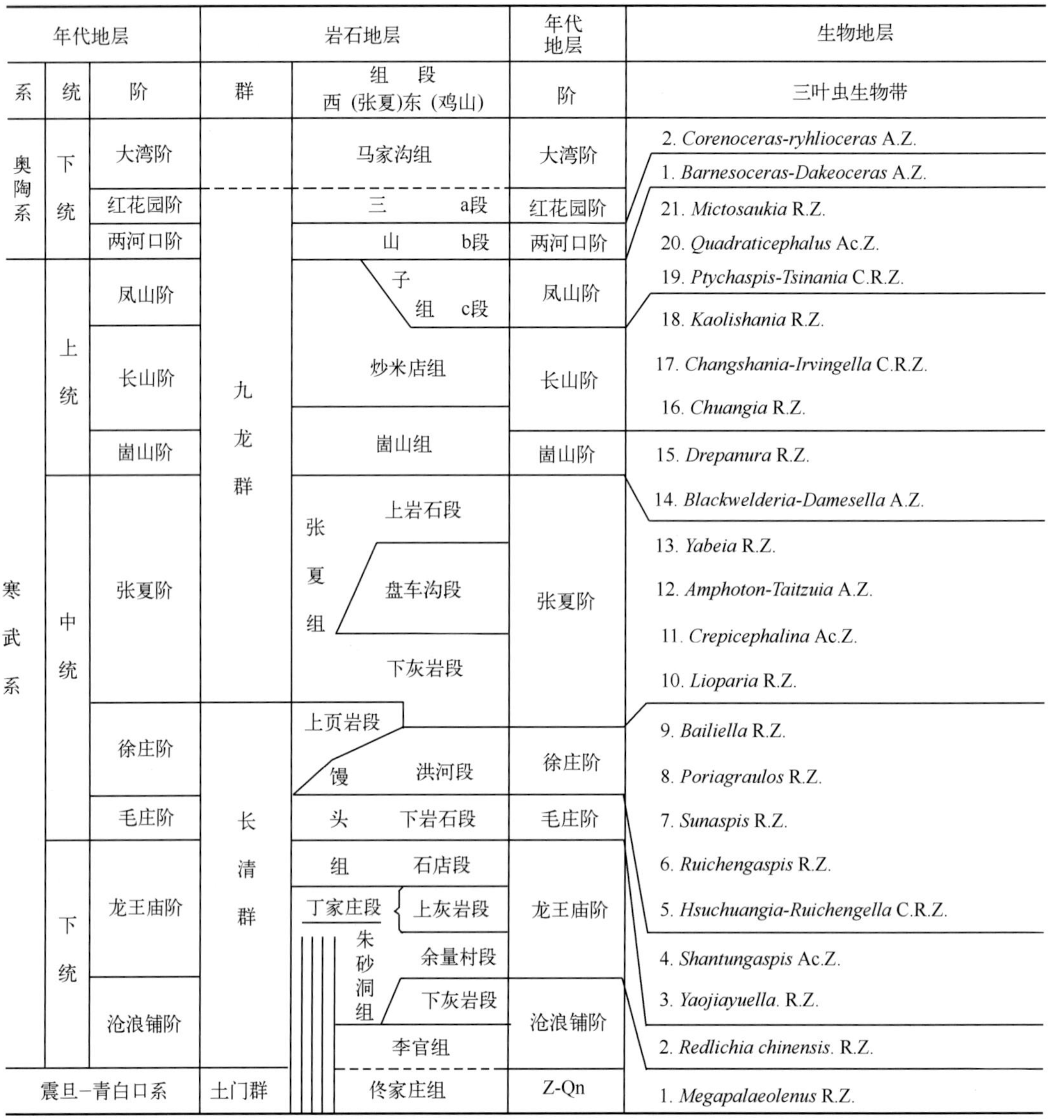

年代地层			岩石地层		年代地层	生物地层
系	统	阶	群	组 段 西（张夏）东（鸡山）	阶	三叶虫生物带
奥陶系	下统	大湾阶		马家沟组	大湾阶	2. *Corenoceras-ryhlioceras* A.Z. 1. *Barnesoceras-Dakeoceras* A.Z.
		红花园阶	九龙群	三山子组 a段	红花园阶	21. *Mictosaukia* R.Z.
		两河口阶		三山子组 b段	两河口阶	20. *Quadraticephalus* Ac.Z.
寒武系	上统	凤山阶		三山子组 c段	凤山阶	19. *Ptychaspis-Tsinania* C.R.Z.
		长山阶		炒米店组	长山阶	18. *Kaolishania* R.Z. 17. *Changshania-Irvingella* C.R.Z. 16. *Chuangia* R.Z.
		崮山阶		崮山组	崮山阶	15. *Drepanura* R.Z. 14. *Blackwelderia-Damesella* A.Z.
	中统	张夏阶		张夏组：上岩石段、盘车沟段、下灰岩段	张夏阶	13. *Yabeia* R.Z. 12. *Amphoton-Taitzuia* A.Z. 11. *Crepicephalina* Ac.Z. 10. *Lioparia* R.Z.
		徐庄阶	长清群	馒头组：上页岩段、洪河段	徐庄阶	9. *Bailiella* R.Z. 8. *Poriagraulos* R.Z.
		毛庄阶		馒头组：下岩石段	毛庄阶	7. *Sunaspis* R.Z.
	下统	龙王庙阶		馒头组：石店段 丁家庄段 / 朱砂洞组：上灰岩段、余量村段	龙王庙阶	6. *Ruichengaspis* R.Z. 5. *Hsuchuangia-Ruichengella* C.R.Z.
		沧浪铺阶		朱砂洞组：下灰岩段 李官组	沧浪铺阶	4. *Shantungaspis* Ac.Z. 3. *Yaojiayuella*. R.Z. 2. *Redlichia chinensis*. R.Z.
震旦—青白口系			土门群	佟家庄组	Z-Qn	1. *Megapalaeolenus* R.Z.

注：Z为带；R.Z.为延限带；Ac.Z.为顶峰带；A.Z.为组合带；C.R.Z.为共存延限带

图 3-2 山东省怀远间断以下寒武系—奥陶系地层综合对比图

北庵庄组（O_1b）：为灰—深灰色中薄层泥晶灰岩、中厚层云斑灰岩夹少量黄灰色薄层白云质、泥质灰岩或白云岩，厚度为 90～267 米。下与东黄山组、上与土屿组整合接触。分布范围大致同纸坊庄组，但在济南—济宁一线西边保存不全。

土屿组（O_1t）：为黄灰色薄层含砾泥质白云质灰岩，厚度为 53 米。下与北庵庄组、上与五阳山组均为整合接触。其他地区的土屿组为黄灰色薄—中厚层泥晶白云质，角砾状白云岩和白云质灰岩，厚 14～90 米。该组露头主要分布在济南—济宁一线东边，以西则缺失。

五阳山组(O_1w)：灰色中厚层泥晶灰岩、云斑灰岩和含燧石结核灰岩，厚218米。其上与中奥陶统阁庄组、下与土峪组均为整合接触。其分布范围与土峪组基本一致。

(2)中奥陶统

阁庄组(O_2g)：黄灰色中薄层泥晶白云岩，局部有角砾状白云岩夹钙质页岩，厚度为50～124米。其上与八陡组、下与下奥陶统五阳山组均为整合接触。分布范围缩小，露头仅见于济南—济宁一线东边和鄌郚—葛沟断裂以西地区。

八陡组(O_2b)：为灰—深灰色厚层泥晶—细晶灰岩夹白云质灰岩和泥灰岩，厚度24～238米。下与阁庄组整合接触，上与上石炭统本溪组假整合接触。分布范围同阁庄组。

4. 第四系(距今258万年以来地层)

鲁西南除了前寒武系变质岩系地层及岩浆岩外，古生代地层只有寒武系和奥陶系地层，中生代缺失。本区的新生代只发育第四纪松散堆积物，一般沿山前坡地、洼地，山间冲积平原及现代河流分布，由下至上为可分为山前组、大站组、临沂组、沂河组。

(1)山前组

该组分布于梭庄—对景峪，贾庄—东仙人脚，水营、烟庄、苏家庄、下东门、官坡、北晏子等地。岩性为褐黄色—褐红色砂质黏土，砾石以灰岩、页岩、砂岩、花岗质岩石为主，棱角状，无分选，大小混杂。该组厚为0～10米，形成于山前残积、坡积成因。

(2)大站组

该组分布于古坟坦、王家庄子乡等地。岩性为黄褐色粉砂、砂质黏土，夹砂砾层，砾石以灰岩为主，次为砂岩、页岩等，棱角状，具一定分选性。该组厚为0～4.5米，山前冲积成因。

(3)临沂组

分布于大朱家庄、北野店、伊家圈等地。岩性为褐黄色细砂、亚砂土等，含较小的石英砾、灰岩砾等，砾石具一定磨圆度，厚为1.0～7.0米，为河流冲积及河流沉积物。

(4)沂河组

分布于焦坡、苏家庄、南坪、梭庄、柳树头、下东门等现代河流之中。岩性为砂、砾、黏土等混合物，厚为0.5～3.0米，为现代河流河床及河漫滩沉积环境。

二、蒙阴县各类岩层的空间分布特征

从蒙阴县境内各类岩石的空间分布图(图 3-3)可见,蒙阴县主要出露寒武奥陶系岩层(其中寒武系在东北部,奥陶系出露在南部)和泰山群变质岩系(主要分布在蒙阴县西南部地区),此外在野店镇东部出露一套以花岗岩为主的岩浆岩。纵观蒙阴县境内的岩石空间分布可以发现,多数岩石类型地表出露的特征都具有北西西向展布趋势,这大致与地貌形态,特别是与地表高程的空间分布密切相关。蒙阴县、岱崮镇及其周边地区岩性地层的区域分布见图 3-4。

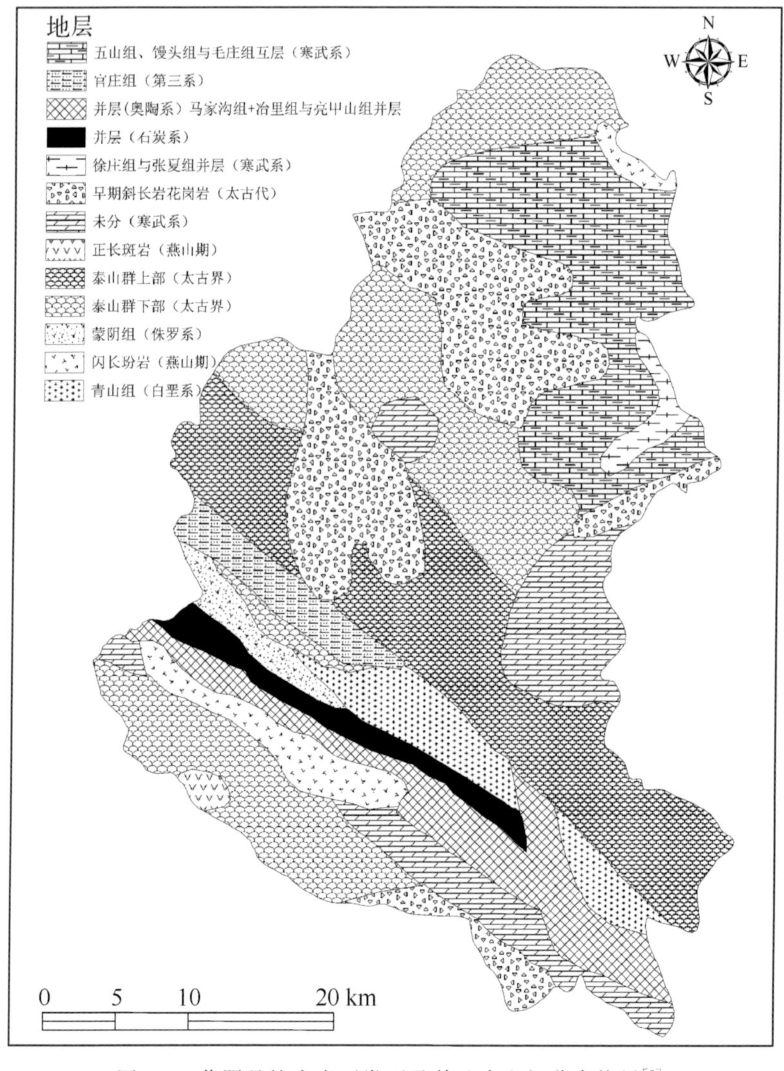

图 3-3　蒙阴县境内岩石类型及其地表空间分布格局[2]

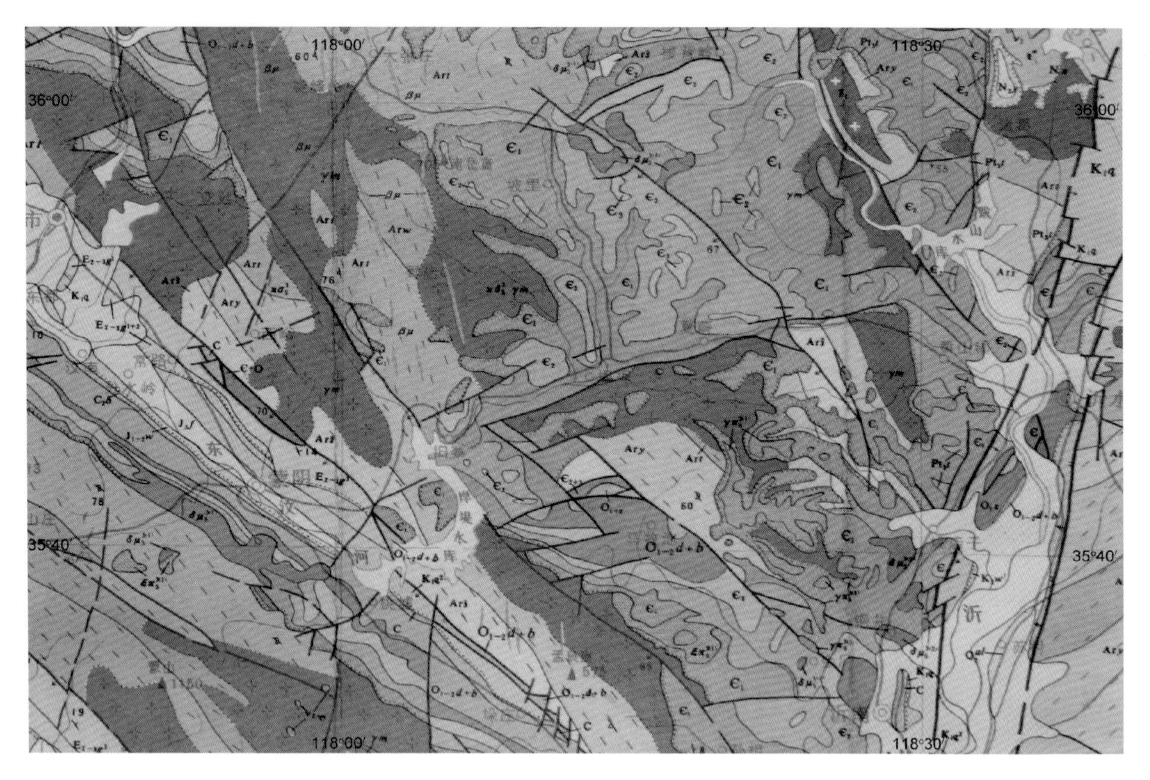

图 3-4　蒙阴县及其周边地区地质图[2]

从山东地质图上(局部如图 3-4)可见,岱崮镇大部分地区以出露寒武系碳酸盐岩地层为主,北部出露太古界泰山群变质岩层,西南部与野店镇交界处及其附近出露岩浆岩地层。其中出露的寒武系地层主要为中寒武统和下寒武统,在梓河以东地区还保留了零星的上寒武统地层,并且以崮体的形式存在。

三、岱崮镇中寒武统地层实测剖面

岱崮镇地层实测剖面位于小崮西侧,剖面下部起始于盘山公路,起始点坐标为 118°08′39.24″E,35°55′58.41″N,顶部直至小崮顶部最高点,其最高点坐标为 118°8′54.67″E,35°55′58.93″N。实测地层剖面的总厚度为 186.59 米。每个断面测线走向为 44°,即大致为东北方向。

由于梯田田面及地埂的分割,以及表层风化物和植被的遮挡,地层测量时不可能一直沿地层断面线方向进行,这时,就采取平移的方法,而平移时必须追踪某一标志层。从下到上的测量过程中,对中下部地层的测量主要采取向左边(大致向北)平移;因为中下部向左的平移最终到达一梁脊,因此,上部地层的平移采取向右的方式。这类横向追踪方法是地质学剖面测量中常常用到的方法，不影响地层观测的精度。

由于小崮所在山峰的基座沿地层剖面线方向呈现凹凸不一坡面的坡度变化以及地埂等的分割，因此，野外分层及编号是根据自然形态和岩层相结合进行划分的，并非根据单一岩性进行划分，因此，常常有几个小层的岩性是相同的，如果要表示为岩性层，只需将上述相邻的同一岩性各小层合并为一层即可，其各自的换算厚度（这里的厚度不是直接实测所得，而是根据坡面长度、坡面与水平面的夹角计算可得）数值可以简单累加。

该地层剖面的地形、岩层产状及岩性描述见表 3-1；地层综合形态图及各分段衔接位置图见图 3-5；高分辨率分段地层剖面图见图 3-6 至图 3-11。

表 3-1　小崮地层剖面相关数据及岩性描述（小层编号从下向上进行）

小层编号	坡面倾角/度	坡面长度/米	走向/度	倾向/度	倾角/度	岩性描述
1	67	2.2	134	44	4	紫色页岩，致密，水平层理
2	26	7.65	136	46	7	紫色页岩，致密，水平层理
3	18	3.4				紫色页岩，致密，水平层理
4	24	13.5				紫色页岩，致密，水平层理
5	41	4.1	143	53	6	中层灰白色泥质灰岩或灰岩
6	36	7.8				紫色页岩，致密，水平层理
7	30	118.0				紫色页岩，致密，水平层理
8	54	1.0				灰色泥质石灰岩
9	24	8.57				页岩，致密，层面见白云母
10	90	1.25				灰色石灰岩
11	21	9.2				页岩，水平层理，致密
12	14	10.1				泥灰岩，见水平层理
13	11	4.22				泥灰岩，见水平层理
14	26	7.2				紫色页岩为主，水平层理
15	90	1.1	158	68	3	页岩夹泥灰岩，水平层理
16	34	2.96				泥质灰岩为主夹页岩，水平层理
17	25	9.26				灰色竹叶状灰岩、豆粒灰岩等
18	32	4.1				灰色厚层鲕粒灰岩，顶部溶蚀发育
19	15	5.6				紫色页岩夹灰色薄层灰岩
20	20	12.5				紫色页岩，水平层理
21	90	0.6				页岩，水平层理
22	31	13.8	110	20	9	紫色页岩，水平层理

续表

小层编号	坡面倾角/度	坡面长度/米	走向/度	倾向/度	倾角/度	岩性描述
23	35	7.25				紫色页岩，水平层理
24	54	2.8				紫色页岩夹灰岩
25	32	6.1				紫色页岩夹灰岩
26	21	7.6				紫色页岩，水平层理
27	30	13				紫色页岩，水平层理
28	90	1.1				紫色页岩，水平层理
29	30	6.9				紫色页岩，水平层理
30	28	3.6				紫色页岩，水平层理
31	90	1.5			11	灰色块状碎屑灰岩、棕黄色豆粒灰岩
32	90	0.5				灰色块状灰岩
33	30	10.4.				紫色页岩，水平层理
34	31	11.6				紫色页岩，水平层理
35	52	6.8	154	64	9	紫色页岩夹灰色灰岩，有白云母
36	35	6.4				紫色页岩，水平层理
37	90	0.6				灰白色石灰岩
38	11.1	35.0				紫色页岩，水平层理
39	36	7.6				紫色页岩，水平层理
40	39	9.4				紫色页岩为主夹灰色灰岩
41	90	0.6	112	22	5	灰色灰岩
42	38	6.6				紫色页岩夹少量薄层灰岩，水平层理
43	45	6.1				紫色页岩夹少量薄层灰岩，水平层理
44	28	9.1	82	172	11	层厚30～40 cm泥灰岩夹页岩
45	35	2.9				灰白色鲕粒灰岩
46	32	4.8				页岩为主夹薄层灰岩，水平层理
47	79	1.4				灰岩夹薄层页岩，水平层理
48	31	4.2				厚层灰岩为主夹薄层页岩，水平层理
49	41	3.7	122	32	6	厚层灰岩为主夹薄层页岩，水平层理
50	90	1.4				灰绿色鲕粒灰岩
51	40	4.3				厚层灰岩为主夹薄层页岩
52	25	9.9				厚层灰岩为主夹薄层页岩
53	20	7.4				厚层灰岩为主夹薄层页岩
54	11	4.1				厚层灰岩为主夹薄层页岩
55	90	19.2				巨厚灰岩(崮壁)，节理发育
56	20	17.0				崮顶风化层，层下为石灰岩

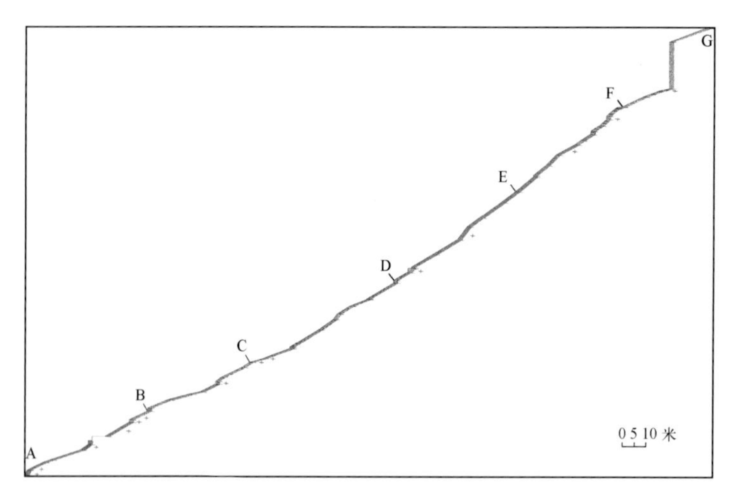

图 3-5 小崮基座及固体地层剖面各段位置索引图

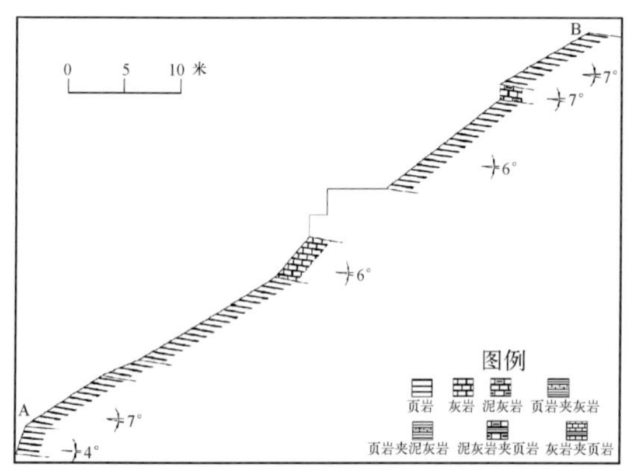

图 3-6 小崮地层剖面 A～B 段特征

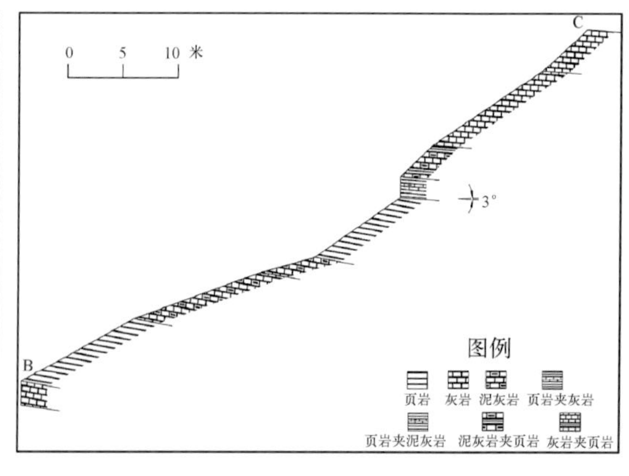

图 3-7 小崮地层剖面 B～C 段特征

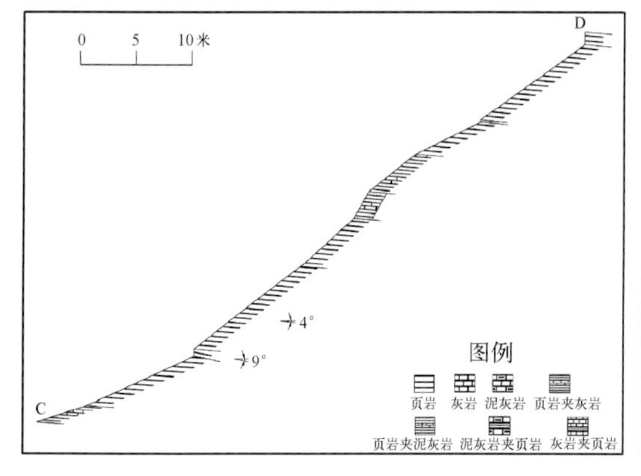

图 3-8 小崮地层剖面 C～D 段特征

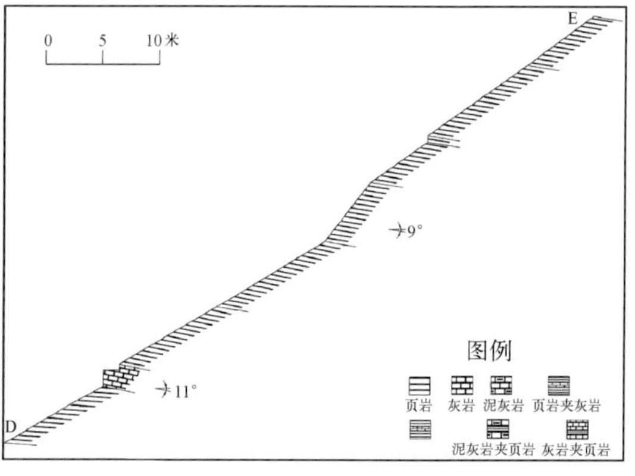

图 3-9 小崮地层剖面 D～E 段特征

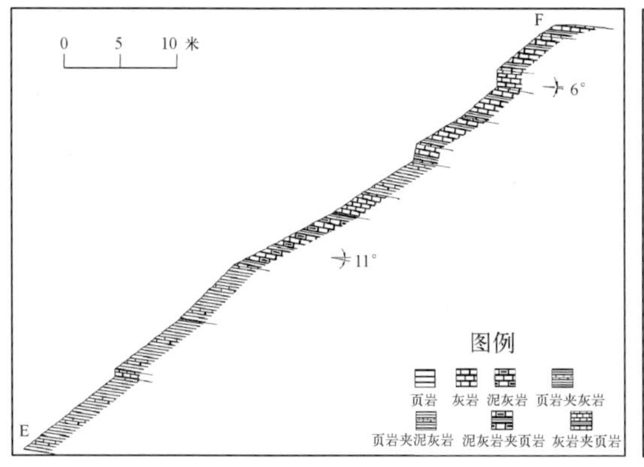

图 3-10　小崮地层剖面 E～F 段特征

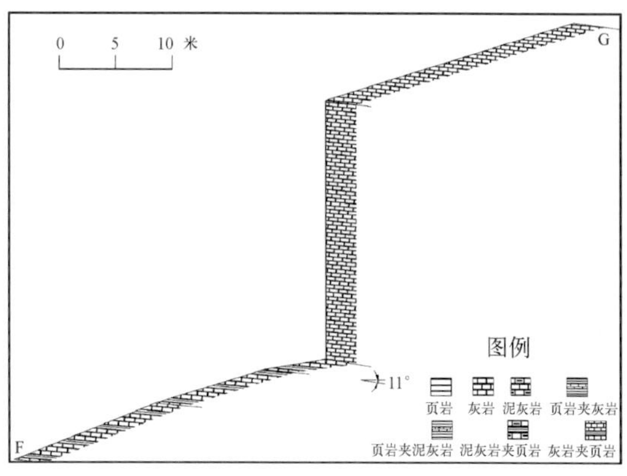

图 3-11　小崮地层剖面 F～G 段特征

从地层剖面形态来看，所绘制的剖面部分，其下部坡角较小，中上部坡角相对增大，至崮体部分，坡角近似为垂直的近 90°。

从岩性来看，基座的中下部以陆源碎屑岩类的页岩为主，上部以高能动力环境中形成的碎屑灰岩为主，而崮体以鲕粒灰岩或藻灰岩为主，比之其下较薄层灰岩，其形成环境的能量小。

四、地质构造特征

1. 蒙阴县及其周边地质概况

蒙阴县所在的鲁西地区在大地构造上位于中朝准地台内，处于海湾盆地、河淮盆地、苏北盆地和黄海围限区（图 3-12）内。基底由前寒武纪的五台褶皱带（>2400 Ma）及更老的地壳和中条褶皱带（1900～1700 Ma）及盖层组成。其东边是著名的走向北北东的郯庐大断裂。

位于鲁西地区的蒙阴县属于华北地台，鲁西台背斜、鲁中断隆区，新蒙断块束之新甫山单断凸起东段南翼，新汶—蒙阴单断凹陷东段、蒙山单断凸起中段北翼。蒙阴县境内地质构造总体特征是南北两个单断凸起（北部为新甫山单断凸起，南部为蒙山单断凸起）夹一个单断凹陷（新汶—蒙阴单断凹陷东段）而成。主要构造线均呈北西向展布。

蒙阴县境内基底岩系呈褶曲构造，由新甫山背斜和泰山—徂徕山—蒙山背斜构成，反映了基底岩系形成后地质挤压作用增强、造山强度增大从而引起结晶基底的褶曲形变。页岩及碳酸盐岩为主的古生代沉积盖层是一倾向北东的单斜构

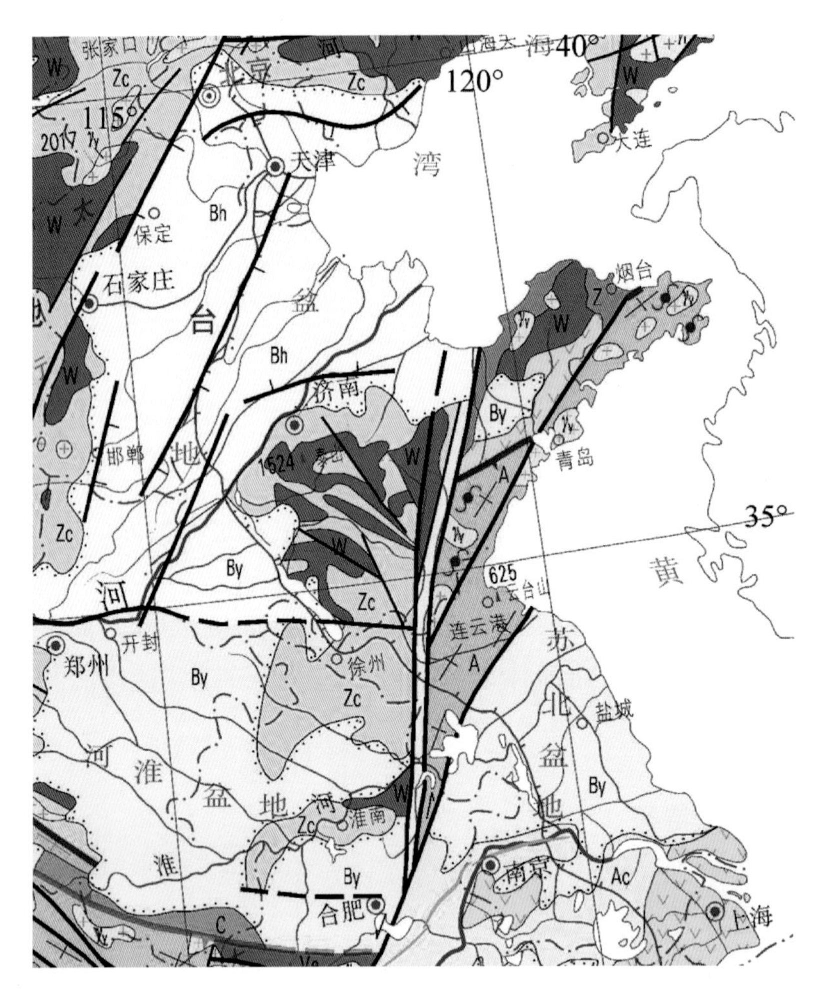

图 3-12　鲁西及其周边大地构造图

造，不同部位所测到的单斜构造的倾角主要介于 4°～11°。以岱崮镇为例，中寒武统厚层碳酸盐岩顶部高程在南岱崮为 705 米，向东到拨锤子崮降低到 575 米，再向东到梓河东侧，则降低到 385 米，可见，寒武系单斜构造从西向东也呈现出明显降低的态势；中生代形成的沉积盖层则为一个断陷向斜构造，这主要指云蒙湖地区及其上游的东汶河河谷地区在蒙阴县境内的部分。

凸起区主要发育基底岩系，局部含泰山岩群的透镜状包体，高山顶部多见古生代寒武系地层的残留，基底构造以韧性变形为主，发育面理、线理构造。沉积盖层区发育北西向、北东向、近东西向和近南北向四组断裂，褶皱构造不发育。

控制蒙阴县地貌发育的断裂构造主要有：

北西向断裂带：铜冶店—蔡庄—孙祖断裂，经过县内上温村—蔡庄—旧寨；新泰—垛庄断裂，经过县内由常路北—方山—刘官庄北—垛庄；蒙山断裂，位于蒙山分水岭以南，局部通过本县。这类断裂规模大，延伸长，常常达到几十千米或数百千米，由数条平行小断裂组成，呈弧形弯曲状。断层面大都倾向弧形弯曲的内侧，断面的倾角多在60°～70°。断层下盘除了局部地段外，均系泰山群地层；上盘(南盘)除了个别地段外，都是以古生代地层为主的沉积盖层。这些断层基本上都是上盘下落的正断层，具有多期次活动特征，不同地段存在差异。该断裂带控制着全县境内主要山脉与河谷的走向。

北东向断裂带：全县境内北东向断裂带较多，但规模大而起到控制作用的只有五井—临涧断裂。该断裂从沂源县延伸至本县野店镇，经过高都镇、常路镇到联城镇，向南进入平邑县境。该断裂由平行小断裂组成，走向为北西—南东，断面倾角大致为20°～30°，局部地段可达60°～80°，个别地段几乎直立。该断裂带的连续性在其北段好于南段。该断裂带也是多期次地质构造作用的产物。

2. 岱崮镇及其附近地质概况

前面简述了蒙阴县及其周边大地构造特征，下面，对于主要研究区岱崮镇的地质构造特征进行简单综述。

(1)韧性变形构造

韧性剪切带*：西柳沟韧性剪切带位于石泉水库两侧西柳沟一带，北西向带状展布，宽约600米，长约3千米，带内岩石主要为元古代侵入的二长花岗岩系列岩石，石英颗粒被拉长呈缎带状，拉伸比2∶1～5∶1，变形程度具中心较强向两侧逐渐变弱趋势，变形稍强区，岩石具糜棱结构，弱变形区表现为岩石的糜棱岩化，糜棱面理产状230°∠69°、线理产状140°∠10°，局部发育眼球状构造，据眼球状斑晶旋转拖尾现象显示左行，其形成时代应在元古代的吕梁晚期，为低温、中浅构造相的左行简单剪切。

构造片麻岩带：石泉水库南西侧发育一条构造片麻岩带，带宽500米，长约4千米，走向北西330°，片麻状构造发育，构造片麻理产状215°∠47°，原岩类型为二长花岗岩，具强塑性变形(眼球状)，动态重结晶程度较高，为中构造相构造片麻岩带，形成时代为吕梁运动晚期。

褶皱带：在岱崮镇茶局峪村公路断面底部可见小型褶皱构造(图3-13)，这可能是基底大型褶曲之内的小型褶皱系形成后在新的海侵过程中形成的继承性沉积产物，或者是基底岩石在造山过程中受到挤压作用的形变。类似的褶皱构造在

* 蒙阴县人民政府.山东蒙阴岱崮省级地质公园综合考察报告，2012。

小崮山北麓公路断面上亦可见。

图 3-13　岱崮镇茶局峪公路断面上可见的褶皱

(2)脆性断裂构造

区内脆性断裂较发育,按走向大致可分为北西向、北东向、近东西向和近南北向四组断裂。

北西向断裂:区内北西向断裂主要有:老监峪—棉花洼断裂、金星头断裂、贾庄—丁家庄断裂、上薛断裂等,以金星头断裂规模较大。

金星头断裂:位于镇东北角,走向为北西 300°～320°,断面产状为 230°∠80°左右,破碎带宽为 20～30 米,具多期次活动,第一期显示张性(印支期),第二期显示压扭(燕山晚期),第三期显示张扭(喜山期)。区内出露约 6 千米。

北东向断裂:区内北东向断裂不发育,规模较小,主要有:大朱家庄断裂、上蒲扇峪断裂、下龙旺断裂等,均具张性机制、形成于印支期。

近东西向断裂:区内仅发育先头峪—台头和黑土洼北断裂,走向为 270°左右,断面产状为 180°∠65°～70°,破碎带宽这 0.5 米,构造角砾岩发育,显示张性,形成于燕山期。

近南北向断裂:仅发育坡里断裂,走向为 35°～5°,断面近直立,长约 10 千米,宽为 1 米左右。具两期活动,形成于印支—燕山期。

第二节　岱崮地貌的类型

一、按照形成演变阶段分类

我们根据地貌发育的背景(包括崮体顶部形态特征和崮体平面形态空间分布特征)、崮体成型的条件(包括保存条件、形变特征等)等,将岱崮镇境内的崮体分为发育期(少年期)、成型期(青年期)、维持期(中年期)、解体期(老年期)等几大类。上述分类仅仅针对岱崮地区崮体的形成演化,而不是针对当地的地貌演变。实际上,岱崮地区的地貌演变总体上处于中年期。

1. 发育期崮

在岱崮镇境内,这类崮暂时还不称作崮,不包含在岱崮境内已知的30个崮中。但是,作为崮形成阶段分类中的一类,这类崮的划分和对其特征的发掘对于正确理解崮的形成和演化是有重大意义的。这类崮主要位于岱崮镇梓河以东地区山系中约中部高程地带,出露区域连续或不连续、周边不闭合的厚层碳酸盐岩悬崖,这是崮体边壁的雏形,碳酸盐岩悬崖以上地层的厚度和其以下至区域侵蚀基准面(如河漫滩等)的地层厚度大致相当,随着出露层位所在位置的不同和地表形变,这些条带状碳酸盐岩悬崖在空间上展现出不规则的带状特征。该套碳酸盐岩地层的时代基本都是中寒武统,具体岩性为石灰岩。这套岩层在岱崮境内梓河以西地区基本都位于山顶或丘陵顶部,大多成为孤立状崮体。

这类崮体处于地貌发展演化的中年期,但是,作为岱崮地貌来说,它却处在崮体形成演变的初期,可以称之为崮体的发育期(图3-14)。

图3-14　出露于山体中部的厚层碳酸盐岩地层,显示崮体处于发育期(左图远眺、右图近景)

2. 成型期崮

这类崮表现出的主要特征是：崮的位置基本位于山体或丘陵的上部地段和近顶部，崮体四周呈现出陡直的碳酸盐岩崮体悬崖，并且该悬崖在周围空间上具有连续性，其中大部分呈现出闭合特征。但是，在碳酸盐岩崮体之上，仍然分布着不同岩性剥蚀或风化而成的松散堆积物构成的丘陵状地貌形态，这些崮体之上的丘陵少则一个，多则数个，高低不一。这种类型的崮以莲花崮（崮体上部有9个丘陵尖顶）和大崮（明显分布着南中北3个丘陵顶）最具代表性（图3-15）。

图3-15　莲花崮东南支局部特征，显示崮体形态处于成型过程中

这类崮今后的发展主要体现在两个方面：其一是崮上丘陵的进一步剥蚀和夷平，其二是周边崮壁的持续坍塌后退使崮体面积不断缩小、崮体平面形态由繁杂变为简单，直至呈现最典型的崮体，则到了崮体维持阶段了。

3. 维持期崮

这类崮是崮体形成演变过程中最典型的阶段，基本特征是：崮体基本完全由巨厚层碳酸盐岩构成，顶部多为平坦或较平坦且大多出露碳酸盐岩的剥蚀面，少许为风化物覆盖的低缓丘陵状。崮壁厚度是现有各类崮中最厚者，而崮体平面形态是所有崮体中最为简单的，常常呈现近似方形、圆形、圆角三角形或多边形形态。从远方观看，多似方山，形态如"崮"，这也是岱崮得名之所依。

4. 解体期崮

这类崮体由于丘陵顶部很尖或者山脊很窄及两侧很陡，崮体崩塌严重，残余崮体为滞留大块石等，顶部不平坦，边壁不规则。是原有崮体演变到消亡阶段，大多已经解体，是为崮之解体期。当这类崮体在以后的剥蚀崩塌的持续作用下，其碳酸盐岩崮体的形态及其构成物质都会逐渐消失，成为尖顶的页岩山，侧面观之如锥形山体（图3-16）。

图 3-16　崮体解体并完全崩塌之后的山体形态——崮后锥形山

二、按照平面形态进行分类

按照崮体垂直投影得到的崮体的平面形态特征可以将岱崮地区的崮体分为以下几类:近圆形崮、长形崮、似凸边三角形崮、不规则多边形崮等。

这种分类仅仅是依据平面形态,而平面形态却在一定程度上反映着崮体的演化阶段,但是,与前述分类中所列出的不同,这类崮体中基本不包含前述的出现在山腰的厚层碳酸盐岩岩壁的那类发育期崮体。在岱崮地区,上述几类不同形态的崮体都是广泛存在的,而且以似凸边三角形崮最为常见。对岱崮地区有关崮体平面形态特征的进一步总结和描述参见第四章。

三、按照构成崮体的碳酸盐岩层数分类

按照崮体碳酸盐岩层数可以将岱崮地区的崮体分为单一厚层崮、双层叠置崮和多层叠置崮。

1. 单一厚层崮

这类崮的崮壁仅出现巨厚单层碳酸盐岩体，表明崮体在边壁的崩塌后退过程中没有出现分异作用，也表明该套岩体比较纯，其间没有沉积如客观的页岩等软弱易蚀性地层。在岱崮地区，这类崮体最为常见，处于主导地位。

2. 双层叠置崮

这类崮体由下部巨厚层碳酸盐岩和上部厚层碳酸盐岩两层岩体构成岩壁，其上层碳酸盐岩崩塌后退较下层更迅速一些，使得崮壁出现上薄下厚的两层台阶。一般情况下，在这两层碳酸盐岩岩层之间存在或薄或厚的易蚀岩层。

这类崮在岱崮地区较为常见，比如，油篓崮就是侵蚀不一的两层碳酸盐岩层构成的形态，另外，安平崮、板崮等也属于这类崮。

3. 多层叠置崮

崮体由两层以上厚层碳酸盐岩层构成的崮。这类崮在岱崮地区极为罕见，在我们野外考察过程中仅发现小油篓崮具有这类崮的特征，那就是崮体由三层厚层碳酸盐岩构成。说明这些碳酸盐岩层之间同样存在易于被侵蚀的软弱岩层。

四、按照崮体所处的位置分类

崮都位于山脊或山丘顶，按照崮体所处的位置不同，可以将岱崮地区的崮分为孤丘崮、山脊崮、山岔崮等几类。

1. 孤丘崮

孤丘崮位于相对独立的丘陵顶部，是孤丘周边都经受持续侵蚀作用过程中逐渐形成的，这类崮体以页岩为主的基座大致呈现比较典型的锥形体，锥形体顶部是巨厚层碳酸盐岩构成的崮体，崮体四壁较陡、顶部较为平缓、平面形态较为简单。也是更像方山的崮。

2. 山脊崮

山脊崮就是位于山梁脊部的崮，因为山脊长而弯折，沿山脊其两侧在不同部位的侵蚀速率的不同使得山脊宽度和高度出现差异，这种结果会导致出露于山脊上的巨厚层碳酸盐岩层被沿纵向分割成不同大小、不同长度和不同宽度的碳酸盐岩区段，从而形成断续分布的不同碳酸盐岩崮体。岱崮地区的山脊崮最为发育和常见。

3. 山岔崮

顾名思义,山岔崮是出现在山脊分岔处的崮,由于受两条主沟谷控制的山脊在一些地方出现新的沟道侵蚀,是山体出现分化并形成小型的新山脊,当这些沟道侵蚀到构成崮体的那层巨厚层碳酸盐岩岩层时,会使该岩层分岔,持续的侵蚀使得分岔的碳酸盐岩逐渐形成分岔形状的崮体。这类崮体不常见,莲花崮是这类崮体的典型代表。

第三节 岱崮地貌的分布

一、蒙阴县地势及其纵横剖面特征

蒙阴县地形特征如图 3-17 所示。该图是根据 30 米分辨率的 DEM 数字地形图和遥感图叠置生成的可反映真实地表物质组成的三维地形图,基本上清晰反映了蒙阴县境内地势高程的区域差异、地表物质组成的不同,以及主要地貌单元如山脉、河流、沟谷等的空间展布趋势。

图 3-17 蒙阴县三维地形图(左为南,蒙山;右为北,岱崮)

北部地区低山和丘陵发育,南部地区发育该区内颇为重要的山脉——蒙山。蒙山山脉是全县境内最高地带,森林植被发育,最低处是蒙阴县城所在地西西北向宽阔河谷带等中部地带,北部地带是该县仅次于蒙山的较高地形带(图 3-18)。

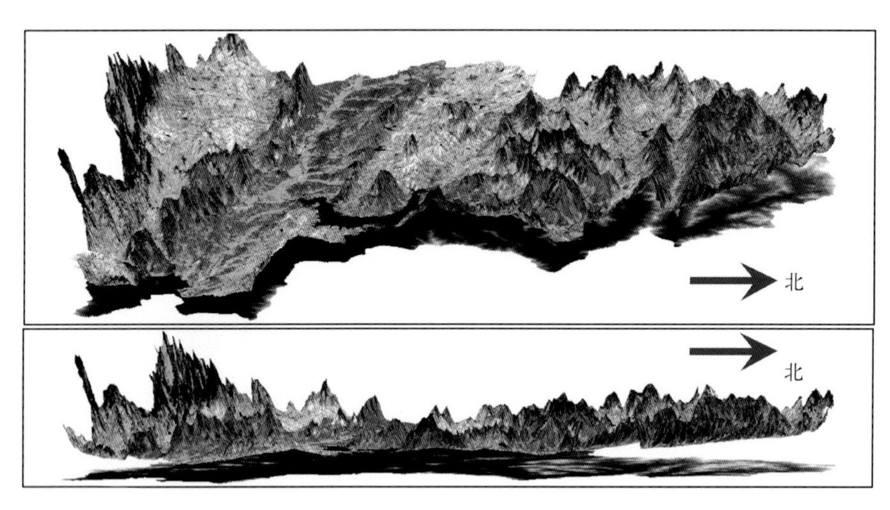

图 3-18　蒙阴县地表高程区域分布图(左为南部,右为北部。上图:半俯视;下图:侧视)

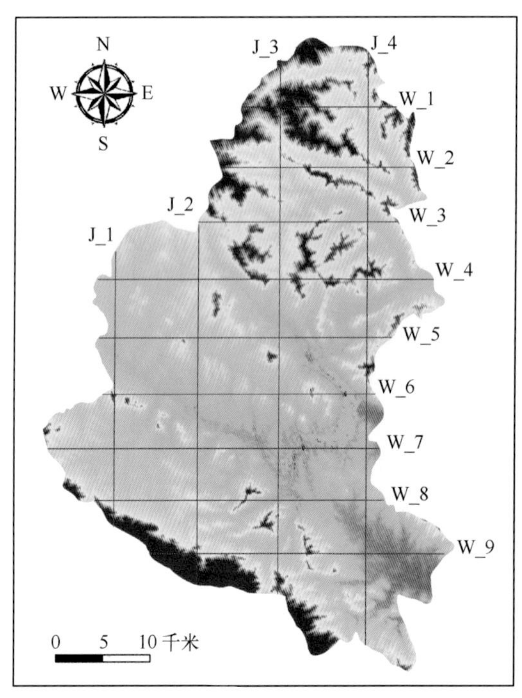

图 3-19　蒙阴县地形纵横断面位置图

蒙阴县境内从北向南截取的平行于纬线的 9 个地形横断面位置见图 3-19,每个地形横断面的基本特征分别见图 3-20 至图 3-28。

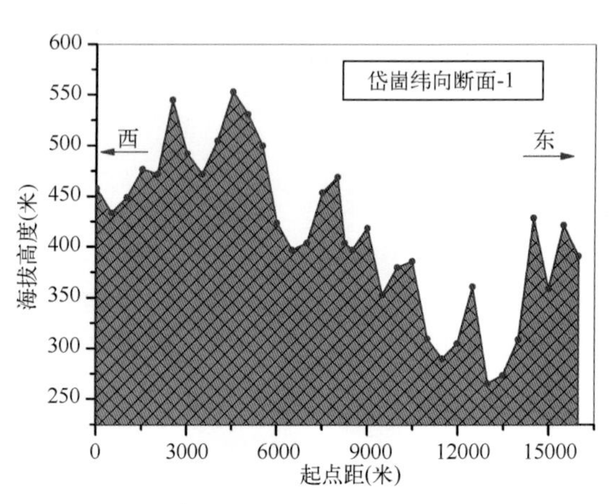

图 3-20　蒙阴县境内地形横断面 W-1 特征

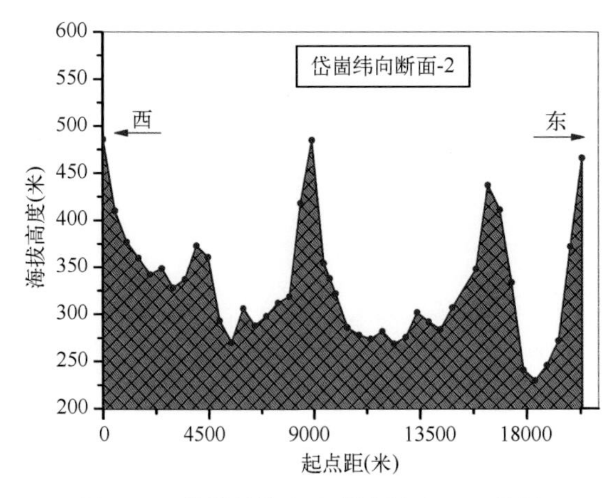

图 3-21　蒙阴县境内地形横断面 W-2 特征

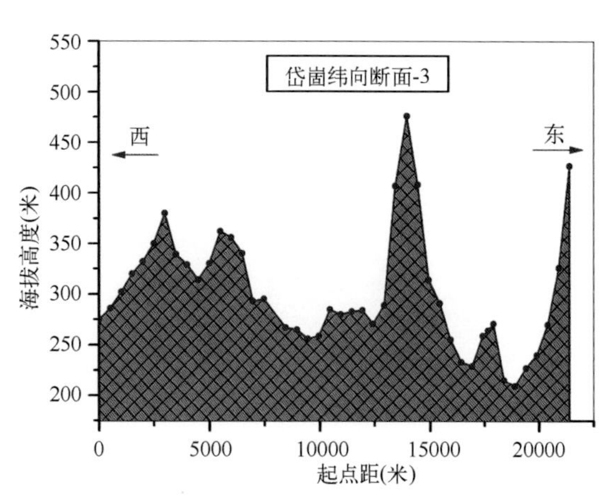

图 3-22　蒙阴县境内地形横断面 W-3 特征

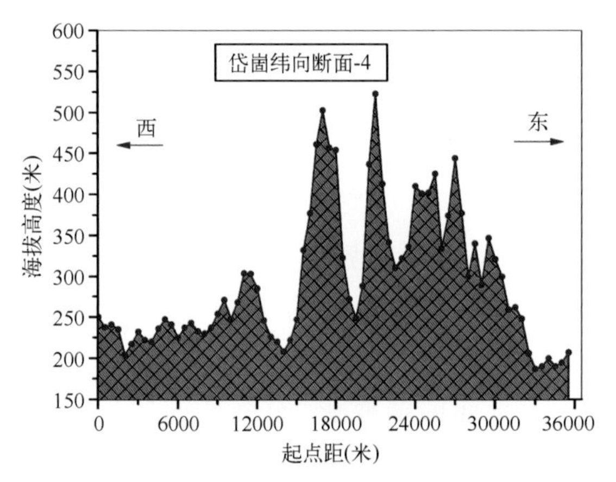

图 3-23　蒙阴县境内地形横断面 W-4 特征

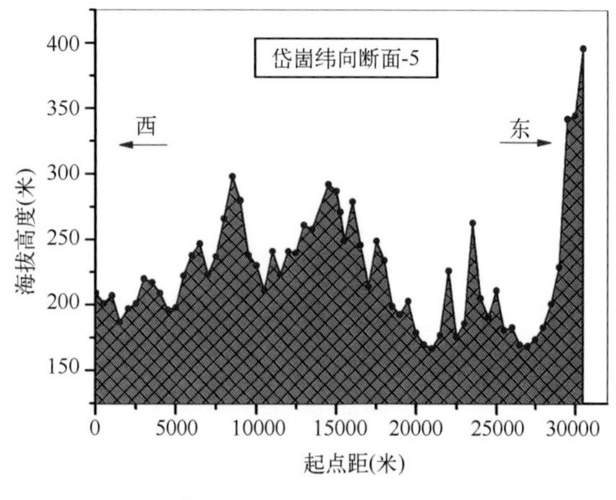

图 3-24　蒙阴县境内地形横断面 W-5 特征

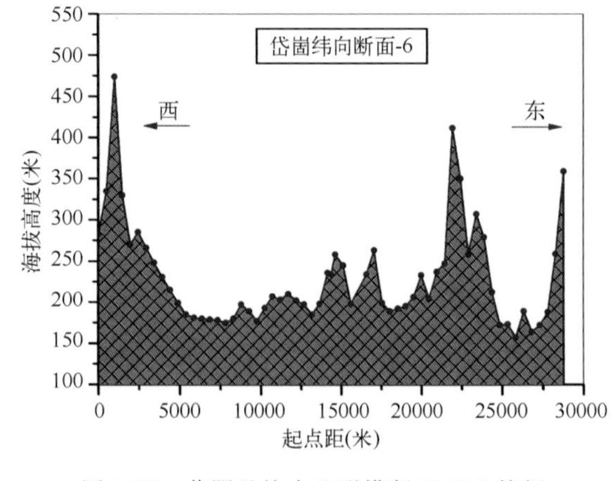

图 3-25　蒙阴县境内地形横断面 W-6 特征

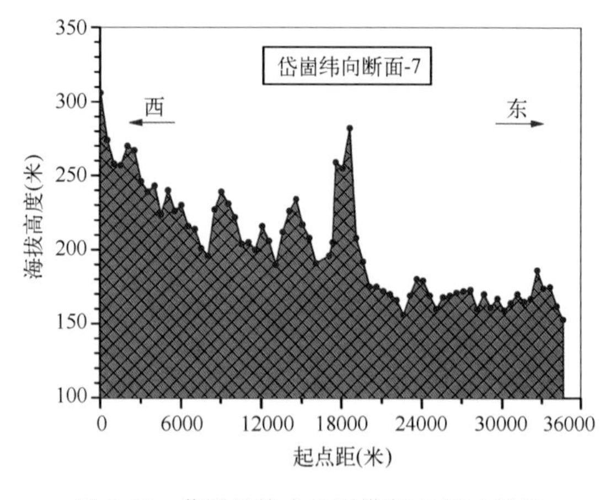

图 3-26　蒙阴县境内地形横断面 W-7 特征

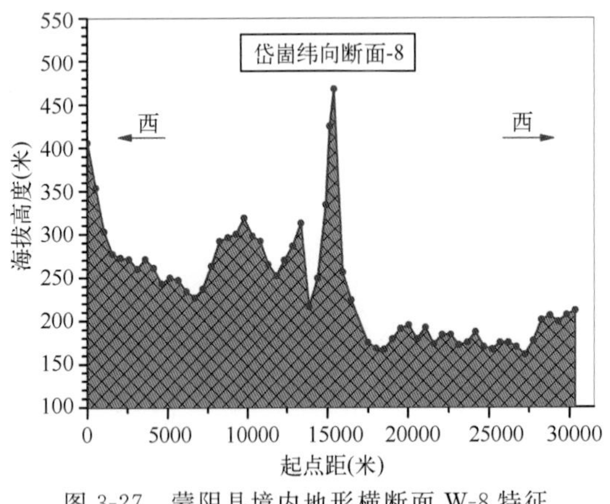

图 3-27 蒙阴县境内地形横断面 W-8 特征

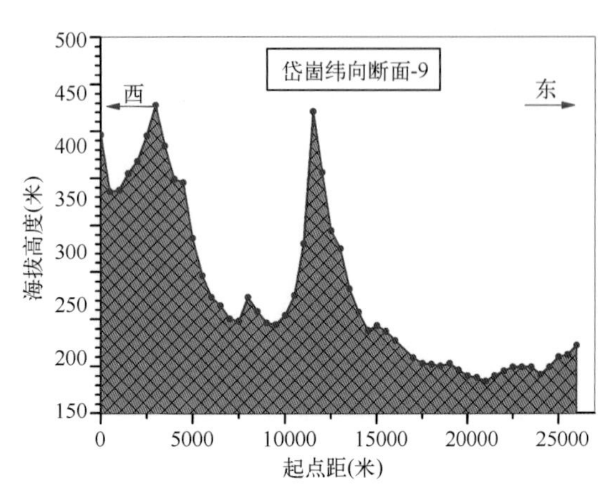

图 3-28 蒙阴县境内地形横断面 W-9 特征

由上述 9 个沿纬向的断面图可以发现，每个断面上基本呈现岭谷交替分布特征，这反映了境内河谷及其支流与其分水岭交替分布客观现象。另外，每个断面上的最高点和最低点，以及岭谷数目都有明显不同，这也与河流及分水岭的走向、密度等关系密切。由于地势及其变化在不同地方相差明显，因此，上述九条横断面几乎没有比较相似的。

从蒙阴县纵断面可以发现，中部纵向由北向南呈现地势由高振荡变低再变高的明显趋势(图 3-29)，北部的高地地带是岱崮镇境内发育崮的丘陵区，南部高地是蒙山山脉，每个谷地带是沟谷、河谷发育区。

蒙阴县东部纵断面(图 3-30)则显示地势在北部振荡变化，而该断面线所经过的丘陵顶部地点其高程相差不大，可是其沟谷底部的高程呈现从北向南变低趋势，反映了支流到主流地势切割深度的逐渐增大现象。该断面的南半部，无论是沟谷还是丘陵，地势在达到最低点之后又出现不大明显的变高现象，这与该断面经过云蒙湖东侧较低较平缓的地势相一致。

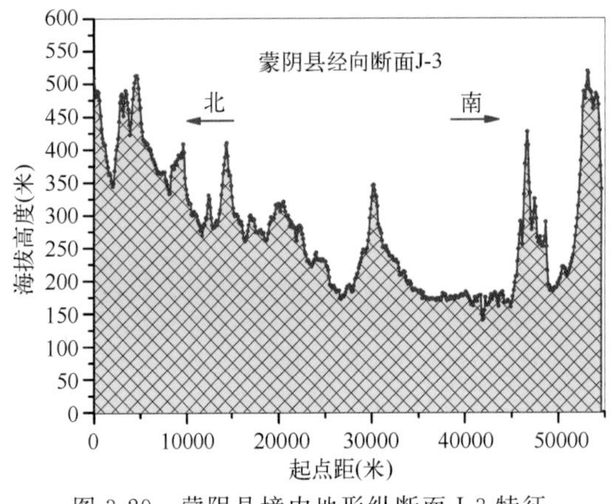

图 3-29 蒙阴县境内地形纵断面 J-3 特征

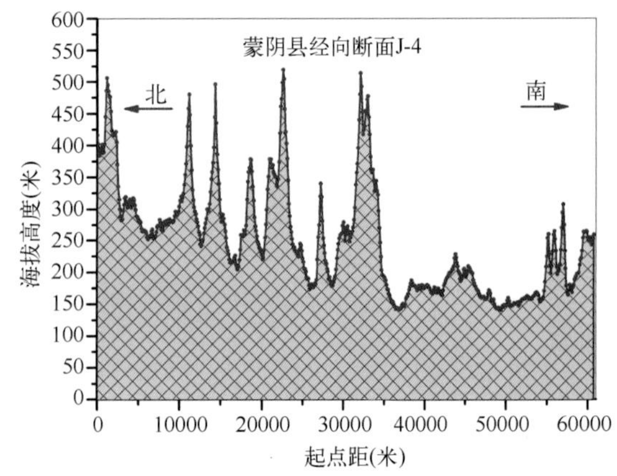

图 3-30 蒙阴县境内地形纵断面 J-4 特征

二、岱崮镇地势及其纵横剖面特征

岱崮镇位于该县最北端，境内的梓河在其北部及其东部呈半圆形绕行，其南北分水岭，加上梓河的一级支流十字涧河、野猪河及其二级支流燕窝河的分水岭等是岱崮镇境内相对高的地带（图 3-17 北部 4 条山脊地带，以及图 3-31 中红色地带）。为了揭示岱崮镇地形地势的区域差异，设立了 6 条平行于纬线的横断面（图 3-32～图 3-37）和 4 条平行于经线的纵断面（图3-38～图 3-41），各个断面的地势变化特征差别明显，可参看这些图件。

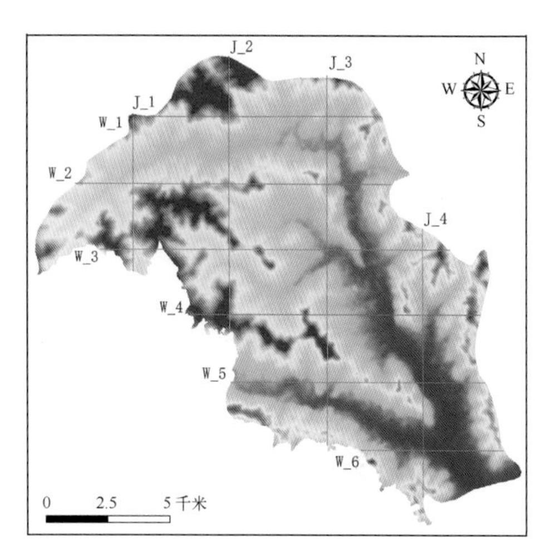

图 3-31　岱崮镇境内地形纵横断面

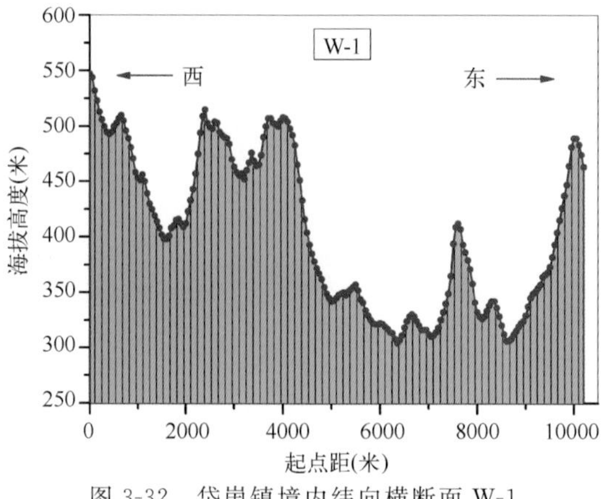

图 3-32　岱崮镇境内纬向横断面 W-1

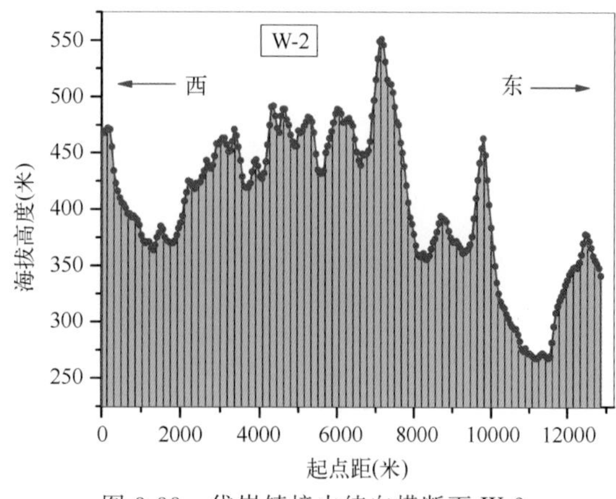

图 3-33　岱崮镇境内纬向横断面 W-2

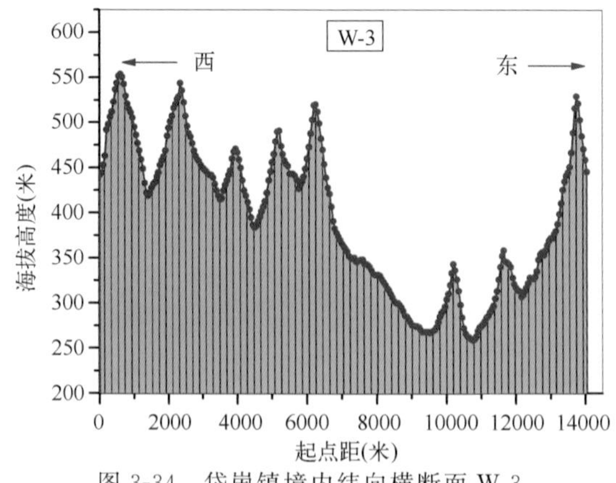

图 3-34　岱崮镇境内纬向横断面 W-3

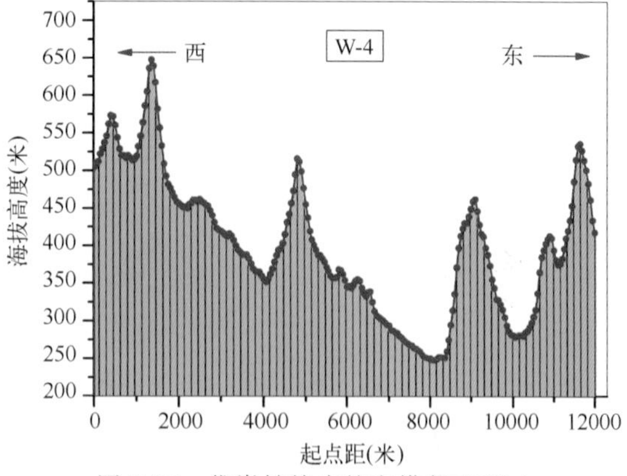

图 3-35　岱崮镇境内纬向横断面 W-4

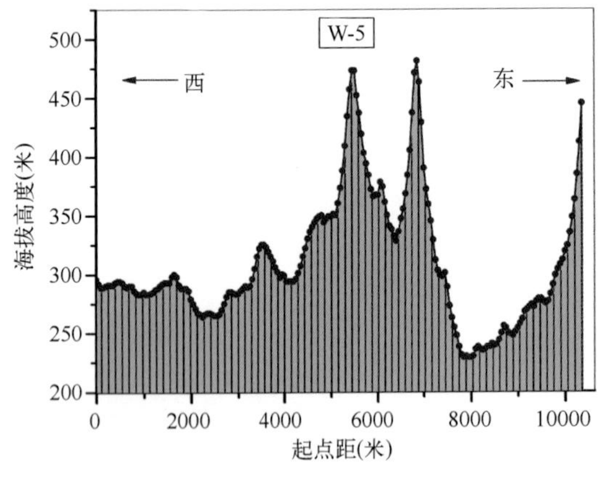

图 3-36 岱崮镇境内纬向横断面 W-5

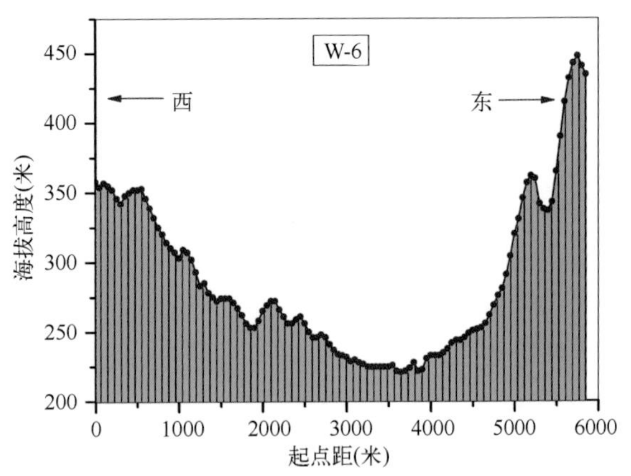

图 3-37 岱崮镇境内纬向横断面 W-6

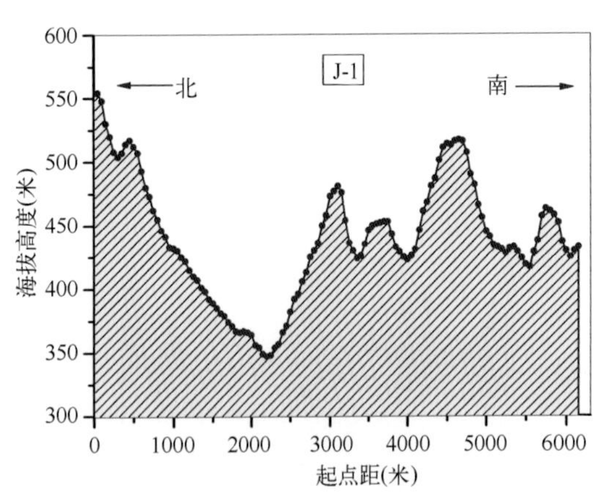

图 3-38 岱崮镇境内经向纵断面 J-1

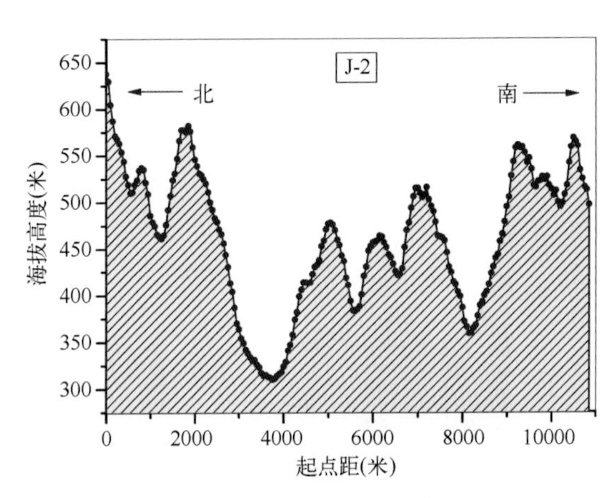

图 3-39 岱崮镇境内经向纵断面 J-2

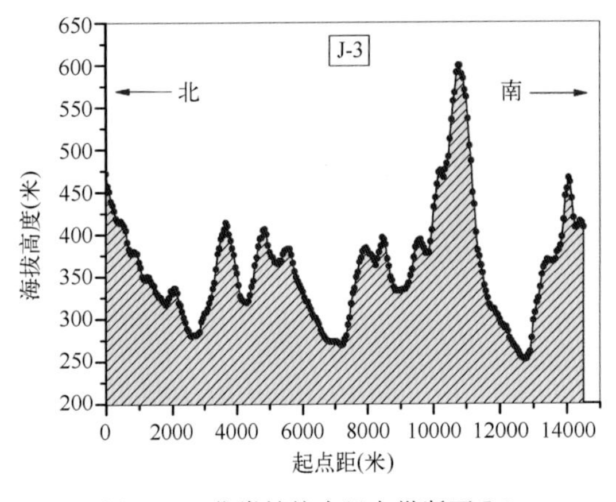

图 3-40 岱崮镇境内经向纵断面 J-3

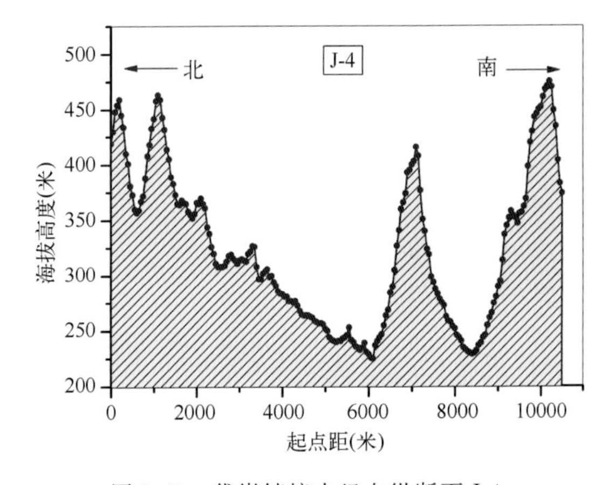

图 3-41 岱崮镇境内经向纵断面 J-4

三、岱崮地貌的分布特征

前已述及，岱崮镇境内的较高地形带是梓河及其支流的分水岭，而岱崮境内的崮基本上都分布在这些分水岭上或由其延伸而出的分支山脊或孤丘上。

岱崮的崮体分布很有特征，与上节所述的地貌背景关系密切。图 3-42 是岱崮镇境内所有 30 个由寒武系碳酸盐岩构成的崮的空间分布图，在每个崮的位置上还根据遥感图件绘制了各个崮体平面形态图。这些现有的崮体都处于岭上，这些灰岩崮体无不依山岭而排列、择岭峰而定居（图 3-43～3-45）。

图 3-42　岱崮镇境内 30 个崮的空间分布图

以前曾经存在过崮、现在已经消亡但保留了经过侵蚀改造后的基座已经变为页岩尖山（如大顶子、尖崮等）。在岱崮镇境内、甚至在蒙阴县境内，这样的页岩尖山很常见，基本上都是已经消亡了的原有崮的基座的进一步剥蚀而形成的锥形丘陵或尖山等。

岱崮地区的方山主要是寒武系碳酸盐岩构成的崮,已经发现并命名的崮体有30座。基本位于梓河及其支流的五个分水岭上。这些分水岭在此可以简称卢崮分水岭、獐子崮分水岭、岱崮分水岭、安平崮分水岭以及梓河东部分水岭。这些分水岭的存在与其间河流及其支流——梓河、燕窝河、十字涧河、野猪河等——的侵蚀密切相关。可以说,古老的沉积作用形成了岱崮地貌所需要的巨厚碳酸盐岩、地质构造演化作用使这些岩层得以抬升并出露海洋、地表水流等各种外营力等的长期作用的综合结果,造就了雄浑、奇异的岱崮地貌形态。

三崮位于卢崮分水岭:卢崮、荷叶崮和卧龙崮三个崮位于梓河及其二级支流燕窝河之间的分水岭(因为该分水岭上最著名的卢崮位于其上,故称为卢崮分水岭)上,并依次由西北向东南排列。在该分水岭上,这三个崮所在处与其邻近处相比都是岭上海拔高度较高的地方,其中卢崮所在处为该分水岭的最高点。

六崮位于獐子崮分水岭:团圆崮、梭子崮、石人崮、玉泉崮、拨锤子崮和獐子崮六个崮位于十字涧河及其一级支流燕窝河之间的分水岭上,由于笊篱坪村北的獐子崮显得挺拔雄伟,也是游客进入笊篱坪之后可以看到的最醒目的最具有标志性的崮,因此将该分水岭简称作獐子崮分水岭。图3-43中蓝色线表示分水岭,白色线圈为各个崮的位置及形状,上述各个崮除了团圆崮都沿獐子崮分水岭由西北向东南依次排列配列,蔚为壮观。团圆崮的特殊性在于其分布在獐子崮分水岭的短小分支上。

图3-43　獐子崮分水岭上崮的空间分布特征

十三崮位于岱崮分水岭：北岱崮、南岱崮、龙须崮、木林崮、瓮崮、油篓崮、板崮、大崮、小崮、水泉崮、十人崮、北蝎子崮、南蝎子崮总计十三个崮位于梓河的一级支流十字涧河与梓河的另一条一级支流野猪河之间的分水岭，该分水岭上有著名的南岱崮和北岱崮位于其西北端，因此将该分水岭简称为岱崮分水岭（图 3-44）。

图 3-44　岱崮分水岭上的崮的空间分布特征

这些崮大致按照北西—南东方向依次排列，许多崮的面积较小，形态简单，因此基本位于分水岭延展方向，但是，如图 3-45 中红线所示的一些崮，其崮的轴线或者崮的位置偏离分水岭走向，而向侧旁伸出。崮的轴线偏离分水岭的有龙须崮、十人崮，而位置偏离分水岭的有木林崮和小崮。这基本反映了岱崮分水岭局部地段形成的次级分水岭上的崮的形成特征。

图 3-45　岱崮分水岭局部特征及部分崮的形态和空间分布特征

四崮位于安平崮分水岭：张家寨、猫头崮、安平崮、莲花崮四个崮位于梓河的两条一级支流——野猪河与坦埠西河之间的分水岭，因安平崮比较著名，故称作安平崮分水岭，上述四个崮依次大致向东排列分布，并且崮体海拔高度逐渐变小。

四崮位于梓河东部分水岭：柴崮、蝙蝠崮、天桥崮、小油篓崮四个崮位于梓河东部的分水岭上，该分水岭不是连续的，因为在不同位置会有支流的侵蚀而断开，比如，柴崮南部就是梓河的左岸的一级支流，将其所在分水岭与其他崮所在分水岭分隔开了。无论如何，这些分水岭紧邻梓河左岸，是梓河及其支流长期侵蚀作用过程中形成的丘陵高地，因此是崮形成的理想场所。这几个崮不但处在分水岭的高点，而且基本上也处在不同行政区划界的界限上，比如，柴崮和蝙蝠崮位于蒙阴县(岱崮镇)与沂源县的分界线上，小油篓崮位于蒙阴县(岱崮镇)与沂水县的分界线上。这些行政区界线上的崮，成为界线两边所有人的关注的旅游资源，开发时将有必要进行更多的协调。

第四节　岱崮地貌形成的影响因素

岱崮地貌作为很有特色的造型地貌景观，其形成受到了各种因素的影响，主要影响因素大致有三个方面：其一，物质，包括岱崮地貌的岩性及物质组成；其二，内动力作用，包括地质构造动力及其引起的各种形变；其三，外动力作用，包括气候的长期及短期变化，各类侵蚀作用等等。上述每类影响因素还可以分解为更细的组分。下面，分别对其加以陈述。

一、地层岩性

包括研究区在内的地层特征在本章第一节已经作了详细的介绍，这里则简略论述形成岱崮地貌地层的普遍特性：相对难以侵蚀的厚层碳酸盐岩层，下部易于剥蚀的易蚀岩层。

1. 构成崮体的是碳酸盐岩且必须具有一定厚度

岱崮镇境内保存较好的崮体其碳酸盐岩厚度均超过的 20 米，最厚的可达 30 米，这是其抗蚀性能较强且可以形成陡壁的基础。在不同崮体的基座上，我们也发现有厚度不等的碳酸盐岩层，但是其厚度不大，在坡面侵蚀过程中常常难以形成陡壁。可见，厚层碳酸盐岩是该地区岱崮地貌形成的必要条件，也就是说，岱崮地貌形成的控制因素之一是，是否为碳酸盐岩，其岩层厚度是否足够大。

2. 厚层碳酸盐之下的地层为相对软弱层

岱崮镇地区的碳酸盐岩崮体以下的基座，总体上是以页岩为主的易于被侵蚀的岩层，虽然其中交替分布着不同厚度的碳酸盐岩地层，但是其厚度小，在页岩风化剥蚀过程中它本身也难以保存。该条件使得基座因为侵蚀而后退时，构成崮体的那层厚层碳酸盐岩地层因局部悬空而崩塌，使得陡壁逐渐形成并在周边渐渐连成一圈，成为典型崮体。

上述条件表明，控制岱崮地貌形成的地层因素出露上述厚层碳酸盐岩之外，还必须具备厚度更大的易蚀岩层在该厚层碳酸盐岩之下。

上述两个地层方面的因素是岱崮地貌形成的物质基础，也是地层控制因素的具体表现。

二、内动力作用

内动力作用是地球板块相对运动中形成的各类挤压、拉张等作用力，使得地壳发生显著或不显著的各种变形，可以引起受该力作用的地层发生褶皱、断裂、火山喷发、岩浆侵入，还可以导致早期岩层发生变质作用等。

前面所说的构成岱崮地貌的无论是碳酸盐岩崮体地层还是基座页岩为主的地层，只有在内动力作用下才能被抬升至地表，也就是说使之到达侵蚀环境中。同时，地壳运动等内动力作用使得岩层断裂、出现节理等，为后续的侵蚀作用创造必要的条件。如果没有这些作用力，那么该套地层不会出露于地表、不会到达侵蚀环境之中，因而就不可能形成岱崮地貌。

因此，地球内动力作用是岱崮地貌形成过程中必不可少的因素之一，也是岱崮地貌形成的主要控制因素。

三、外动力作用

外动力作用是指由地球表层及地球以外的各种作用力，产生这类力的能源主要为太阳辐射能、天体引力，还包括地球的重力能等。外动力的作用形式包括：水力侵蚀，如降水的冲击、剖面的水流面蚀、河流的冲刷侵蚀等；风化剥蚀，如物理风化作用、生物风化作用、化学风化作用；此外还有重力侵蚀、风力侵蚀、冻融侵蚀等。

岱崮地貌的形成势必要经受各种各样的外动力的持续作用。流水侵蚀形成的沟谷是最为鲜明的，早期，流水沿着岩体的构造破裂带如断层、向斜等进行冲刷侵蚀，使得出露于地表之后的上述沉积岩地层经受不同程度的剥蚀，首先形成低洼地带和突出地带，地形的初次变形导致地表径流流经坡面汇聚于沟谷，使坡面侵蚀加强、沟谷冲刷和泥沙搬运能力增大，长期作用中，形成了沟谷和山坡、丘陵和山峰等不同的地貌形态，而岱崮地貌因而可以从中分化出来。

当然，除了流水作用外，重力作用对于岱崮地貌的形成也是非常重要的控制因素之一，这是因为，厚层碳酸盐岩地层因为层面较为平整，流水将其下部的页岩等易蚀岩层侵蚀到一定程度时，会引起该厚层碳酸盐岩地层边部的失稳而坍塌，这类重力作用的持续发生可以使得该套碳酸盐岩地层的面积逐渐变小，而成为残留于山丘顶部的崮体。

此外，风力作用也是显而易见的侵蚀作用力，岱崮地貌的崮体基部，常常可见到页岩地层因为掏蚀而向内凹进很多，有的多达数米，这里流水罕见，页岩地层的掏蚀主要是风力作用引起的。风力在岱崮地貌崮体碳酸盐岩地层局部悬空中发挥了极大的影响。此外，冻融侵蚀作用是崮体碳酸盐岩地层沿节理崩塌的促进因素之一。

由上所述可见，尽管各种外动力作用对于岱崮地貌的形成起到了不同的作用，但是都具有决定作用。因此可以说，岱崮地貌的外动力作用也是非常重要的，是不可忽视的控制因素之一。

第五节　岱崮地貌的演化

岱崮地貌的演化包括下述几个重要阶段：合适的沉积环境中沉积形成寒武系地层；地质构造作用力导致包括这套地层在内的地层系统抬升直至出露水面以后再接受侵蚀，同时持续隆升；地层沿软弱带被剥蚀从而逐渐形成岱崮地貌的雏形。因此，岱崮地貌的形成和演化要经历三个重要的阶段：沉积阶段、构造抬升为主阶段、侵蚀阶段。

下面，从沉积环境，以及构造运动—侵蚀剥蚀复合作用两个方面来探讨岱崮地貌的形成和演化模式。

一、寒武系地层典型标志及其沉积环境

鲁西南地区的寒武系主要有碎屑岩、黏土岩和碳酸盐岩三大类[3]，其中碳酸盐岩所占比例最大，沉积物横向变化不大，垂直变化明显。生物群以底栖爬泳的三叶虫最为繁盛，其次为腕足类、瓣鳃类、腹足类、棘皮动物、笔石及藻类等。根据岩石类型、结构、构造，及古生物标志等特征，该区沉积环境可以划分为台棚相组，进而可划分为四个相区，即陆地边缘相区、台地相区、台地边缘相区及浅海盆地相区。其中每一相区又可以划分为若干个相带。

古生代地层主要发育寒武系—奥陶系地层，为一套海相碳酸盐岩为主的沉积建造[1]。寒武—奥陶系地层按岩性，分为下伏的长清群和上覆的九龙群，不整合于基底变质岩（泰山群）之上，顶部遭受强烈剥蚀而形成剥蚀面。也即是说，寒武系地层沉积之前，该区域处于陆上剥蚀环境，而在寒武纪时海水入侵使得其变为海相沉积环境。

长清群由下至上包括李官组、朱砂洞组、馒头组三个组，各组之间均为整合接触，表明持续处于水下沉积环境。其中李官组以灰红色长石石英砾岩、砂砾岩为主，夹长石石英砂岩，具平行层理、斜层理，砂砾棱角—次棱角状，略有分选，具有砾岩—砂砾岩—砂岩等基本层序，该组厚 0～13.42 米。主要分布于簸箕掌、大崮台、板崮崖等地，不整合与基底之上，区内断续分布，发育于不整合面低凹处。典型的滨海相陆缘碎屑沉积，处于滨海沉积环境。

朱砂洞组只发育丁家庄段，分布于板崮崖南、簸箕掌、西大洼、下旺—龙须崮—翻泉子、台头等地，不整合于基底之上或整合于李官组之上。灰色中—薄层细晶白云岩、灰黄色页片状泥云岩等，夹灰色中层含燧石结核中—细晶白云岩、粉晶白云岩、青灰色中层灰岩、砂屑灰岩、藻屑灰岩、鲕粒灰岩等，并夹有 3～4 层灰色中层膏溶角砾状白云岩，白云岩常具鸟眼构造。基本层序由含燧石结核白云岩—白云岩—泥云岩，中层白云岩—泥云岩—膏溶角砾白云岩，青灰色中层灰岩—藻灰岩等构成。该段厚约 69.60 米，为蒸发岩相、白云岩相、礁灰岩相等。属于泻湖沉积环境。

馒头组分布于簸箕掌、下旺、龙须崮、台头、翻泉子、王家庄—东上峪—封山庄等地。由下至上分为三段：石店段、下页岩段、洪河段，各段之间为整合接触。石店段的岩性为黄绿色页岩、灰黄色薄层状或页片状泥云岩、灰色中—薄层泥纹泥晶灰岩、疙瘩状泥晶灰岩等，基本层序由黄绿色页岩—页片状泥云岩，薄层泥纹泥

晶白云岩—页片状泥云岩，鲕粒灰岩—灰岩等组成，厚度 21.15 米。为局限、半局限碳酸盐台地沉积环境。下页岩段岩性以肝紫色页岩为主，夹灰—灰紫红色中—薄层泥纹泥晶灰岩、青灰色中层鲕粒灰岩、核形石灰岩、生物碎屑灰岩、扁平竹叶状砾屑灰岩等，顶部夹灰黄色薄层钙质细砂岩、砂质页岩等，具肝紫色页岩—薄层泥晶灰岩，砾屑灰岩—泥晶灰岩等基本层序。该段厚 124.65～177.43 米，形成于潮间带至潮上带低能的沉积环境。洪河段岩性单一，以肝紫色、灰褐色钙质砂岩为主，夹泥质细砂岩，含云母碎片，顶、底为灰色中—厚层砂质灰岩、含鲕粒砂质灰岩，夹肝紫色砂质页岩，砂岩、砂质灰岩具平行层理、斜板状层理、鱼刺状层理、低角度交错层理等，基本层序由平行层理钙质砂岩—交错层理钙质砂岩，钙质灰岩—斜交层理砂质灰岩等组成。该段厚 50.74～89.82 米。为滨海及河流沉积环境。

九龙群共发育四个岩性组，由下至上为张夏组、崮山组、炒米店组、三山子组，整合于长清群之上，顶部被剥蚀，该群内各组之间均为整合接触。

张夏组分布于演操顶、南峪、陈家林、王葫芦山、庙子洼、望东海、老猫沟、杨家庄等地，依岩性分为三段，由下至上为下灰岩段、盘车沟页岩段、上灰岩段，各段之间均为整合接触，厚约 160 米。下灰岩段为青灰色厚层鲕粒灰岩，底部含海绿石、生物屑，顶部为青灰色中层含海绿石生物屑灰岩，基本层序为含海绿石生物屑鲕粒灰岩—鲕粒灰岩，鲕粒灰岩—藻灰岩等，厚 52.51 米，为高能的鲕粒滩坝沉积环境。盘车沟页岩段岩性单一，以黄绿色页岩为主，夹灰色中薄层泥晶灰岩，顶部黄绿色页岩与泥晶灰岩互层，并夹灰色中—薄层竹叶状砾屑灰岩，基本层序为黄绿色页岩—泥晶灰岩—扁平砾屑灰岩。该段厚 82.86 米，形成浅海沉积环境。上灰岩段岩性以灰白色厚层柱状藻灰岩为主，夹灰色中层条带状鲕粒灰岩、中—薄层泥晶灰岩、泥质条带灰岩、生物屑灰岩。底部为灰色薄层泥晶灰岩与灰色厚层泥质条带灰岩不等厚互层，顶部为灰色中层生物屑鲕粒灰岩与中层生物屑灰岩不等厚互层，厚 26.58 米。基本层序为鲕粒灰岩—生物屑灰岩—藻灰岩。形成于潮下带高能的便于藻类生长的环境，鲕粒灰岩形成于鲕粒滩坝环境。

崮山组分布于南峪南、柳花峪、老猫沟等地，分布零星，岩性为青灰色薄板状泥晶灰岩、疙瘩状泥晶灰岩，夹黄绿色页岩、中—薄层砾屑灰岩、生物屑灰岩等，厚 57.64 米。具水平层理、泥纹层理，砾屑灰岩底部可见冲刷面，基本层序为砾屑灰岩—泥晶灰岩—黄绿色页岩等。形成于温湿气候下碳酸盐台地沉积环境。

炒米店组分布于老猫沟，在杨家旺也有零星分布。岩性为青灰色中—薄层泥晶灰岩、链条状泥晶灰岩、泥晶灰岩，夹灰—灰紫红色中层砾屑灰岩、含海绿石生物屑鲕粒灰岩、生物屑灰岩、砂屑灰岩等，顶部夹一层灰质白云岩，厚200.68米，具薄层泥晶灰岩—竹叶状砾屑灰岩等基本层序。中下部发育竹叶状砾屑灰岩，呈“菊花状”分布，建立风暴事件层；中部发育叠层石灰岩，为灰白色厚层涡卷藻灰岩，夹灰色中层鲕粒灰岩，具有鲕粒灰岩—叠层石灰岩的基本层序，厚29.65米。形成于温湿气候条件下碳酸盐台地环境，砾屑灰岩形成于潮间带高能沉积环境，“菊花状”竹叶状砾屑灰岩为风暴岩，也是潮间带高能沉积环境遭遇风暴潮时的产物，叠层石灰岩为礁丘或藻席相，形成于浅海台地边缘环境。

三山子组只见于凤凰顶，根据岩性分为下、中、上三段，各段之间均为整合接触，上段顶部为风化剥蚀发育不全。下段岩性为灰—灰黑色中晶白云岩，具晶洞构造，夹砾屑中—细晶白云岩、虫迹白云岩、角砾状白云岩、藻屑白云岩等，基本层序为细晶白云岩—砾屑白云岩，细晶白云岩—虫迹白云岩，细晶白云岩—角砾状白云岩，中—细晶白云岩—藻屑白云岩等。该段厚60.30米。形成于半局限的碳酸盐台地沉积环境。中段岩性为灰—灰黑色中—厚层中—细晶白云岩，具晶洞构造，晶洞中充填方解石晶簇，夹灰褐色中—厚层砾屑白云岩、虫迹白云岩等，底部为灰色薄层竹叶状砾屑细晶白云岩，基本层序为中—细晶白云岩—晶洞构造白云岩，中—细晶白云岩—砾屑白云岩等。该段厚88.99米，为半局限泻湖环境沉积。上段岩性灰黑色中—厚层含燧石结核及条带中—细晶白云岩，夹含燧石结核砾屑白云岩、含燧石结核白云岩等，厚69.89米。基本层序由含燧石结核及条带白云岩—具晶洞构造含燧石结核白云岩，含燧石结核白云岩—含燧石结核砾屑白云岩（或藻白云岩）等组成。形成于半局限—局限的泻湖沉积环境。

总体上看，岱崮地区的寒武—奥陶系地层主要形成于滨海沉积环境、浅海沉积环境、泻湖沉积环境等，更具体一些还可以划分出潮间带高能沉积环境、高能鲕粒滩坝沉积环境、浅海碳酸盐岩台地环境等，馒头组还可见河流沉积环境。

二、鲕粒灰岩、竹叶状灰岩及其沉积环境

鲕状灰岩（oolitic limestone）又称鲕粒灰岩（也称鸡蛋石：Egg stone），是一种以鲕粒为主要组分的石灰岩（鲕粒是由同心层组成的球粒）（图 3-46）。其

图 3-46　岱崮镇地区的鲕粒灰岩及节理
（形成时有流水或波浪的影响因而可见斜层理构造）

名字源于希腊语的鸡蛋。严格地说鲕粒岩是由直径为 0.25～2 毫米的鲕粒组成，而颗粒大于 2 毫米时则称之为豆石。它是兼具化学和机械成因的石灰岩，形成于碳酸钙处于过饱和状态的海、湖波浪活动地带或潮汐通道水流活动地带。

分类：按鲕粒之间的填隙物成分可分为亮晶鲕灰岩和泥晶鲕粒灰岩。按鲕粒内部的结构特征，可分为正常鲕灰岩、薄皮鲕灰岩、假鲕灰岩、变鲕灰岩、复鲕灰岩等。

组成：鲕粒灰岩主要组成成分为碳酸钙，同时还含有燧石、磷酸盐、白云石、赤铁矿或者铁矿，其中白云岩和燧石鲕粒是造成其独特质地的主要原因。

形成原理：波浪和潮汐的作用引起水介质的搅动，每搅动一次，生物碎屑、球粒、内碎屑、陆源碎屑等便处于悬浮状态，同时促使二氧化碳从水体中逸出，过饱和的碳酸钙（文石针）围绕碎屑颗粒沉淀一圈包壳，这样周而复始的搅动，便形成具有一圈圈同心纹包壳的鲕粒。当鲕粒达到一定大小，其质量超过波浪、水流搅动的能量，便堆积在海底，不再被搅动，并为亮晶方解石胶结，形成亮晶鲕粒灰岩，若鲕粒被带到低能环境，则形成泥晶鲕粒灰岩。

竹叶状石灰岩，常简称竹叶状灰岩。石灰岩的一种，其特点为截面有砾石呈竹叶状，一般长 0.3～10 厘米。在中国华北地台上寒武统崮山组曾出现过大量的竹叶状灰岩现象。产地很多，著名的如山东苍山、平邑一带的竹叶状石灰岩；山东济南张夏馒头山的竹叶状石灰岩。竹叶状灰岩（白云岩）的成因可解释为：在正常的浅水海洋中形成的薄层石灰岩，在其刚形成后不久，有的可能尚处于半固结状态，被强烈的水动力（如风暴潮等）破碎，搬运和磨蚀，并在搬运不太远的地方，在水动力条件相对较弱的环境下堆积下来，再经成岩作用，从而形成竹叶状灰岩（白云岩）。竹叶状灰岩为内碎屑物质，周边常有红色、紫红色氧化边缘，因此俗称五花石。

图 3-47 所示上部豆石灰岩（也称豆粒灰岩）、中部粗鲕粒灰岩和下部竹叶状灰岩层序，揭示了在该套地层形成过程中经历了高能、较低能和较高能的水动力环境变化。同时，岩层中的层面、节理交织使得部分灰岩石块崩落，在该碳酸盐岩建造中出现空洞、孔隙等，从而为后来的化学风化、暖寒交替导致冰劈作用的物理风化作用提供了条件。我们知道，以鲕粒灰岩为主的碳酸盐岩建造是构成岱崮地貌崮体的基本组成物质，而崮体从连续的巨厚层碳酸盐岩地层逐渐变为孤立的面积有限的崮，其所经受的剥蚀和侵蚀的漫长作用过程与上述灰岩块体的构造现象和变化过程极为相似。

图 3-47　巨型鲕粒灰岩（上部）和竹叶状灰岩（下部）
（小崮基座中部 2～3 米厚石灰岩层中）

因此，了解岱崮地区寒武系地层的沉积环境，以及碳酸盐岩的侵蚀特征及变化过程，是构建岱崮地貌形成和演化模式的关键。

三、岱崮地貌的形成及演化模式

地质构造运动是岱崮地区地层由海底抬升出露陆表的主要作用力，也是地层内部挤压、拉张等作用形成断裂带和节理的根源。如果说沉积作用形成的寒武系地层是岱崮地貌形成的物质基础，那么以隆升为主的地质构造运动是岱崮地貌形成的必由途径。原始的沉积地层只有在构造应力作用下才能够由沉积环境转换为侵蚀环境，而侵蚀环境则是岱崮地貌最终形成所要经受的各类侵蚀作用的雕刻场，也是大自然为其雕刻的岱崮地貌所选择的露天陈列馆。

研究区上层张夏组鲕粒灰岩岩层巨厚，质地坚硬，抗风化能力强（参见图

图 3-48　薄层灰岩与薄层页岩的交互层(有节理)

3-46),是崮顶得以保存的重要原因,巨厚的灰岩岩层也为崮顶地貌景观,特别是为岩溶景观的发育提供了良好的岩性条件;下层馒头组岩石松软,页岩、泥质灰岩(图 3-48)等易风化剥蚀,风化产物在重力、风和流水等作用下向坡下汇集并被流水搬运出境,使得陆表剥蚀及坡面侵蚀作用能够得以持续进行。长期的风化剥蚀一方面使崮顶以下坡度渐趋均匀,且愈往山麓坡度愈和缓;另一方面,崮顶岩石则因下部岩层风化剥蚀临空而崩塌后退。长此以往,在穿越河谷的横断面上,山谷的面积逐渐增大,而山丘的面积逐渐变小。当横断面上山谷面积与山丘面积比由小到大变化,崮体形态则呈现初期、发育、成熟、消失等不同演变阶段。

下面,将岱崮地貌的形成演化分为如图 3-49 所示的四个演变阶段,分别叙述其演变模式。

1. A 阶段:沉积环境中岩层形成阶段

构成岱崮地貌的地层主要是寒武系地层,而寒武系地层是本区基底在出露陆上遭受广泛剥蚀之后,随着海侵的再次来临和向西北部的逐渐超覆,使得该陆表剥蚀环境逐渐变成水下沉积环境。形成了寒武—奥陶系以碳酸盐岩为主的沉积建造。由于本区露头上可以看到整个寒武系地层及与之整合接触的上覆下奥陶统碳酸盐岩沉积建造,因此,可以认为,该区早古生代沉积的地层不仅仅是寒武系和早奥陶统地层,考虑到这套沉积地层在抬升过程中的剥蚀作用而逐渐消逝的上覆地层,可以肯定该套沉积建造中至少还包含了中奥陶统部分或者全部沉积地层,甚至上奥陶统的部分地层。

如图 3-49 所示,A 阶段地层顶部不止 O_1 地层,但是,在构造作用下使得该套地层变成陆地后,则 O_1 地层连通其上可能的 $O_{2/3}$ 地层则在不断侵蚀中被剥蚀掉了,导致现今在岱崮地区山丘上所见到的最新的地层为上寒武统,基本见不到奥陶系了。

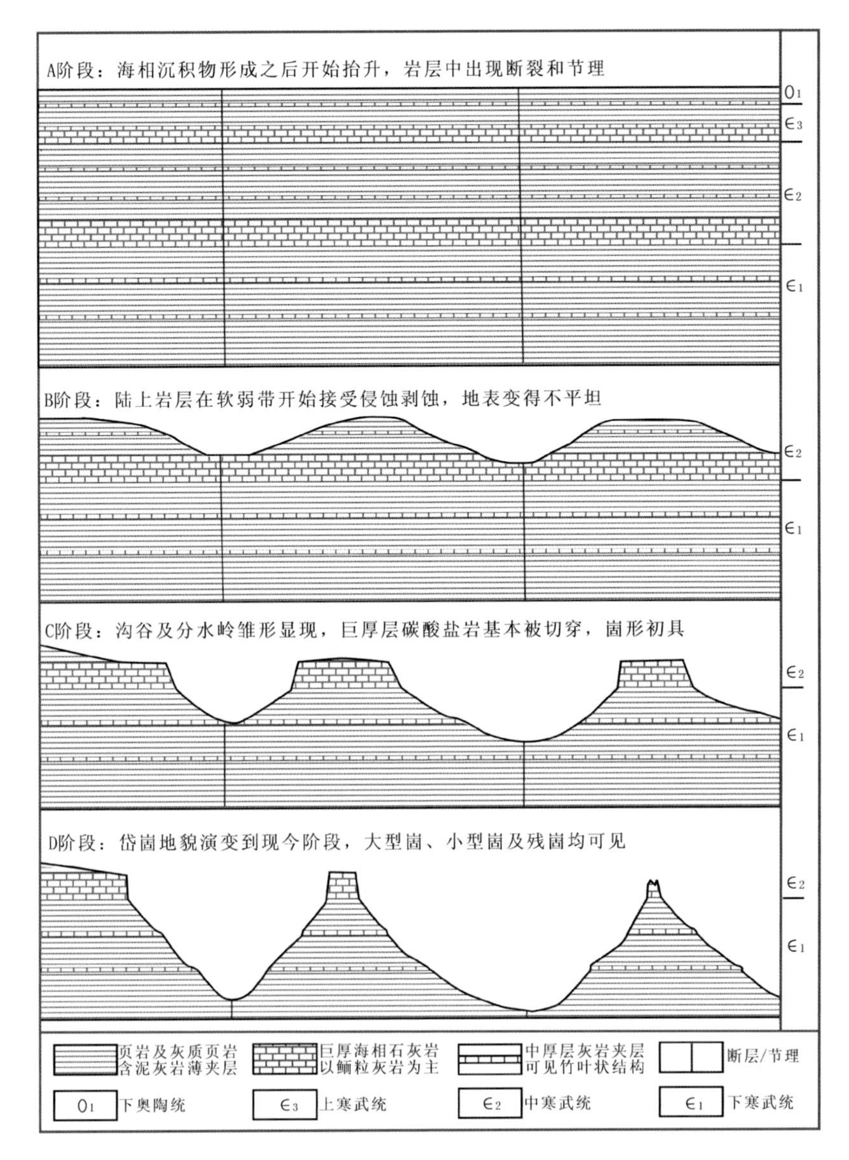

图 3-49　岱崮地貌形成演变模式

总之，该阶段是形成岱崮地貌的物质基础的构建阶段，也是构造隆升作用由微小到逐渐增强的阶段。在奥陶系地层沉积末期，该套地层所在处由构造作用使之抬升为陆地，开始接受地表的剥蚀作用了。

2. B 阶段：构造强烈隆升及陆上地层开始剥蚀变形阶段

该阶段，该套地层的上部已经出露于海洋而变成陆地。变成陆地将必然遭受地表的各种侵蚀作用。由于地壳隆升过程中的挤压、拉张、旋扭等各种可能的地质构造作用，使得地层中广泛发育了 2～3 组重要节理，这些节理使得层面间的岩层破裂，不同方向的节理使得层面间的岩层成为独立的（六边形、五边形、四边形等）块体，一些贯穿不同岩层的断裂也逐渐发育。表层的岩石初期以遭受雨水溅蚀等面蚀为主，同时在节理缝、断层处等发育一些线状侵蚀，逐渐发育发展成沟蚀现象。

当上述构造抬升作用持续进行使得地势逐渐升高，而地表的各种侵蚀作用在持续作用过程中也逐渐加强，这时，流水侵蚀逐渐成为侵蚀的主力，并且侵蚀产物能够顺利输送到境外，从而为进一步侵蚀提供了清空的接触面。这样，地表的高差出现分化，原来平缓的岩层面逐渐变得高低不一、形成浅谷低丘，地形发生了显著变化。也在该阶段，包括全部奥陶系地层和上寒武统的部分地层已经被剥蚀殆尽，区内只在梓河的西岸地区还保留了较广泛的上寒武统地层。

该阶段，地势抬升的高度几乎已达极限，侵蚀沟谷的下界已经达到中寒武统表层，同时，下寒武统部分地层也逐渐出露在海平面以上。

3. C阶段：沟谷及分水岭形成、厚层碳酸盐岩被切穿

这一阶段是岱崮地貌形成的质变阶段，因为构成大部分崮体的巨厚层中寒武统碳酸盐岩（对于梓河左岸地区则是上寒武统碳酸盐岩）已经被流水切穿，沟谷宽度逐渐扩大，沟谷间山丘的形态也愈发挺拔、山丘坡度也逐渐增大，部分被河流切穿的碳酸盐岩地块沿山脊方向也因双坡面相向侵蚀而断开，部分孤立的巨厚层碳酸盐岩地层得以出现，而大部分碳酸盐岩地块仍然呈现纵向宽窄不一的宽带状特征。

这时的构造抬升作用可能已有减弱，但是，由于地形的进一步分化、高差的进一步扩大等，为流水侵蚀以及风力侵蚀提供了更充分的条件，侵蚀速率相较以前更为迅速。另外，与前一阶段相比，重力侵蚀作用在该阶段显得尤其突出，因为页岩等的侵蚀往往会形成一个具有休止角的山丘坡面，重力作用引起的崩塌和滑塌在这类岩层上不是侵蚀主流，但是，对于已经断开而有陡崖的巨厚层碳酸盐岩地层来说，重力侵蚀作用则是引起该套岩层剧变的主要作用力。由于沟谷横向的扩大和垂向的刷深，为构成崮体的碳酸盐岩地层较为快速的重力侵蚀后退提供了更为充分的条件，碳酸盐岩地层的崩塌后退速度加快，而对于那些孤立碳酸盐岩地块来说，重力侵蚀作用在其周边都普遍起着作用，为崮的形成起到决定性作用。而那些宽带状碳酸盐岩地块则至少在两个方向发生着持续的重力侵蚀作用，同样引起带状地块在局部地段的变窄。

4. D阶段：崮型地貌的完成阶段

该阶段，基座的风水侵蚀作用和崮体的重力侵蚀作用发展到一个新的阶段。

基座基本成为较为高耸的孤丘和丘陵状，而碳酸盐岩地块基本都成为面积有限的孤立块体，上一阶段存在的宽带状长形碳酸盐岩块体已经很少见到，代之以形态不一、但规则有序的方山状崮体。

这时，从横穿河谷和山岭的岭谷横断面来看，沟谷的面积已经远远超过山岭的面积，因为一些河谷的宽度超过山岭宽度的好几倍，使得山丘间空旷辽阔，而河谷两侧的崮体方山也遥遥相对，与以前的一岩相连或者近在咫尺的碳酸盐岩地块相比，简直是天壤之别。

正是这个阶段形成了岱崮地区的典型方山形态，也就是岱崮地貌的完全成熟阶段，大部分崮体成为多姿多态中年模样。个别山丘上的崮体已经消失或者成为残崮，表明尽管岩块的抗蚀性能一样，但是，由于地形条件的差异，使个别崮体没有很好的存留环境，不得不消失在崮林中。岱崮地区现存的崮的面积分级及区域分布见图 3-50，显然，崮体面积占其分布区面积的比例已经显得微不足道。

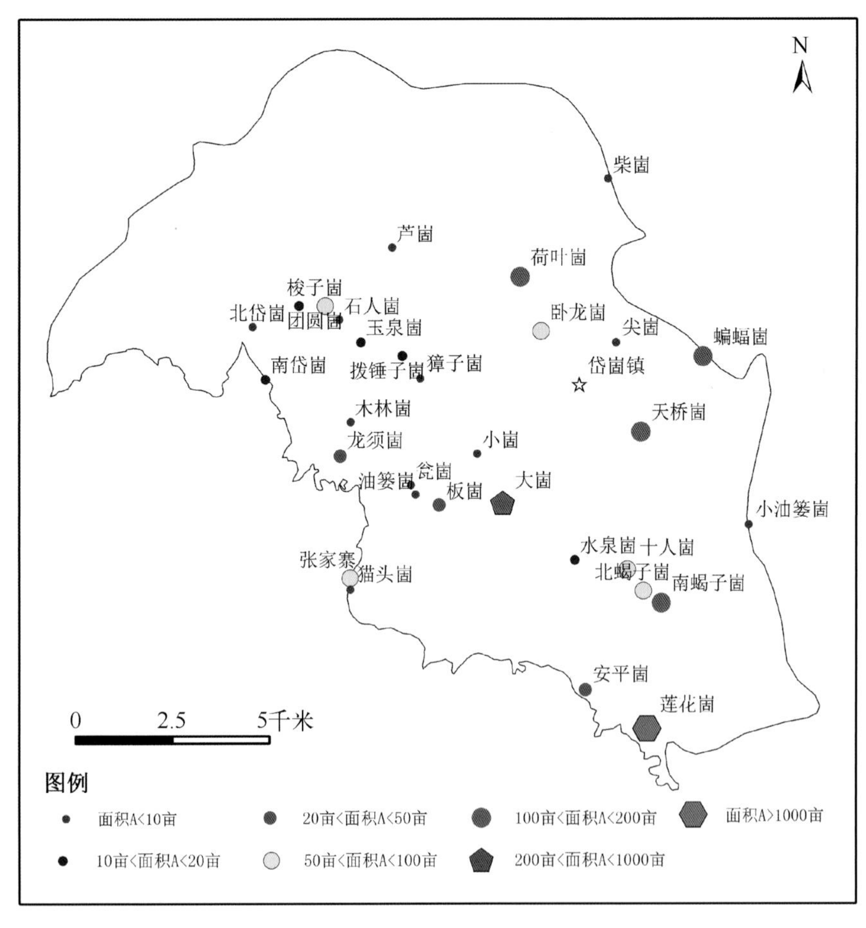

图 3-50　岱崮地区现存崮的面积分级及区域分布

当然，可以预见，将来在岱崮地区梓河右岸由中寒武统碳酸盐岩构成的崮体将会逐渐消失，但是，随着崮体现存的面积大小、地势特征，其消失的时间有先有后，当一些崮体变成页岩山丘时，另一些崮体只是个体变小而已；当梓河右岸最后的中寒武统崮体全部消失时，梓河左岸的中寒武统崮体说不定正在发育而成。

参考文献

[1] 张增奇，刘明渭，宋志勇，等. 山东省岩石地层//山东省地质矿产局. 全国地层多重划分对比研究. 武汉：中国地质大学出版社，1996：328.

[2] 山东省地质矿产局. 山东省区域地质志. 北京：地质出版社，1991：1-532.

[3] 刘宝珺. 沉积岩石学. 北京：地质出版社，1980：1-497.

第四章　岱崮地貌的典型特征

为了揭示岱崮地貌的形成和演化机制，首先必须查明它的主要和典型特征，因为这些特征是判断岱崮地貌形成和演变的基础。本章将从方山在地貌分类中的位置入手，对岱崮地貌在地貌分类中的位置进行初步界定，然后对岱崮地区崮的主要特征进行综合归纳，其次对岱崮地区主要方山的形态及相关特征进行分述和对比，最后探讨岱崮地区方山的地貌与环境意义等。

第一节　方山、崮与岱崮地貌的区别与联系

1. 方山地貌

根据形态特征及成因，地表的主要地貌类型包含：山地侵蚀地貌、高原地貌、冰川地貌、河流地貌、平原地貌、三角洲地貌、喀斯特地貌，等。方山在现阶段基本都处于侵蚀环境中，因此，它首先应该归属于山地侵蚀地貌大类。

根据地表物质组成的不同，陆地上的地貌可以分为：冰雪地貌（常年冰川和雪原）、岩石地貌（根据岩性或形成环境的不同又可细分为许多亚类，比如，根据古沉积环境的不同可分为：陆相岩石地貌、海相岩石地貌；根据岩性不同可分为：沉积岩地貌、火山岩地貌、变质岩地貌三大类，而沉积岩地貌的下级地貌有：碎屑岩地貌、蒸发盐岩地貌等）、土壤地貌（其亚类包括黄土地貌、黑土地貌、紫色土地貌等）、河流湖沼地貌（河流水体覆盖区的地貌、湖泊水体覆盖区的地貌、沼泽地貌），等等。方山在现阶段基本都呈现出不同类型岩石构成的地貌，因此，它基本归属于岩石地貌大类。

根据构成方山岩体的岩石形成时代还可以划分出许多不同地质时代的岩石类型。全球的方山地貌，其岩性具有多样性、其地层形成时代具有宽泛性。

2. 崮与岱崮地貌

崮是中国对方山地貌的另一类称呼，其定义、属性、地层和岩性等与方山地貌基本等同。因此，崮的岩性也具有多样性。

将蒙阴县岱崮镇集群发育的崮之所以命名为岱崮地貌，是因为以下原因：

(1)无论崮下的基座岩性有什么不同,其崮体部分都是由寒武系海相巨厚层碳酸盐岩构成的,从这方面来说,它们属于崮或者方山的亚类,突出反映了这类岩石地貌的岩性特色。(2)岱崮镇境内的崮体发育形态具有多样化,发育阶段新老有别,分布有序;尤其是崮的集群出现是其显著特色,这是其他任何地方的崮所难以比拟的。(3)岱崮作为南北岱崮的称呼历史久远,原意表示站在南北岱崮就可以望见泰山,寓意崮之高耸和挺拔,这实际上就是对崮是发育于山丘顶端陡壁岩体的一种近似定义;进而依据该名称而出现了岱崮村、岱崮镇等行政区划,加快了其名称的传播速度和范围。岱崮镇周围虽然也存在一些知名度较大的崮,但这些崮或者因其岩性不具备岱崮地貌的岩性规范,或者因其比较分散、集群性较差,或者因其形态的多样性不突出等,难以以其命名。

岱崮地貌属于山地侵蚀地貌,也属于岩石地貌。在中国,已经得到学者认可的岩石造型地貌主要有四类——丹霞地貌、张家界地貌、嶂石岩地貌、喀斯特地貌,而岱崮地貌作为区别于上述地貌的一类特色鲜明的岩石造型地貌类型,也得到一些专家的初步认可。随着对岱崮地貌特性、形成及演化的进一步细致研究,其在中国岩石造型地貌的地位则会越来越巩固,作为中国第五大类岩石造型地貌,成为集科研科普、旅游观光的重要场所。

第二节　岱崮地区崮的主要特征

从岱崮地区的主要崮的岩性、结构构造、出露厚度、形态特征、高度变化等作为分类标志,可以归纳出岱崮地貌的这些方山具有以下一些主要特征。

一、典型的方山形态

山东蒙阴县岱崮镇地区的崮具有典型的方山形态,从侧面远看,顶部为岩石方山,下部是以页岩为主的似锥形基座,稳固雄伟,蔚为壮观(图 4-1)。

图 4-1　岱崮镇地区北岱崮方山造型

二、崮体为独特的巨厚层碳酸盐岩

对世界上一些典型方山的调查表明，以蒸发盐岩出露于山顶而成为方山，其岩层的岩性只见到石膏岩这一类（美国）。山东蒙阴县岱崮镇的所有崮体都是由寒武系海相碳酸盐岩构成的，虽然它也属于蒸发盐岩之列，却是形成集中分布的岱崮地貌崮体这类方山的唯一代表。因此，其岩性与其他方山的明显不同，具有独特性。其地层的形成时代为寒武纪，在中国方山类地貌中可谓是最古老的，因此具有古老性。碳酸盐岩构成的崮体地层厚度通常为 20～30 米，以块状结构为主（图 4-2）。厚层岩石之间可以夹有多个薄层泥灰岩或钙质页岩层。

图 4-2　岱崮镇地区瓮崮崮体全貌（崮体厚度 25 米）

三、较平缓的岩层面

岱崮镇所有崮体及其以下出露的地层，其岩层面比较平缓，最大倾角为 11°，多为 5°以下（图 4-3）。较为平缓的岩层是崮体得以保存的必要条件。由此可以推论，如果岩层的倾角很大则会形成所谓的单斜山，而不会形成崮型方山。

图 4-3　岱崮镇小崮基座页岩及泥灰岩的平缓层面

当然，由于地质构造运动的影响，部分地段的岩层倾角有所变大，比如，大崮的北顶与中顶之间的崮体厚层碳酸盐岩北高南低明显错开，表明这里曾经发生过地层错断现象，呈现出一个近东西走向的断层。在断层面北部并且距离断层面20～30米以内的部分，其页岩及泥灰岩地层的倾角增大到17°。但这些局部的岩层倾角的变化不足以对崮体造成消极影响。

四、陡峻的崮壁

所有碳酸盐岩质崮体的一大特征是岩壁周围呈现陡峻的岩体边壁，主要是崮体在重力侵蚀过程中逐渐崩塌后退而形成的各种各样的崩塌面组合而成，现在还可见许多节理缝引起或将要引起的崩塌面。当然，个别发育不均衡的崮体，其边壁不排除在某个方向呈现局部缓坡形态，比如，山梁上的崮体在侵蚀后退过程中，导致崮体灰岩层的重力侵蚀能力在两坡强而迅速、沿梁脊则弱而缓慢，会形成沿梁脊方向的缓坡、其他方向陡峻边壁的崮体（如玉泉崮，其东缘为缓坡状，没有明显的崮体岩壁出现；另外，梭子崮的西缘也呈现这类特征）。

五、相对易蚀的下伏岩层

虽然岱崮地区的崮体基座是由页岩和泥灰岩等构成，其中崮体厚层碳酸盐岩底部基本都出露了一定厚度的页岩层，这些页岩层比其上部的厚层碳酸盐岩的抗侵蚀能力弱得多，相对快速的风化作用使得页岩岩层凹进明显，这样常使其上部的厚层碳酸盐岩体局部悬空（图 4-4）。

图 4-4 崮体下部页岩层的风化凹进及上部碳酸盐岩块体崩塌

而崮体巨厚层碳酸盐岩中分布着切割很深的系列节理，导致厚层碳酸盐岩在崮体边部成为相互分离的柱状岩块，当这些岩块因下部页岩的掏蚀而悬空失稳时会导致块体崩塌。显然，相对易蚀的崮体底部页岩层的侵蚀凹进是厚层碳酸盐岩边壁崩塌及其整体后退的基本条件，是崮体形成的促进因素之一，同时，也是崮体逐渐走向消亡的潜在因素。

六、顶部岩层严重剥蚀

所有崮体的表层除了碳酸盐岩体的出露外，没有其他类型的岩石保留，最多保留了碳酸盐岩的剥蚀面（图 4-5 左）、风化层及风化帽（图 4-5 右）。

图 4-5 崮体顶部碳酸盐岩的风化面特征之一

在一些较大的崮体顶部，平面形态不规则，因此，崮体顶部的形态也有较大差别，一些崮体顶部会出现多个崮顶。这些崮体顶部，可以划分为三类：灰岩裸露的平坦顶面（图 4-5 左）；灰岩裸露的上凸顶面；多顶型风化帽，如大崮的南“中”北三顶，都为风化帽型锥形顶，并且其崮顶高度沿南“中”北依次升高（图 4-5 右图示大崮中部和南部二崮顶形态）。

大部分大型崮的崮顶乔木植被不发育，个别崮顶虽然土层贫瘠但乔木茂密，如板崮顶部柏树葱郁（图 4-6），獐子崮、小崮等灌木发育。

图 4-6　板崮顶部茂密的柏树林

七、崮体及其下伏岩层节理发育

崮体碳酸盐岩节理发育，许多节理贯穿程度高，甚至贯穿整个崮体碳酸盐岩岩层，当下伏页岩地层侵蚀凹进过程中，部分以节理为界的碳酸盐岩块体因悬空失稳而引起重力崩塌，为碳酸盐岩体的崩塌后退和崮体的形成创造了条件。

相对来说，崮体基座中上部的碳酸盐岩中的节理更为清晰和有序，如图 4-7 所示的卢崮西边低凹山脊上的碳酸盐岩剥蚀面上，呈现出两组近似垂直相交的主要节理和一组与之斜交的次要节理。由于节理缝隙的侵蚀扩大和易于水分聚集，草被沿节理缝隙生长而成为天然的青草网格，显示大自然的鬼斧神工，在夏秋季节，这也是岱崮地貌的一类重要景观。

图 4-7　节理(卢崮所在分水岭上山脊低凹处石灰岩剥蚀面上呈现的节理,有三组,其中两组为主要节理,贯通性好、延伸长;一组为次要节理,贯通性差、延伸有限。密集的草丛沿着节理缝隙生长,疑似人工栽植,叹为观止。)

八、崮体平面形态的多样性

与大多数方山一样,在远处观望时大多数崮呈现给人一种方形山顶的印象。实际上,在近处观看则形态各异,真正能够呈现方形的非常少见,这是各种各样的原因所引起,比如,不同方向上坡面长度和坡度的不同引起剥蚀速率的差异,导致崮体碳酸盐岩层坍塌后退的速率不同,最终会形成崮体平面形态的多样性(见图4-8)。

岱崮地貌的平面形态大致可以分为以下几类:(1)三角形:这种类型在岱崮地区较为常见,如北岱崮(图 4-9)、小崮和獐子崮(图 4-10)等;(2)似圆形:如南岱崮(图 4-11);(3)不规则长条形:如板崮、拨锤子崮(图 4-9)、卧龙崮(图 4-10)、龙须崮(图 4-11)等;(4)不规则多角形:如大崮(图 4-9)、梭子崮(图 4-11)、十人崮(图 4-12)、张家寨(图 4-12)、莲花崮和南北蝎子崮(4-13);(5)复合形:如团圆崮(图4-9);(6)侵蚀残余型:如石人崮(图 4-11)。

图 4-8　南岱崮南边的危岩

(罅隙是徒步登上崮顶的唯一路径)

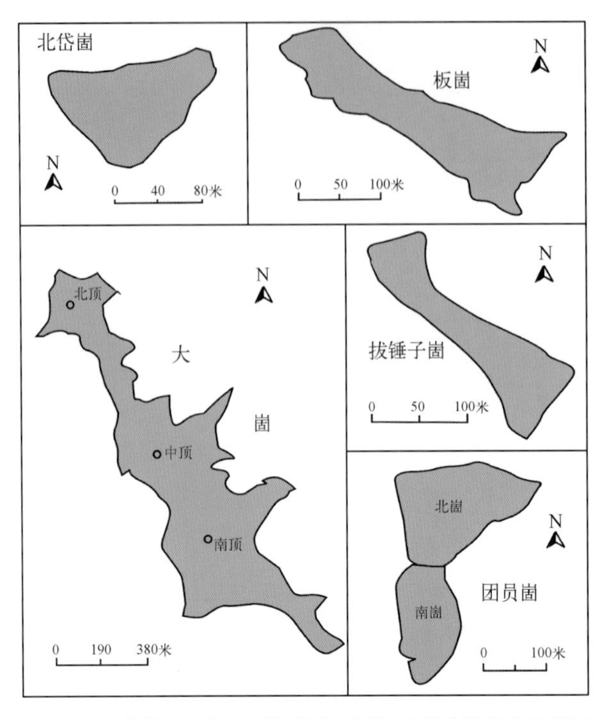

图 4-9 北岱崮、板崮、大崮、拨锤子崮和团圆崮的平面形态

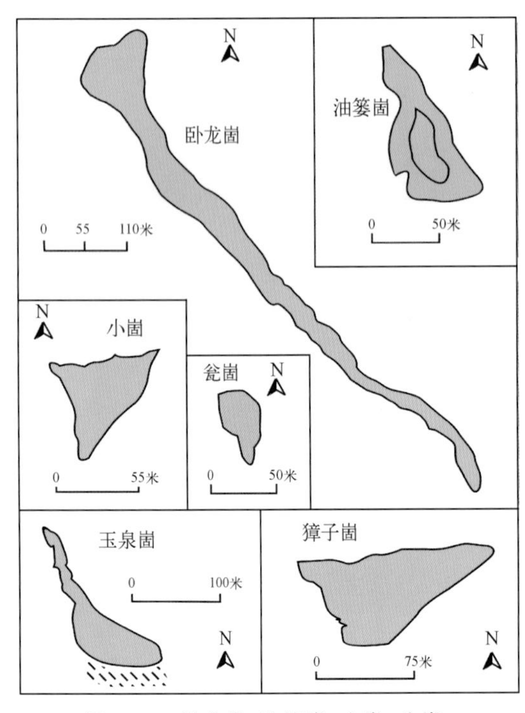

图 4-10 卧龙崮、油篓崮、小崮、瓮崮、玉泉崮和獐子崮的平面形态

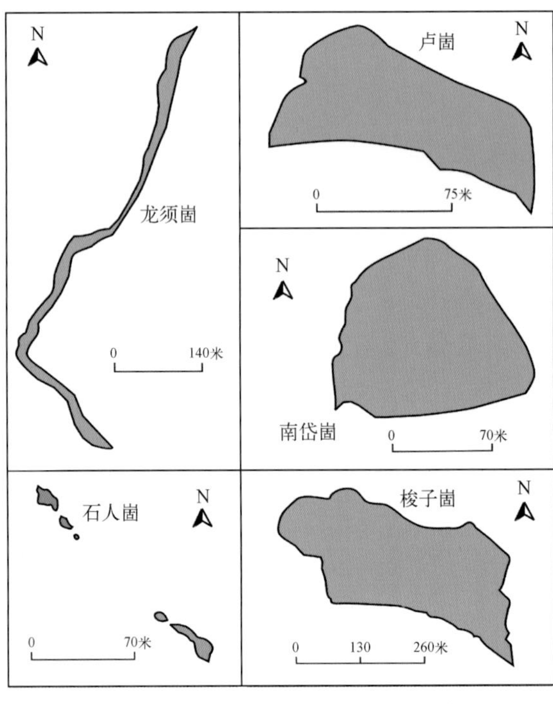

图 4-11 龙须崮、卢崮、南岱崮、石人崮和梭子崮的平面形态

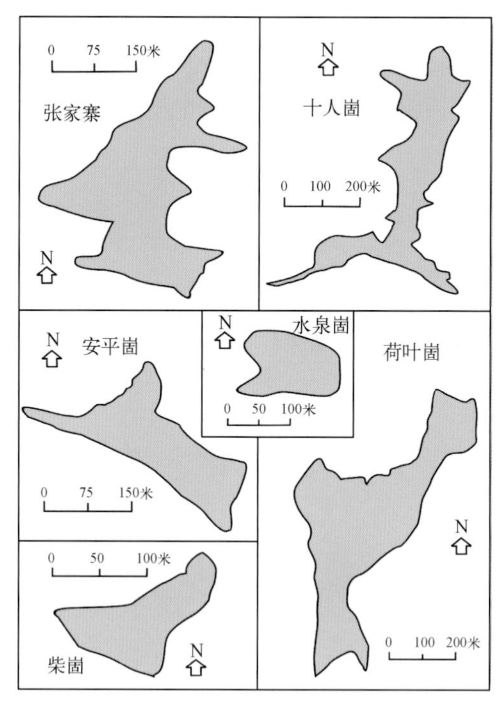

图 4-12 张家寨、十人崮、安平崮、水泉崮、柴崮和荷叶崮平面形态

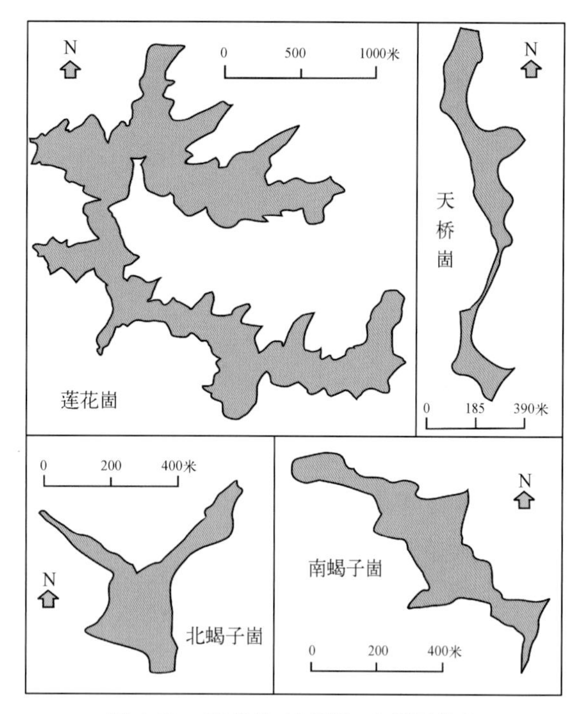

图 4-13 莲花崮、天桥崮、北蝎子崮和南蝎子崮平面形态

此外，根据崮体碳酸盐岩的差异剥蚀特征，可以将崮分为单一厚层型石灰岩崮和厚薄双层型石灰岩崮两大类。岱崮地区的崮体以前者为主，后者主要以板崮、油篓崮（其双层碳酸盐岩上薄下厚、上小下大，如图 4-10 所示）等为代表。

九、崮体剖面形态的多样性

无论是不同的崮体剖面，还是同一崮体不同方向上的剖面，其形态千差万别，都会呈现出多样性特征。

十、崮体发育阶段的差异性

尽管岱崮地貌崮体碳酸盐岩同期形成，但是由于构造差异、风化剥蚀速率的差异、山体边坡间宽度及边坡的陡峻程度的不同，使得崮体最终的发育程度呈现多样化特征。一些崮体纵列在狭窄的山梁，崩塌严重，导致保留下来的崮体极不完整，个别成为残余，呈现典型的老年期。这类崮体以石人崮为代表。大部分崮体发育在似锥形山上，这类崮体长宽比小，呈现比较典型的三角形、圆形或似方形形态，属于崮体发育的中老年期。这类崮体以南北岱崮、獐子崮、小崮、卢崮、油篓崮、瓮崮等为代表，是岱崮地貌的主体组成部分。还有一些崮，比如大崮、莲花崮、南北蝎子崮，可以称作崮体发育的中青年期，特点是崮体面积较大，崮上具有剥蚀残余的多顶形态等。

第三节　岱崮地区的主要方山

一、岱崮镇主要方山特征综述

1. 崮顶高程统计特征

山东蒙阴县岱崮镇已经发现的方山超过 30 个，从崮顶海拔高度来看差别较大，不同高度范围内的崮体数量也不相同（图 4-14）。

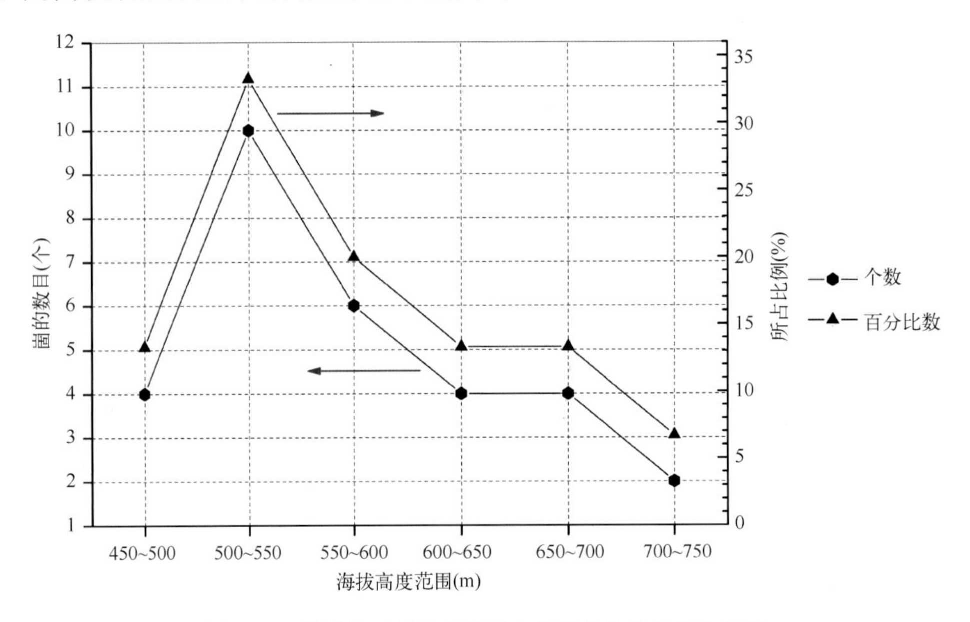

图 4-14　岱崮镇不同高度范围内的崮的数目及所占比例

其中龙须崮最高，达到 707 米；而卧龙崮最低，仅为 428 米。岱崮地区 30 个崮在不同高度区间的数目和比例如图 4-14 所示，其中 10 个崮的海拔高度介于500～550 米，并且占所有崮的 33.3%，为大多数；有 6 个崮的海拔高度介于 550～600 米，所占比例为 20%，为次多数；超过 700 米的仅有 2 个（龙须崮和南岱崮），仅占

6.7%。介于450～500米、600～650米和650～700米高度区间的各有4个，分别占13.3%。表4-1综合列出岱崮镇行政区范围内诸崮的海拔高度数据。

表4-1　岱崮镇各崮顶部(尖形峰)或中部(平坦不规则形)位置经纬度数据

崮名	崮顶高程/米	北纬	东经
卧龙崮	428	35°57′29.36″	118°10′16.17″
大崮	北顶 628 中顶 620 南顶 645	35°55′36.96″ 35°55′17.84″ 35°55′8.73″	118°9′1.79″ 118°9′14.11″ 118°9′22.35″
南岱崮	705.1	35°57′20.80″	118°5′25.06″
北岱崮	679	35°58′4.80″	118°5′18.79″
卢崮	610.3	35°58′51.02″	118°7′54.71″
龙须崮	707.1	35°56′11.07″	118°6′32.95″
獐子崮	571	35°57′4.54″	118°8′5.93″
板崮	655	35°55′22.45″	118°8′8.63″
安平崮	560.6	35°52′40.37″	118°10′14.38″
莲花崮	530	35°52′3.34″	118°11′12.57″
水泉崮	539.4	35°54′24.54″	118°10′20.77″
天桥崮	516.5	35°55′55.37″	118°11′44.49″
拨锤子崮	575	35°57′24.83″	118°7′50.14″
荷叶崮	487.2	35°58′14.01″	118°10′2.28″
油篓崮	658	35°55′33.35″	118°7′45.73″
南蝎子崮	451	35°53′41.18″	118°11′44.42″
北蝎子崮	508.5	35°53′52.75″	118°11′27.14″
十人崮	511	35°54′11.42″	118°11′13.52″
蝙蝠崮	592	35°56′46.20″	118°12′54.82″
小崮	584	35°55′58.93″	118°8′54.67″
玉泉崮	顶点 597	35°57′39.94″	118°7′9.47″
石人崮	西崮 585 东崮 585	35°58′1.04″ 35°57′58.43″	118°6′48.28″ 118°6′51.80″
瓮崮	670	35°55′41.48″	118°7′42.27″
梭子崮	612	35°58′12.39″	118°6′36.83″
柴崮	543	35°59′21.49″	118°11′41.86″
尖崮	455	35°57′12.01″	118°11′32.58″
团圆崮	北崮 610 南崮 588	35°58′15.37″ 35°58′9.90″	118°6′9.85″ 118°6′8.67″
猫头崮	552	35°54′10.02″	118°6′32.85″
张家寨	563	35°54′27.21″	118°6′0.74″
小油篓崮	508.8	35°54′9.45″	118°13′41.64″
木林崮	660	35°56′37.45″	118°6′46.95″

2. 崮顶高程沿分水岭的变化特征

图 4-15 所示沿同一分水岭自上而下方向的崮的高度变化图。其中十字涧河南分水岭上的崮体海拔高度,沿流水方向有逐渐变高再明显变低的过程。大多数崮体高度大于 650 米,仅有大崮和小崮低于该高度值。

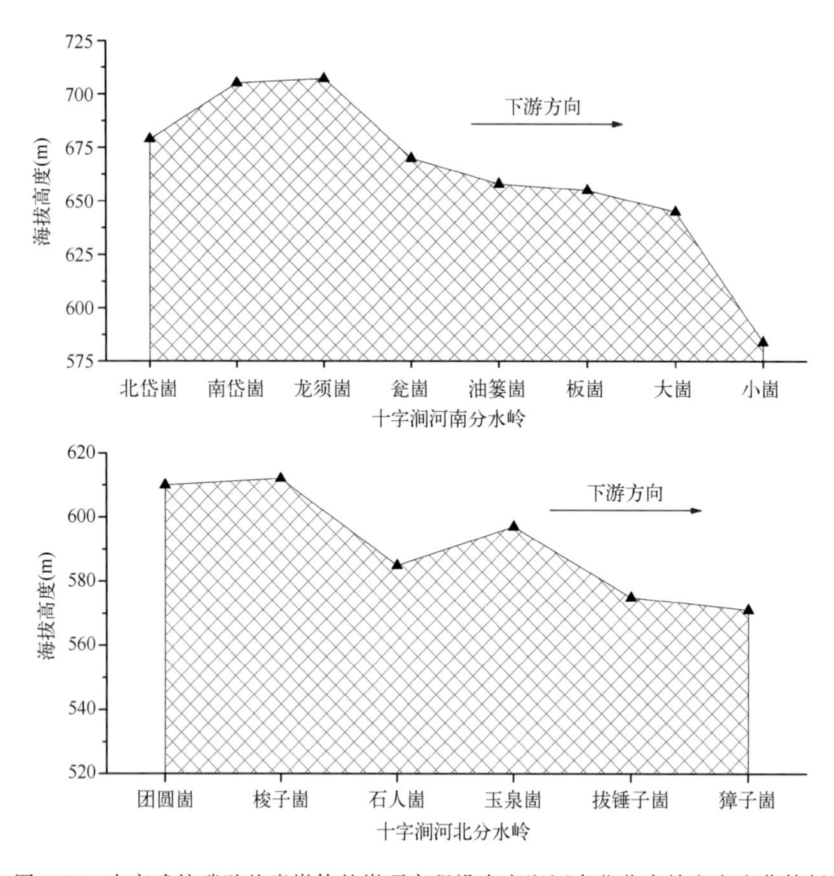

图 4-15 中寒武统碳酸盐岩崮体的崮顶高程沿十字涧河南北分水岭方向变化特征

十字涧河北分水岭上的崮体,其海拔高度沿分水岭向下游方向有明显变小趋势,只是玉泉崮相比其上游的石人崮略有升高。这种现象表明,中寒武统碳酸盐岩地层的海拔高度在空间上并非一样,而是沿北西—南东方向略有倾斜,这与地层剖面或露头上实测的地层倾向大致相符。该地势特征导致地表径流沿此方向汇聚形成北西—南东向的主要河谷、而主要侵蚀坡面的走向大致与此方向相同。

3. 崮体正投影面积变化特征

从崮的面积大小来看,莲花崮面积最大,为 2668 亩,约为 1.78 平方千米。而木林崮面积仅为 0.9 亩,石人崮作为剥蚀最为严重的崮,以残崮形式零星出现,其保留总面积约为 1.1 亩。图 4-16 所示的是沿十字涧河南北分水岭上的崮体面积变化特征，都呈现出无趋势性变化，但是，十字涧河北分水岭上的崮体，其最大面积出现在上游部位，而十字涧河南分水岭上，其最大面积出现在下游部位，这是南北两个分水岭上崮体的最大不同处。相同之处是两个分水岭上的崮体的面积大多数在 20 亩以内，只有个别崮体的面积很大。

在岱崮镇 30 余个崮中，面积超过 1000 亩仅有莲花崮一个（2668.2 亩）；面积介于 1000～100 亩的有 5 个，为大崮、荷叶崮、天桥崮、南蝎子崮和蝙蝠崮。有 15 个崮的面积介于 100～10 亩，小于 10 亩的有 9 个。

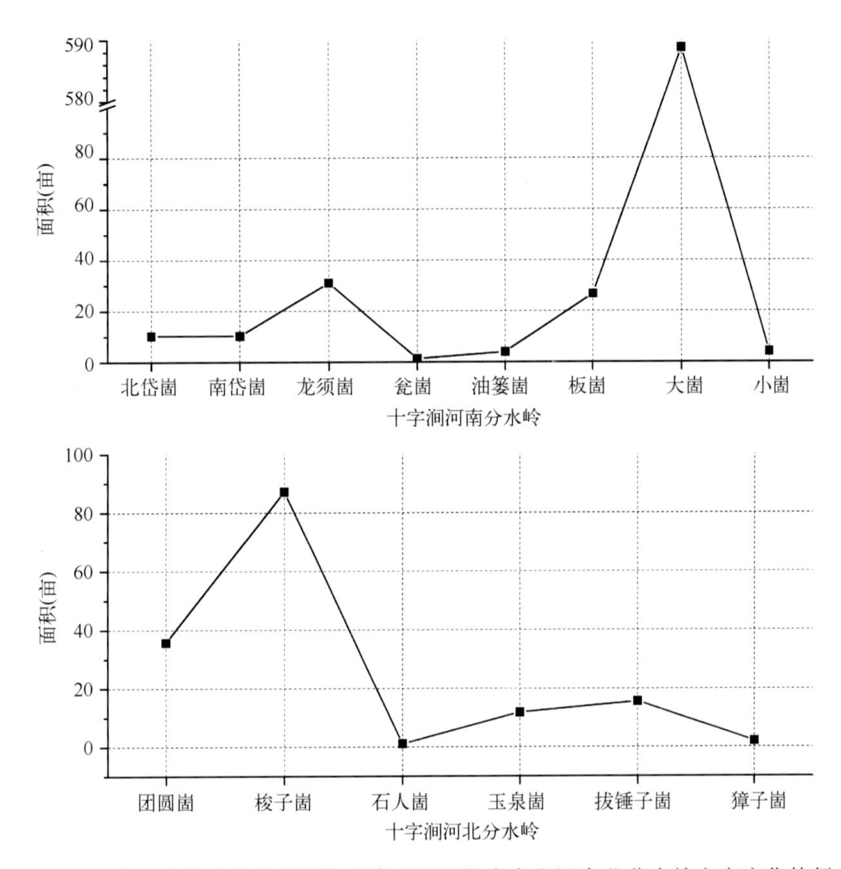

图 4-16　中寒武统碳酸盐岩崮体的崮顶面积沿十字涧河南北分水岭方向变化特征

4. 崮体周长变化特征

岱崮镇 30 个崮中，周长最大的当属莲花崮，为 20232 米，周长居第二、第三位的分别为大崮和天桥崮，周长分别为 5447 米和 3349 米。周长介于 3000～1000 米的崮有 9 个、介于 1000～500 米的有 5 个。周长介于 500～100 米的有 12 个、小于

100 米的仅有猫头崮一个。

以十字涧河南北分水岭上的崮体周长变化为例，发现沿分水岭方向崮体周长没有明显变化规律，但是，周长的分布特征与崮体面积的分布特征几乎完全一致（图 4-17），也许，这两个分水岭上的崮，在宽度变化有限的情况下，崮体面积的大小主要由崮体周长的大小来决定。

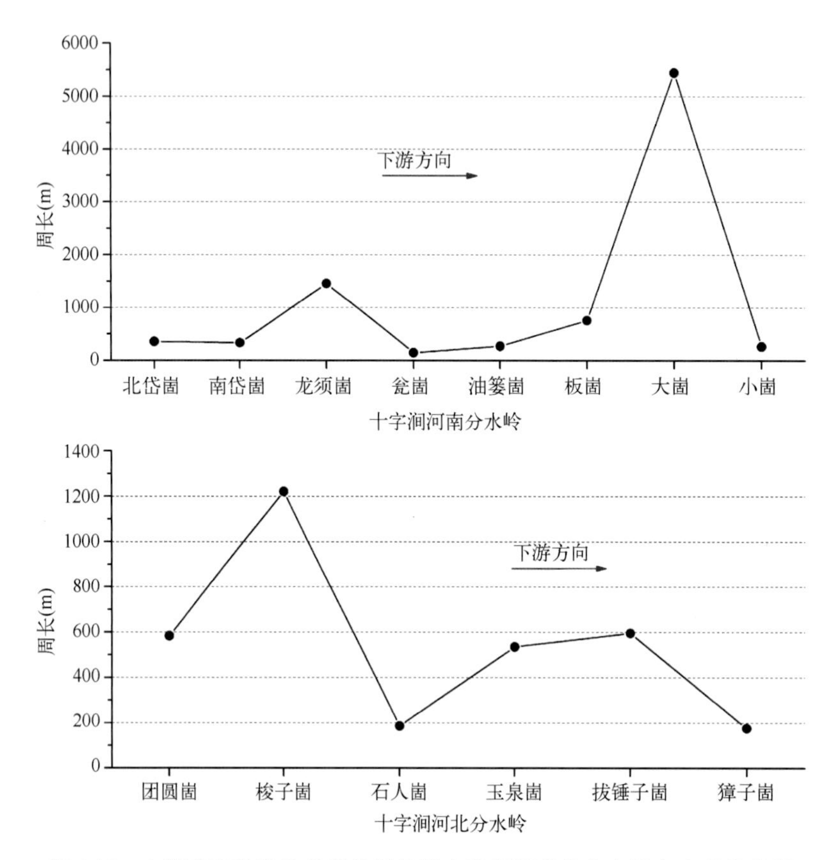

图 4-17　中寒武统碳酸盐岩崮体周长沿十字涧河南北分水岭方向变化特征

5. 崮体长度变化特征

岱崮镇 30 个崮的长度相差悬殊，莲花崮的长度最长，为 4482 米；十人崮、大崮、天桥崮三个崮居于第二至第四，其长度介于 2000～1000 米之间；长度介于 1000～100 米之间的崮有 19 个；长度小于 100 米的有 7 个。以十字涧河南北分水岭上崮体长度变化为例，发现崮体长度沿分水岭没有明显规律性或趋势性变化（图 4-18 所示）。

对比图 4-16、图 4-17 和图 4-18 可以发现，沿分水岭方向，崮体的面积、周长和长度的变化趋势非常相似，显然，崮体的长度决定着崮体的周长，而周长决定着崮

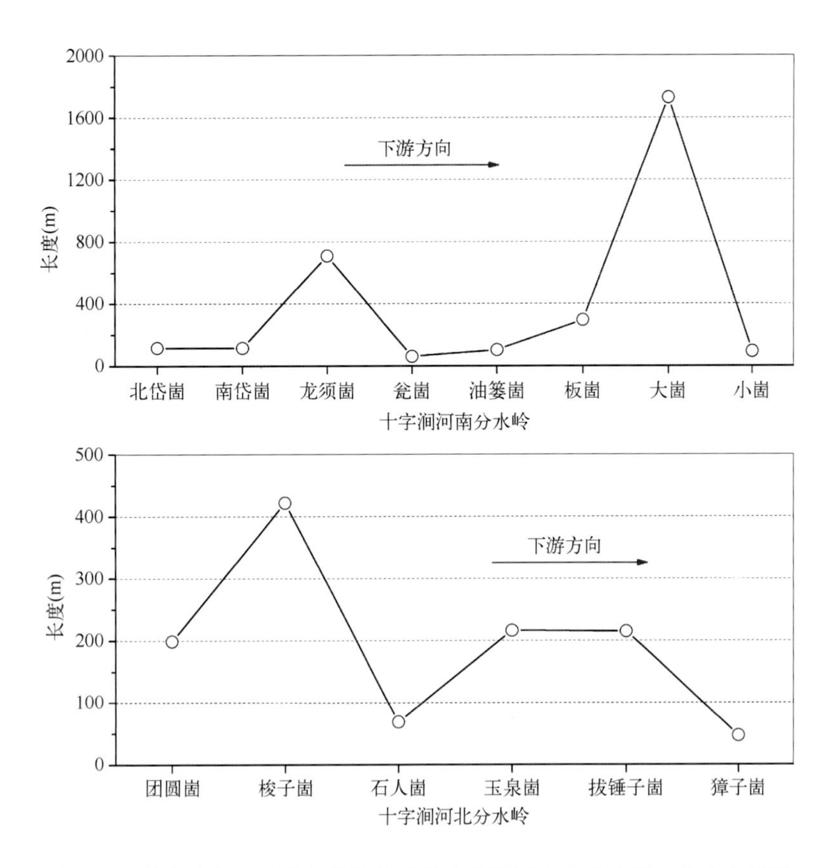

图 4-18　中寒武统碳酸盐岩崮体长度沿十字涧河南北分水岭方向变化特征

体的面积。

上面简述了岱崮镇境内崮的一些主要综合特征，岱崮镇主要方山的高程、几何形态数据等详见表 4-2。需要说明的是，岱崮镇境内 30 个崮中，大多数崮体为中寒武统碳酸盐岩，一些崮的崮顶还存在上寒武统碳酸盐岩，如莲花崮顶部出现残余上寒武统灰岩层；另外，梓河以东地区的小油篓崮、蝙蝠崮、天桥崮等崮都为上寒武统地层构成，中寒武统巨厚灰岩层大致出露于中部山腰，许多中寒武统厚层灰岩以上的平缓处有聚居村落。

岱崮镇 30 个崮中原来包括尖崮，但尖崮为页岩尖山，其顶部已经无厚层石灰岩崮体残存，早期崮体已经完全消亡，同大顶山等其他页岩尖山一样，是曾经存在过的、现已消亡了的崮。该报告将尖崮从 30 个崮中剔除，再增加木林崮，使岱崮地区的典型崮仍然保留 30 个。

还要说明的是，莲花崮不仅是目前所画出的这部分，从崮体碳酸盐岩的连续性来看，该崮在南南东方向还会延伸一倍以上。

表 4-2　岱崮镇 30 个崮的相关测量数据

崮名	崮壁厚度/米	宽度/米	长度/米	周长/米	面积/平方千米	新测面积/亩
卧龙崮	23～25	13～61	955	2130	1.6	61.2
大崮	23～25	102～492	1730	5447	2.3	588.7
南岱崮	25～30	19～60	115	333	0.5	10.3
北岱崮	25～30	24～78	116	356	1	10.3
卢崮	23～25	38～63	140	385	0.5	10.0
龙须崮	23～25	15～60	709	1454	1.5	31.0
獐子崮	上层:3～4	10～25	47	176	0.5	2.1
	下层:22～24	18～65	106	370	—	6.6
板崮	下层:23～25	49～76	295	756	—	26.7
	上层:4～5	22～55	262	626	1	13.9
安平崮	25～30	71	311	767	1	31.7
莲花崮	15～22	140～810	4482	20232	—	2668.2
水泉崮	25～30	74	132	431	0.5	14.9
天桥崮	23～25	3～198	1338	3349	—	162.8
拨锤子崮	23～25	24～72	215	596	—	15.5
荷叶崮		62～293	850	2385	—	191.1
油篓崮	下层:23～25	17～38	103	271	—	4.0
	上层:4～5	14	45	113	0.002	0.9
南蝎子崮	23～25	39～257	916	2548	—	139.2
北蝎子崮	23～25	40～185	589	1918	—	96.1
十人崮	23～25	0～580	1925	2366	1.5	86.2
蝙蝠崮	23～25	47～370	638	2232	—	116.5
小崮	25～30	21～67	94	262	0.002	4.1
玉泉崮	23～25	13～68	216	536	—	11.8
石人崮	4～8	<10	33+36	86+100	—	1.1
瓮崮	25	11～26	61	145	—	1.4
梭子崮	23～25	141～178	422	1221	0.033	87.2
柴崮	23～25	0～57	119	370	0.013	8.8
团圆崮	北崮:20～23	127	199	583	0.033	35.7
	南崮:20～23	97	148	484	0.013	19.0
猫头崮	18～20	14	32	95	0.00014	1.2
张家寨	20～25	94～196	288	935	0.013	59.7
小油篓崮	下层:15～18	58	82	231	—	7.1
	上层:4～5	15	22	68	0.00013	0.5
木林崮	23～25	5～15	51	133	—	0.9

二、岱崮镇各崮分述

岱崮镇各个方山的相关形态参数及其文化遗迹各不相同，为了使对各个方山的了解更为明确，下面，根据蒙阴县及岱崮镇相关单位早期的调查数据资料，结合岱崮地貌研究团队野外考察过程中获得的第一手数据资料，以及在谷歌地图的实测数据，对这些主要方山分别进行论述。

1. 卧龙崮

卧龙崮，原名站崖，位于镇驻地西北 250 米左右，属戴帽类山崮，可见裸露基岩层面，崮顶部最高海拔高度为 428 米。

崮顶，为中寒武统巨型厚层碳酸盐岩（石灰岩）岩层，崮壁碳酸盐岩厚度达 23～25 米，崮体顶宽为 13～61 米，长为 955 米，周长为 2130 米，崮顶面积为 61.2 亩。该崮崮壁险峻，崮体顶部较为平坦，平面形态呈不规则长带状，呈北西—南东走向，酷似一条长长的卧龙，因而得名。卧龙崮的龙头在其东南端，也是其所在分水岭的终端，梓河与其南部一级支流——十字涧河——在龙头前边相交汇，整体上看宛如游龙戏水景观。其尾部在西北端，这里崮壁不完全出露，似湮没于分水岭中。

崮上文化遗迹较为丰富，有房屋残址 80 余间，寨门残址 5 处，岗堡遗址 7 处，石臼 1 处（图 4-19），仓储底基——石圈沟 6 处。据传为金、元、明末清初山寨文化遗存。

图 4-19　卧龙崮上的石臼和棋盘石

崮东南有“望穷楼”遗址、崮西北有“望穷塔”、玉皇庙遗址；东北侧有仙狐楼、西南侧有灯窝、燕窝等景观。其中仙狐楼在崮体东北缘中部，是沿节理面分离出去的巨型岩块，与崮壁相距 3 米左右，其间为深壑，整个岩块又由四个巨型节理柱构成，奇异险峻，传说有狐仙居于此，故名之为仙狐楼。

卧龙崮顶，多紫荆灌木，崮四周为杂树林，崮腰以下密布桃林，适宜崮上观崮，游览观光。该崮已有初步开发，越野车可以行至崮顶。

2. 大崮

大崮，又名大崮山，位于镇驻地西南 3 千米，北、中、南三个尖山顶部的海拔高度分别为 628 米、620 米和 645 米。

构成该崮的厚层灰岩在中顶和北顶之间的低凹处疑似有断层，并且可能是逆断层，北部上盘沿断层面相对抬升，断距约 30 米，但中顶与北顶下的厚层灰岩底层连续且近似水平分布。

崮顶中寒武统石灰岩层高 23～25 米，这类碳酸盐岩崮体的崮壁在周围都有出露，像裙带一样绕崮一周，周长约为 5447 米。崮上雄列 3 顶，即南顶子、中顶子、北顶子，总面积约为 589 亩。因山体庞大，气势磅礴，故名大崮。

崮上房屋残址 100 余间，寨门遗址 4 处，其中北门尚好，岗堡残址 10 余处，残缺石辗、磨多处，掩体残址多处。这里是著名的大崮保卫战旧址，亦有早期山寨文化遗存。

崮顶南侧有泉，东门下有柳泉和龙王庙残址，北门有公石说、母石说景观，西南有兴福寺、东南有圣佛院旧址。

崮顶遍布杂树林，崮腰以下布满蜜桃等经济林，适宜观光览胜，探险健身。

3. 南岱崮

南岱崮（图 4-20），位于东经 118°5′25.06″，北纬 35°57′20.80″，距离镇驻地坡里约 8 千米，海拔高度为 705.1 米。

崮顶呈似圆形，四周壁如刀削，险峻异常。中寒武统石灰岩层高为 25～30 米，长轴长度为 115 米，周长为 333 米，面积为 10.3 亩。远看该崮，似巨人头上的一顶帽子。据说清明之日，站在崮顶，向北望可望见泰山，因此称望岱崮，又因山形类似的一座崮据北相守，故称南望岱崮，后简称南岱崮。

图 4-20　桃花盛开时节的南岱崮（朝西南拍摄，雪融后有薄雾）

南岱崮是一座英

雄的山崮。她既是抗日战争时期第一次著名的岱崮保卫战所在地，又是解放战争时期第二次著名的岱崮保卫战所在地。今崮顶房屋遗址40多间，岗堡残址多处，掩体、防空设施残迹遍布。崮上崮下植被丰茂，环境秀美，极适宜攀岩探险，登高览胜，游览观光。

南岱崮现有唯一登顶之路恰在南端即将分崩离析的罅隙中，大部分悬空的巨岩块作为最后登顶的踏脚石(参见图4-8)，真有一触即塌的感觉，每一个登崮者无不小心翼翼、大气也不敢出。其险峻可见一斑。

4. 北岱崮

北岱崮，位于东经118°5′18.79″、北纬35°58′4.80″，在南岱崮以北1千米处，距镇驻地坡里约8千米，崮顶海拔高度为679米。

崮顶呈不规则三角形，四周为碳酸盐岩绝壁。中寒武统石灰岩层厚为25～30米，宽度介于24～78米，长轴长116米(与南岱崮极为接近)，周长约356米，崮顶面积10.3亩，与南岱崮几乎相等。远看该崮，崮形与南岱崮形似，堪称南岱崮的姊妹崮。又因其位于北面，故称北望岱崮，后简称北岱崮。

北岱崮，也是前后两次著名岱崮保卫战所在地。崮顶只有西南一门，需沿石缝向上攀爬。崮上有房屋遗址40余间，西面有岗堡残址，防空设施，掩体残迹遍布。崮上崮下植被丰茂，环境秀美，适宜攀岩探险，登高览胜，游览观光。

北岱崮是岱崮镇境内所有崮中最难攀登者之一，能够攀登上去者寥寥，因此，崮顶的诱人风光使每个游客渴望欣赏但又常常顾忌其地形而却步不前。

5. 卢崮

卢崮(图4-21)，是岱崮镇北部最边缘的崮，位于东经118°7′54.71″、北纬35°58′51.02″处，距离镇驻地坡里约5千米处，崮顶最高海拔高度为610.3米。

图4-21　卢崮风貌(朝北拍摄)

崮顶呈不规则四边形，四周峭壁，极为险峻。中寒武统石灰岩层崮壁厚为23～25米，长度为

140 米，宽度介于 36～63 米，周长为 385 米，崮顶面积约 10 亩。传说鲁王曾登临此崮，得名鲁王崮，后称鲁崮，又因后绕卢川水，沿称卢崮。

卢崮，是南北岱崮保卫战的主战场之一。第二次岱崮保卫战中，我军以一个排的兵力，固守 42 天，毙伤敌军 250 余名。崮顶房屋遗址 30 余间，防空设施和掩体遍布，三面有岗堡残址。

崮上崮下，植被发育，风光秀丽，适宜攀岩探险，登高览胜，游览观光。

6. 龙须崮

龙须崮，距离镇驻地坡里约为 8 千米，崮顶最高海拔高度为 707 米，为岱崮镇境内最高的崮（图 4-22）。其中点大致在东经 118°6′33″、北纬 35°56′11″处。它本身并未沿主分水岭发育，而是在分水岭的侧枝上形成，形态呈长而窄形，并在其偏南部呈现近似 110°夹角的折线状。

图 4-22　龙须崮远眺（朝西拍摄，右边独立崮为木林崮）

崮顶弯折为长龙形，宽窄不一（图4-23）。四周峭壁，极为陡峻，因崮壁崩塌而断开，在该崮的南部两处及中部一处分别形成窄深和宽阔的巨壑。中寒武统石灰岩层崮壁厚为 23～25 米，顶宽大致介于 15～60 米，全长达 709 米，周长达 1454 米，崮顶面积为 31 亩。该崮狭长，在岱崮镇以长度排序中居于第八名，悬崖峭壁两向蜿蜒，如长龙巨口两边伸出的两条巨须，故得名。

崮顶，为古寨遗址，亦有龙须崮暴动旧址。上有房屋残址 30 多间，寨门及岗堡残址仍存，防空和战斗掩体遍布。

该崮地质景观独特，自然植被秀美，适宜攀岩探险，登高览胜，游览观光。

7. 獐子崮

獐子崮，崮顶位于东经 118°8′5.93″、北纬 35°57′4.54″处，在镇驻地坡里西北 3.5 千米处，海拔高度为 571 米（图 4-24）。

獐子崮崮顶呈三角形，四面峭壁，如刀削斧凿。中寒武统石灰岩层厚为 25～

图 4-23 龙须崮鸟瞰图(北部独立崮为木林崮)

图 4-24 獐子崮遭遇桃花雪

30 米，由上小下大、上薄下厚的两层灰岩层构成。上层灰岩厚度约为 3～4 米，长度为 47 米，宽度介于 10～25 米，周长为 176 米，崮顶面积 2.1 亩；下层灰岩厚度约为 22～24 米，长为 106 米，宽为 18～65 米，周长为 370 米，面积约为 6.6 亩。因明末清初，獐子群居崮顶而得名。

崮顶为古寨遗址，亦有近代战争遗存。上有房屋残址 10 余间；西南石隙为崮门，上有岗堡遗址；四周有掩体遗址。

崮上崮下植被良好，适宜探险、览胜、观光。

8. 板崮

板崮，位于镇驻地西 6.5 千米处，笊篱坪村南部，海拔高度为 655 米。其顶部中点位置为东经 118°8′8.63″、北纬 35°55′22.45″。其为不规则长条形，长轴呈北西—南东走向(俯视图见图 4-25、侧视图见图 4-26)。

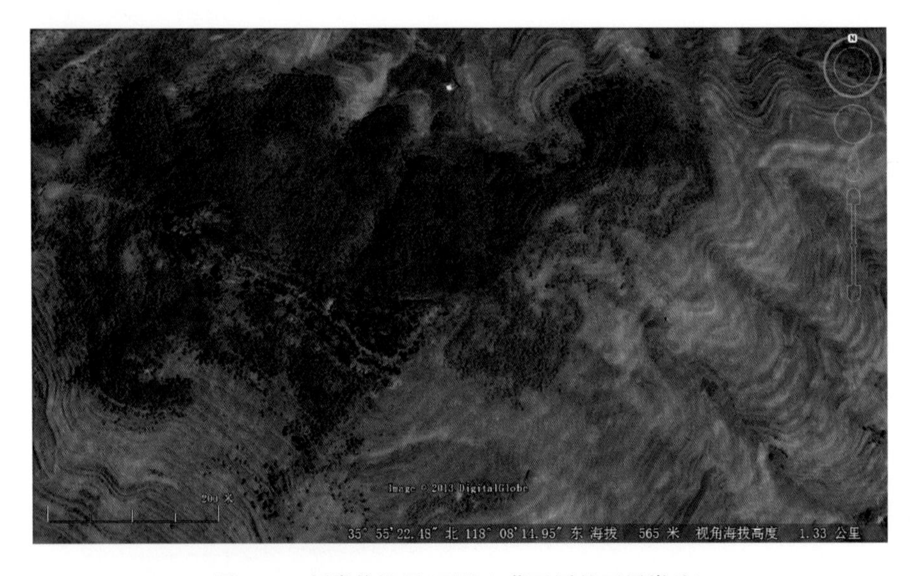

图 4-25　板崮俯视图(可见上薄下厚的两层崮壁)

图 4-26　板崮侧视图(朝南拍摄)

崮顶两层，下层为中寒武统巨厚石灰岩层，厚度为 23～25 米，宽度介于 49～76 米，长 295 米，周长达 756 米，面积为 26.7 亩；上层，为中寒武统中厚岩石灰岩层，厚 4～5 米，宽度介于22～55 米，长为 262 米，周长为 626 米，面积为 13.9 亩。远看，该崮像下厚上薄的两层石板叠置在一起，故名。

崮顶为古山寨遗址。该崮只有北门可攀，上有岗堡残址；房屋残址 200 余间；石臼 1 处，碾盘 1 台。崮顶有玉皇庙，明末重修碑残块仍存。

该崮上下，植被发育，崮顶柏树茂密（图 4-25、图 4-26）。适宜探险、考古、观光。

9. 安平崮

安平崮，位于岱崮镇政府驻地以南7 千米处，也处于岱崮镇南部与野店镇边界附近，东邻莲花崮、西望猫头崮及张家寨，崮顶最高海拔高度为 560.6 米，最高点所在坐标为东经 118°10′14″、北纬 35°52′40″。

崮顶东西长而南北窄，四面峭壁，险峻异常，具有明显的双层碳酸盐岩叠置结构，并且上下两层碳酸盐岩的厚度大致相当（图 4-27），这是与前述几个双层灰岩崮体上薄下厚特征明显不同之处。中寒武统石灰岩层崮体总厚约 25～30 米，宽度为 71 米，长度为 311 米，周长为 767 米，崮顶面积达 31.7 亩。

图 4-27 初夏时节的安平崮（朝西拍摄）

因为其所在分水岭上最为高耸险峻者、易守难攻，在发生战乱年间，当地乡民常常登崮据守、护财产防匪患，常得平安之结果，故名。

崮顶为古寨遗址。该崮有四门，均极为险要，今均有岗堡残址；崮上房屋残址 100 余间；石臼、碾台、磨台均存。近代遗址，为我军民智取安平崮战役遗存，

该崮上下，植被丰厚，适宜探险、览胜、观光。

10. 莲花崮

莲花崮，位于镇驻地南 7 千米处，崮顶尖山最高海拔高度为 530 米，其最高点

坐标为东经 118°11′13″、北纬 35°52′3″。

该崮，中寒武统巨厚石灰岩层，在山腰出露，岩层高 23～25 米，侧面望去，可见该崮向东、南、西、北各伸出八座崮台，像八瓣莲花怒放；崮上雄列九顶，为上寒武统黄色页岩山，山顶有山寨，设堡于八座崮台；崮台与崮台之间有山泉，八堡间共得七泉。因称九顶八堡七泉莲花崮，形状奇特(图 4-28)。

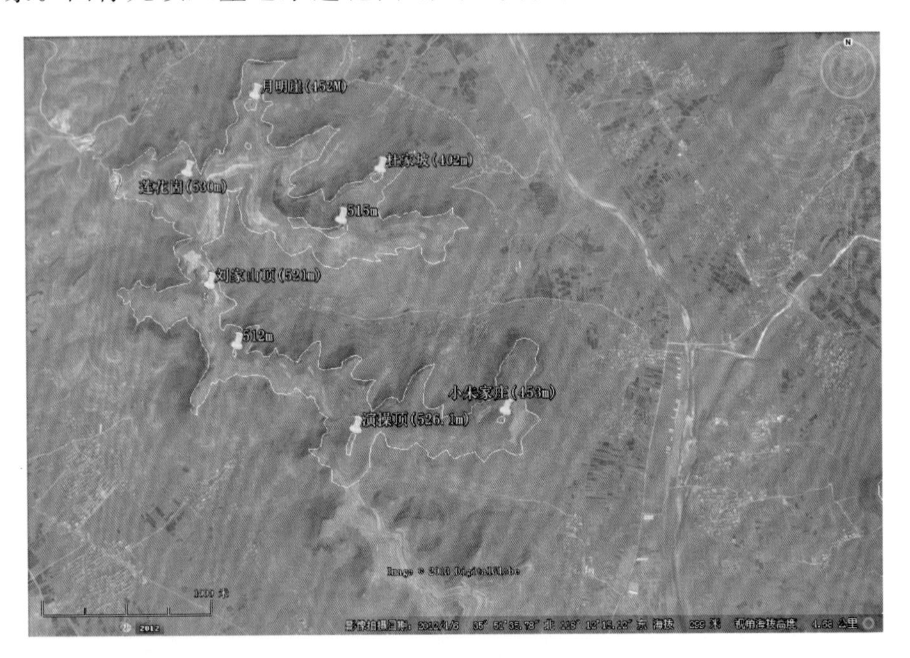

图 4-28　莲花崮鸟瞰图

莲花崮，中寒武统碳酸盐岩构成的崮体宽度介于 140～810 米，长度为 4482 米，周长为 20232 米，面积 2668.2 亩，这四组数字在岱崮镇境内所有崮的对应数据中都独居第一、无出其右者。

崮顶有五寨，闫家寨、赵家寨、公家寨、刘家寨、破寨。其中刘家寨古石臼为金元时期文化遗迹，其他寨多建于民国初期。山寨房屋遗址达 300 余处，寨门残址 10 处，其中闫家寨东门完好，寨墙、岗堡残址均存，碾、磨等已残缺。

崮北有月明崖、马子石等景观，崮下植被丰厚。适宜探险、寻古、游览、观光。

11. 水泉崮

水泉崮，位于镇驻地南 3.8 千米处。最高点海拔高度为 539.4 米，其坐标为东经 118°10′20.77″、北纬 35°54′24.54″。

崮顶平面形态呈西边凹进(如缺口)的近圆形(见图 4-12)，锥形基座加上苗条崮体，窈窕入云霄。为板崮、大崮等诸崮所在分水岭下游地带较为标致、孤立、高耸的崮体，其西为大崮，其东为十人崮、北蝎子崮、南蝎子崮等，都为宽阔、顶面多变的崮体，因而与它们相比特色独具。崮体由中寒武统石灰岩层构成，崮壁陡峭，该地层厚度约为25～30米，长度为132米，宽度为74米，周长为431米，崮顶面积为14.9亩。

该崮只有东南一门，崮上有古寨遗址，大部分石阶开凿而成，门墙仍存，岗堡已残；寨顶房屋残址50余间，碾、磨均残。考其崮顶文化积淀，传说最早可能起于金元时期。

崮顶多杂树灌木，崮下依次为杂树林，蜜桃林。该崮适宜探险、寻古、游览、观光。

12. 天桥崮

天桥崮（图4-29），位于镇驻地坡里东南0.25千米处，崮顶最高海拔高度为516.5米，位于东经118°11′44.49″、北纬35°55′55.37″。

天桥崮是岱崮镇位于梓河东部山系的仅见的少数几个崮之一。与梓河西边山系的崮体碳酸盐岩（灰岩）的形成时代不同，这里的崮体由上寒武统灰岩构成。

该崮，中寒武统巨厚石灰岩层出露于山腰，山体西侧出露厚度约为23～25米，纵观全局，该岩层四周并未闭合，因为北部及东部的局部地段没有陡壁岩层出露；此外，由于地表差异剥蚀导致该岩层与剥蚀面的交线（出露面的空间分布）呈不规则形状。中寒武统巨厚层灰岩之上为上寒武统黄色页岩山，山顶出露上寒武统厚层灰岩，链接南北五顶，在南顶子与中顶子之间，中厚石灰岩东西宽均为6米，南北长达200米，东侧断面均排列有石拱纹理，极似人工铺成之石桥，故称天桥。而天桥崮除了天桥外，还包括南顶子、中顶子等五顶处的厚层上寒武统灰岩区域（图4-29）。中寒武统巨厚灰岩层与

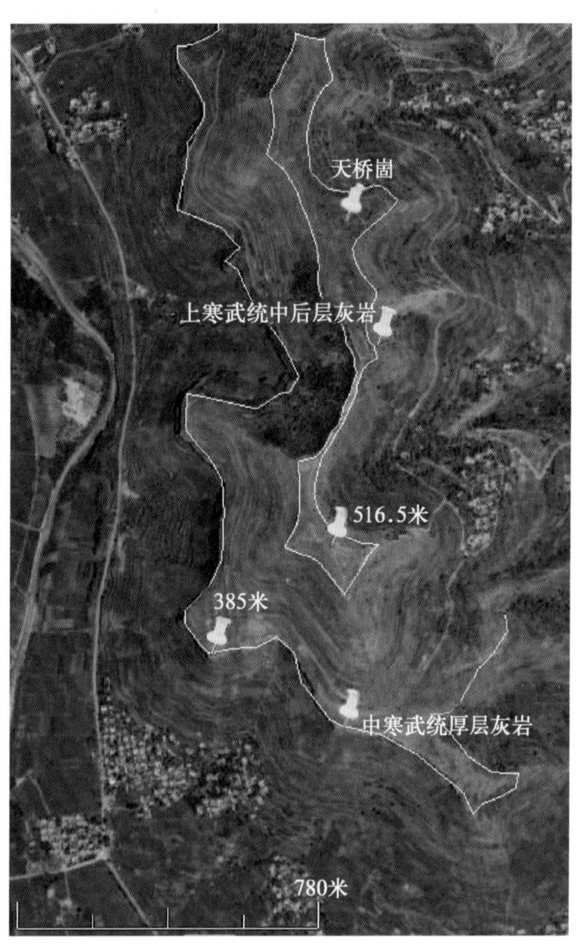

图4-29　天桥崮——上寒武统中厚层灰岩产物

上寒武统厚层灰岩层之间的间隔厚度约为130米。

崮顶有解放战争时期修筑的碉堡、岗堡、围墙残址，为近代军事文化遗存。崮上部分山体植被茂盛，崮下果林密集。该崮适宜游览、观光。

13. 拨锤子崮

拨锤子崮(图4-30)，在镇驻地坡里西北4千米处，崮顶最高处海拔高度为575米，其坐标点为：东经118°7′50.14″、北纬35°57′24.83″。

图4-30　拨锤子崮北侧仰视图(朝南拍摄)

崮顶呈不规则长形，北西—南东走向，在西北端和东南端两头较宽，中间变窄，极似民间捻线用的拨锤子(平面形态参见图4-9)，故名。崮顶崮体由中寒武统石灰岩层构成，其厚度为23～25米，长度215米，宽度24～72米，周长为596米，崮顶面积约为15.5亩。四周灰岩峭壁耸立，节理发育。

崮顶只有东侧一门，门堡皆残。南顶面积约9亩，房屋残迹10余间；北顶面积约7亩，房屋残迹10余间；中段有古臼一处。据当地相关人士考证，该崮或保留了金元时期崮顶山寨文化遗迹。崮上松柏密植，崮下山坡经济林覆盖，夏秋景色宜人，该崮适宜探险、寻古、观光、览胜。

14. 荷叶崮

荷叶崮(图4-31)，位于岱崮镇驻地坡里之北约2.5千米处，与卢崮和卧龙崮处于同一个分水岭、并位于该二崮之间，崮顶最高海拔高度为487.2米，其坐标为：东经118°10′2.28″、北纬35°58′14.01″。

该崮坐西向东，南北雄列三顶，中顶为尖峰，属上寒武统黄色页岩山；南顶平缓，北接中顶；北顶平缓，南接中顶。三顶相连，平视巨厚石灰岩层可见时凸时凹，

图 4-31　荷叶崮西南侧(朝东北拍摄)

气势磅礴,极似一顶翻卷的大荷叶,故名。但其平面形态呈不规则长而弯折的多角多边形态(参见图 4-12)。该崮宽窄不一,最窄处为 62 米,最宽处为 293 米,长度达到 850 米,周长为 2385 米,崮上总面积达到 191.1 亩。

崮北顶有古寨遗迹。南门、北门已残,南寨墙残址仍存;北顶房屋残址 100 余间,碾盘、磨台仍存。传为金、元、明、清山寨文化遗存。崮顶南为松树,中为桃树,崮下四面桃林。该崮适宜游览、观光、览胜。

15. 油篓崮

油篓崮(图 4-32 左、图 4-33 右),位于岱崮镇政府所在地坡里以西 7 千米处,板崮西侧数百米处,崮顶海拔高度为 658 米,坐标点为东经 118°7′45.73″、北纬 35°55′33.35″。

图 4-32　油篓崮(左)和瓮崮(右)(春雪中朝南拍摄)

图 4-33　油篓崮(右)和瓮崮(左)(初夏时节朝北拍摄)

该崮也由上下两层碳酸盐岩构成。下层为中寒武统巨厚石灰岩层,厚度为23～25 米,长度为 103 米,宽度为 17～38 米,周长为 271 米,面积为 4 亩,陡峭如削,险峭欲倾;远看似油篓肚子;上层为中寒武统中厚石灰岩层,高为 4～5 米,长度为 45 米,宽度为 14 米,周长为 113 米,面积为 0.9 亩,远看似油篓嘴。自北向南看,由上下两层不同厚度的中寒武统碳酸盐岩层构成的该崮极似一座巨形油篓,此为得名之缘由。

该崮只有东侧一石缝可攀,上无人文遗存。崮下为杂树林,灌木以荆轲为主,山腰以下为蜜桃林。该崮适宜攀岩探险,观光览胜。

16. 南蝎子崮

南蝎子崮,位于岱崮镇政府驻地坡里以南 6.5 千米处,崮顶最高处海拔高度为 451 米,其坐标点为东经 118°11′44.42″、北纬 35°53′41.18″。

崮顶中寒武统石灰岩层厚度为 23～25 米,长度为 916 米,宽度介于 39～257 米,周长为 2548 米,面积约为 139 亩。自崮顶看,南端悬崖狭长,像蝎子尾巴;中端椭圆,地形微隆,像蝎子肚子;北端向东、向西,又各延伸出一座小崮台,极似一只大母蝎,尾南头北,趴在那儿,故称南蝎子崮,其具体平面形态参见图 4-13。

崮上有古寨遗址,设东、南、西、北四门,有寨门及岗堡遗址;房屋遗址南北两片,总计 80 余间;碾、磨残块仍存。考为金元时期文化遗存。东门上有民国石碑一丛,上刻《蝎子崮记》。北门上有蝎子泉。该崮山腰以下植被较好,适宜寻古探幽、观光览胜。

17. 北蝎子崮

北蝎子崮，南接南蝎子崮，位于岱崮镇政府驻地以南 5.5 千米处，崮顶最高海拔高度为 508.5 米，其坐标为东经 118°11′27.14″、北纬 35°53′52.75″。

崮顶中寒武统石灰岩层厚度介于 23～25 米，长度为 589 米，宽度介于 40～185 米，周长为 1918 米。自崮顶看，东北端悬崖狭长，似蝎子尾巴，西端向西伸出三座崮台，中端似蝎头，左右似蝎钳；而中端蝎肚稍小。综观此崮，极似一只头西尾东的大公蝎，故称北蝎子崮。其实际平面形态参见图 4-13。

该崮有东门、北门、西门、南门，上有寨墙、门墙、岗堡残址，可能为清代、民国文化遗存。崮下山体植被丰厚。该崮适宜登山健身、观光览胜。

18. 十人崮

十人崮，位于岱崮镇政府驻地坡里以南 4 千米处，崮上最高海拔高度为 511 米，其坐标为东经 118°11′13.52″、北纬 35°54′11.42″。

该崮顶部平坦，向东、向南、向西北各伸出一座大崮台。崮体由中寒武统石灰岩层构成，灰岩层厚度为 23～25 米，宽度小于 580 米，长度为 1925 米，周长达到 2366 米，崮顶总面积约为 86 亩。该崮四周均为悬崖绝壁，观摩绝壁周边计有 10 尊似人石像独自耸立，似十尊守崮卫士，因此得崮名。

崮南皆平台，有石臼，石臼北侧，有古人居住遗址。崮西北侧，有千年峰洞景观。崮下山林绿化较好。该崮适宜登山健身、观光览胜。

19. 蝙蝠崮

蝙蝠崮，原名高崖，位于岱崮镇政府驻地坡里东南约 5 千米处，崮上最高海拔高度为 592 米，其坐标为东经 118°12′54.82″、北纬 35°56′46.20″。

崮顶上寒武统石灰岩层高为 23～25 米，长度为 638 米，宽度介于 47～370 米，周长为 2232 米，崮上总面积为 116.5 亩。该崮坐北向南，伸出三座崮嘴，中间高，两侧矮。自对面看，极似一只振翅欲飞的大蝙蝠，故得名。

崮顶有两座山寨遗址，俗称南围子、北围子。房屋残址 150 余间；围墙、寨门、岗堡残址仍存；磨台、碾台仍存。据考为明清民国崮顶文化遗存。

崮下植被较好。该崮适宜寻古探幽、观光览胜。

20. 小崮

小崮，位于岱崮镇政府驻地坡里以西 3 千米处，崮顶海拔高度为 584 米，坐标为东经 118°8′54.67″、北纬 35°55′58.93″。

崮顶呈三角形，崮体由中寒武统碳酸盐岩构成，四周崮壁如刀削斧劈，节理发育，危石嶙峋。中寒武统石灰岩崮体层高为 25～30 米，长度为 94 米，宽度介于 21～67 米，周长为 262 米，崮顶面积 4.1 亩。因其小而得名(图 4-34)。

图 4-34　小崮侧照(朝东南拍摄)

该崮只有西南岩缝，可攀登崮顶。上有房屋遗址数间，岗堡遗址二处。为近代崮顶文化遗存。崮下山体绿化较好。该崮，适宜攀岩探险，观光览胜。

21. 玉泉崮

玉泉崮，位于岱崮镇政府驻地坡里西北约 5 千米处，崮顶最高海拔高度为 597 米，该最高点坐标为东经 118°7′9.47″、北纬 35°57′39.94″。

崮体由中寒武统巨厚石灰岩层构成，三面出露，东南缘崮体和基座为同一缓坡状坡面，崮壁无明显出露。其他三面出露的崮壁厚度常为 23～25 米，其中北侧高达 30 米。因崮下有清泉，泉水如璧而得名。玉泉崮的平面形态如扫帚状(参见图 4-10)，长度为 216 米，宽度为 13～68 米，周长为 536 米，崮上总面积为 11.8 亩。

崮上有古寨遗址，南侧有寨墙、寨门遗存，中部有房屋、岗堡残迹。考为明末清初文化遗迹。崮下山体，上部为杂树林，下部为蜜桃林。该崮适宜观光览胜。

22. 石人崮

石人崮(图 4-35)，位于岱崮镇政府驻地坡里西北约 5 千米处，最高点海拔高度为 585 米，其坐标大致为东经 118°6′48.28″、北纬 35°58′1.04″。

石人崮，耸立于东北—西南两侧非常陡峭、西北—东南方向比较平缓的十字涧河北分水岭山脊上，由西北、东南二组构成，均由中寒武统石灰岩块、柱组成，每组有石人十余尊，高 4～8 米不等，相互依靠簇拥，似两组巨型石雕造像，粗犷雄

图 4-35 石人崮由南向北远眺(风化剥蚀严重、仅存残余大型石块)

图 4-36 石人崮之石佛像(剪影天际、浑然天成)

壮,伟岸威严。人们把这两组石人比喻成南北岱崮保卫战中英雄战士群像,故称“岱崮连”。近年来发现天然石佛头像(图 4-36),故有人又称作其为石佛崮。可以预估,“石佛崮”这个名称将来会占主导地位。

该崮北西一组的崮体长度为 33 米,宽度小于 10 米,周长为 86 米;南东一组崮体长度为36 米,宽度小于 10 米,周长为 100 米。总长为 69 米,总周长为 186 米。实测保留总面积约 1.1 亩。

该崮是岱崮镇现存 30 个崮中保存状况最不乐观的崮体,也是崮体逐渐消亡的残余部分,因为其碳酸盐岩的厚度远小于各个崮体通常的厚度,其崮体岩层的完整性也非常差,以独立巨石块为主。崮下为梯田和经济林。该崮适宜游览观光,但需要加强保护。

23. 瓮崮

瓮崮，位于岱崮镇驻地坡里以西7千米处，崮顶点海拔高度为670米，最高点经纬度为：东经118°7′42.27″、北纬35°55′41.48″。

该崮同样由中寒武统巨厚石灰岩层构成，灰岩层厚达25米，长为61米，宽为11～26米，周长为145米，总面积为1.4亩。整体形状酷似山脊之上倒扣一口大瓮（参见图4-29，4-30），故而得名。

该崮四周绝壁，无路可登，故此难有远古或近代的山寨文化等遗迹留存。适宜观赏或攀岩探险。

24. 梭子崮

梭子崮，位于岱崮镇政府驻地坡里西北6.5千米处，崮顶最高点海拔高度为612米，该点的坐标为：东经118°6′36.83″、北纬35°58′12.39″。

该崮崮体由中寒武统石灰岩层构成，厚度为23～25米，平面形态为不规则长形（如图4-37所示），顶部碳酸盐岩基岩大片出露，崮体长度约为422米，宽度介于141～178米，周长为1221米，崮顶面积为87.2亩。西、南、东三面是灰岩峭壁，北部出露多层较薄层灰岩层，坡度较缓，与下伏风化较强的页岩地层渐变相连，无绝壁出露。在崮上观之，东西长，南北窄，两头略尖，好似一只织布梭子，因之得名。崮下为杂树林，再下为梯田、桃林。该崮适宜游览观光。

图4-37 梭子崮俯视图（上北下南）

25. 柴崮

柴崮(图 4-38),位于岱崮镇政府驻地坡里东北 3.5 千米处,崮上最高点海拔高度为 543 米,该点位置为:东经 118°11′41.86″、北纬 35°59′21.49″。该崮也是岱崮镇境内位置最偏北的崮,与最南边的莲花崮遥遥相对。

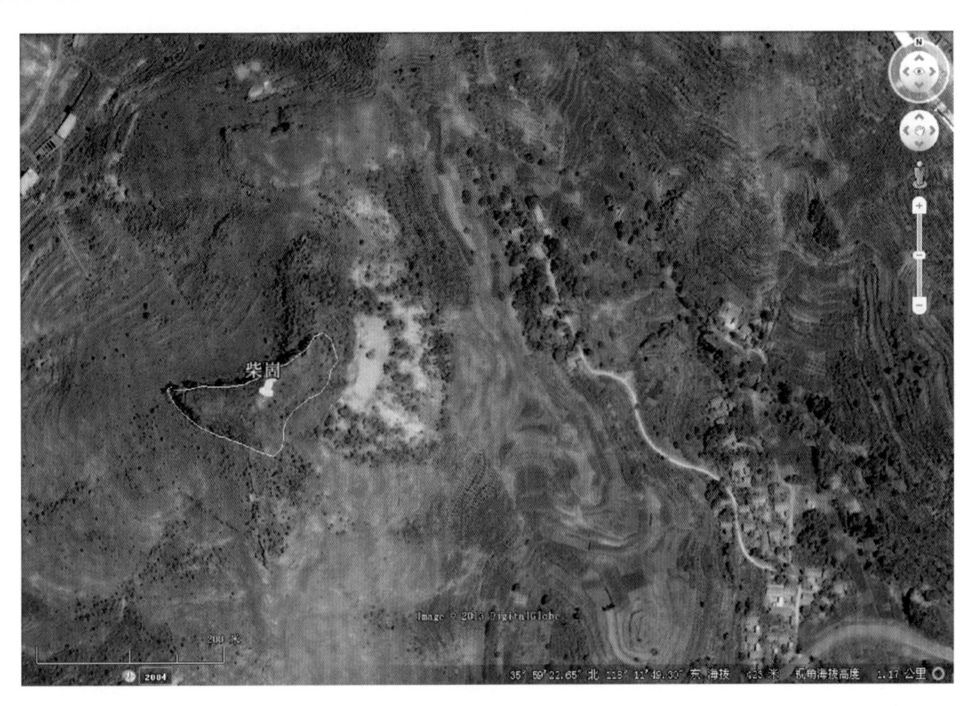

图 4-38　柴崮俯视图

崮顶呈不规则三角形(图 4-38),微微向北倾斜,四面峭壁。其崮体同样为中寒武统石灰岩层,为典型的巨厚层鲕粒灰岩,厚度为 23～25 米,长为 119 米,宽度小于 57 米,周长为370 米,崮顶总面积为 8.8 亩。

该崮上有山寨遗迹,寨门现可见东门和北门。崮东侧,遍布房屋残址,计达 100 余间,下有寨墙护围,南北岗堡相对,但堡墙均残。崮南侧,有石臼 2 处,已风化至面目全非。考为金元时期山寨文化遗存。山寨为民国时期崮顶文化遗存。

崮下山体,上部为灌木丛,下部为经济林。该崮适宜寻古探险、游览观光。

26. 团圆崮

团圆崮,位于岱崮镇政府驻地坡里西北 7.5 千米处,崮顶最高海拔高度为 610 米,最高点坐标为:东经 118°6′9.85″、北纬 35°58′15.37″。

该崮由两座大致呈圆形的崮相连而成。两座圆崮,一南一北,北大而南小、北高而南低，中间可能存在一大致呈东西方向的断层，使得南崮相对下降，幅度达到十余米。南北崮体，均由中寒武统巨厚石灰岩层构成，灰岩层厚度为 20～23 米。其中北崮长和宽分别为 199 米和 127 米，周长为 583 米，北崮顶面积为 35.7 亩；南崮的长和宽分别为 148 米和 97 米，周长为 484 米，南崮顶面积为 19 亩。两座崮总面积为 54.7 亩，就近观之好似一大一小两个月饼，人们赋予其团团圆圆之意，因得名。

该崮南崮顶有古寨房屋、寨墙残迹；北崮顶有近代军事防御寨墙、岗堡遗存。崮顶多荆丛，崮下为层田、桃林。该崮适宜游览观光。

27. 猫头崮

猫头崮（图 4-39），位于岱崮镇政府驻地坡里西南 7.6 千米处，海拔高度为 552 米，顶点位置为东经 118°6′32.85″、北纬 35°54′10.02″。

图 4-39　猫头崮（照片中央，右边为张家寨东缘）

构成该崮体的中寒武统石灰岩层厚度为 18～20 米，崮体长 32 米，宽为 14 米，周长 95 米。崮顶近似圆形，面积 1.2 亩。因崮似猫头，西耸一石，极似猫耳，故得名。

该崮北有一路，位处崖壑间，攀爬可到达崮顶。该崮西边是近在咫尺（相距五六十米）的张家寨（崮），沿山脊往东是望穿秋水才能看见的安平崮。崮下山体，上部为杂树林，下部为蜜桃林。该崮适宜探险、观光。

28. 张家寨

张家寨，位于岱崮镇政府驻地坡里西南 7.8 千米处，崮顶最高点海拔高度为 563 米，该点位于东经 118°6′0.74″、北纬 35°54′27.21″。处于野猪河（北部）和坦埠西河（南部）的分水岭上、岱崮镇与野店镇分界线上。东边近邻为猫头崮。

该崮平面形态呈现不规则多边多角形，并且南部较宽、北部较窄。其崮体由中寒武统石灰岩构成，出露的崮体岩层厚 20～25 米，崮体长度为 288 米，宽度为 94～196 米，周长为 935 米，崮顶面积为 59.7 亩。崮顶较为平坦。清末及民国初年，附近张氏家族建寨于该崮顶，故称张家寨。登崮只有北侧一门，极为险峻。门上有岗堡残址，崮顶房屋残址 60 余间，辗台、磨台仍存，为近代崮顶山寨文化遗存之地。崮下山体，上部多杂树、灌木，下部为蜜桃等经济林。该崮适宜寻古探幽、观光览胜。

29. 小油篓崮

小油篓崮（图 4-40），位于岱崮镇政府驻地坡里东南 6.6 千米处，崮顶高点海拔高度为 508.8 米，该点位于东经 118°13′41.64″、北纬 35°54′9.45″。位于蒙阴县（岱崮镇）与沂水县的分界线上，也在梓河与其左岸一级支流的分水岭上。

图 4-40　小油篓崮侧上视图（可见上、下层崮体及其上之寨墙）

该崮由上下两层灰岩构成，每层灰岩崮体的边缘上都有不连续的石头垒砌的寨墙。下层灰岩崮体近圆角长方形，灰岩崮体厚度约为15～18米，崮体长度为82米，宽度为58米，周长为231米，面积为7.1亩。上层灰岩崮体厚度为4～5米，长为22米，宽为15米，周长为68米，北宽南窄，可见石质墙基，是三间大石屋的遗址（图4-41），面积约0.5亩。在远处观望，该崮上小下大，酷似油篓，但矮于板崮西北之油篓崮，故在之前冠之为小，称作小油篓崮。

图4-41 小油篓崮顶部石屋残墙

崮下山体，上部植被稀少，岩体裸露；下部大部分为梯田和蜜桃林。

30. 木林崮

木林崮位于龙须崮北端不远处，崮顶最高点海拔高度为660米，该点的坐标为东经118°6′46.95″、北纬35°56′37.45″。

崮体由中寒武统巨厚层碳酸盐岩构成，崮体厚度约为23～25米，平面形态似拉长的水滴形，长度为51米，宽度介于5～15米，周长为133米，崮上面积为0.9亩，是岱崮镇境内30个崮中最小的。

第四节　典型区及辐射区主要崮简述

如前所述，岱崮地貌按照分布密度可以划分为核心区、典型区和辐射区三个分布区域。前节详细叙述了蒙阴县岱崮镇这一核心区集群分布的30个崮的特征。该节简要叙述蒙阴县除岱崮镇之外作为典型区的野店镇、坦埠镇、旧寨乡的崮及县境外辐射区沂水县、沂南县、费县、平邑县的主要崮。这些区域的大部分崮属于岱崮地貌范畴，仅有个别崮因崮体或者因基座为变质岩系而不属于岱崮地貌的范畴，但它作为崮型方山也一并加以介绍。

一、野店镇境内崮的特征

野店镇境内的崮，其中与岱崮镇交界处分水岭上的三个崮——张家寨、猫头崮、安平崮已在前节作了介绍，其他重要崮简介如下。

1. 瞭阳崮

位于野店镇驻地东南4千米处，东属上东门村，南属板崮崖村，北属东坪村，海拔高度为483.8米(图4-42)。因清晨登崮可观东海日出而得名。崮体为中寒武统石灰岩层，最厚处达45米，岩层周长为1千米。崮体绝壁如削，陡崖欲倾。崮北侧有一巨型石峰，耸立于绝壁根部，如巨笔倒置，在蒙阴群崮中极其罕见，故称神笔峰。顶有古树一株，虬枝四展，如“梦笔生花”。崮南侧崖根，亦有巨型石柱，《蒙阴县志》称其如“妇人珠冠抱子状”。

图4-42　野店镇境内的瞭阳崮

(崮体由寒武系碳酸盐岩构成，有结晶岩出露)

该崮为古寨遗址。崮顶面积为80余亩，遍布房屋残迹。有东、西二门可登崮顶。东门，岩层错落、陡峭，缓步可登。西门，位于崮西首，沿人工开凿之石级可登崮顶。二门之上，均有寨墙、岗堡残迹。中顶北侧，有道观遗址，残碑5丛8块，主祀碧霞元君和三官老爷，即上元天官唐尧、中元地官虞舜、下元水官大禹。

崮顶遍布紫荆等混杂灌木。崮下山体为泰山系古老变质岩层，这是与岱崮镇典型岱崮地貌的根本差异所在。东侧为马尾松林，北侧、西侧、南侧为混杂灌木。该崮适宜探险、寻古、旅游、观光。

2. 晨云崮

南距镇驻地3.6千米，东为桑子峪村，西属北晏子村，南属北坪村，海拔高度为632.8米。因清晨常有云雾缭绕而得。又世传晏子曾于崮顶屯兵据守，又名晏婴崮。崮体为中寒武统巨厚石灰岩层，最厚处达40米，周长达0.5千米。崮东南侧，岩石开裂，缝隙达2.5米宽，岩垛高达40米，上有巨石，据说夏至时，清晨站立此台，可观青岛、崂山日出。

崮顶为圆形，面积为30余亩，遍布房屋残迹，为古寨遗址。崮东侧、西南侧有登崮之门，均为陡峭、错落之岩壑，门上岗堡残迹仍存。崮顶多刺槐等杂木。崮下山体为古老变质岩地层，这也是与岱崮镇典型岱崮地貌的根本差异所在。崮下坡地已形成林地，连翘、杜鹃、古荆、古藤遍布；下侧四面陡峭均被马尾松林覆盖。该崮适宜探险、寻古、览胜。

3. 司马寨

位于镇驻地西南8.8千米，为野店镇、旧寨乡、高都镇的分界处，为该三乡镇所共有，海拔高度为568.8米(图4-43)。明末兵部尚书蒙阴人秦士文夫人及其3个儿子在此守山，因兵部尚书古称大司马，故名司马寨。崮体为中寒武统巨厚石灰岩层，厚达35米，耸立于东、西、南三侧，北侧岩层稍缓，岩层周长达0.75千米。

图4-43　野店镇境内的司马寨远眺(左图)及寨上庙宇(右图)

崮顶呈圆形，面积达50亩，房屋遗迹遍布，寨墙局部保存（图4-44），东门顶侧石臼完好，西侧石臼已残（图4-45）。中顶古有玉皇庙，古碑碣尚有7丛。今玉皇庙已由当地村民捐资修复。该崮有东门，需沿错落岩层攀缘而上，寨门上侧有岗堡残址。

图4-44　司马寨寨门石垛

图4-45　司马寨顶石舂和石碾

崮顶多杂草灌木。崮下山体为下寒武统紫色页岩地层，上侧为杂草灌木，下侧为梯田、果林。该崮适宜寻古探奇、游览观光。

4. 阁老崮

西南距镇驻地 6 千米，东北为南峪村，崮西为高都镇上温村，海拔高度为 610 米。因崮形像古时阁老的帽子而得名(图 4-46)。崮顶为中寒武统石灰岩地层，保存较差，为上下两层。上层为圆形，岩层厚为 7～8 米；下层较上层均宽 8 米左右。下层周边原建有坚固寨墙，今剩残迹。崮顶为古寨遗址，上有民国 9 年碑刻 2 丛，记载了山寨修复之事。该寨原设三门：北门、东门、南门，门墙今均残，北门上有“青龙门”石刻一块。

图 4-46 野店镇境内的阁老崮

(蒙阴县岱崮地貌办公室提供照片)

崮顶多灌木、杂草，西南侧多侧柏。崮下山体为下寒武统紫色页岩地层，上部多灌木、杂草，下部被梯田缠绕。该崮适宜探险、寻古、览胜。

5. 尖崮

位于野店镇驻地西南 6.8 千米处，西、南属樱桃峪村，北属南峪村，海拔高度为 618 米。亦名嵩崮，从北、从南两个方向看，像锥子直插云天，故名。而从南面，或者从北面看，崮顶则是一条长长的山脊。该崮属中寒武统石灰岩地层，但岩层保存较差，均厚 15 米左右。崮顶南北宽为 4 米许，东西长为 400 余米，崮顶面积 3 亩左右。该崮因多处可登崮顶，故无古寨遗址，只有 6 处碉堡残迹。据考，这些军事设施遗迹，为抗日战争初期，国民党 51 军驻守时所修，后颓圮。

崮下山体，为下寒武统黄、紫二色相间页岩岩系，北侧植被较好，而东、西、南三面大多裸露。山体中部，有下寒武统中厚石灰岩层，岩层均厚 10 米，该岩层多溶蚀洞穴。西南侧有混元大仙洞、石佛洞，南侧有朝阳洞，东南侧有红云洞、罐鼻子洞，东北侧有巨形石棚和仙人洞。崮顶适宜探险；崮下洞群适宜游览、观光。

6. 海龙崖

东南距镇驻地 4 千米，南属东坪村东大洼自然村，北属岱崮镇板崮泉村，海拔高度为 575 米。海龙崖为中寒武统巨厚石灰岩层，厚达 40 米，自东向西，形成巨弯。东部，伸出一崮嘴，称东海龙嘴；西首，亦伸出一崮嘴，称西海龙嘴；中部，伸出一崮嘴，其形似龟首，称神龟峰。二龙抢龟，实乃崮峰奇观。

神龟峰位于海龙崖巨弯中间，岩嘴呈三角形向前突起，悬崖高40余米，气势宏大，极为险峻。崮顶隆起，似巨龟翘首卧伏，形态逼真，惟妙惟肖。崮前洼中，有一岭台，为神龟峰最佳观瞻、拍照处。

东海龙嘴，自神龟峰东侧向东蜿蜒前伸，至东首，形成一长长崮嘴，极似巨龙向南昂首而伸出的长长大嘴。该崮嘴位于陡峭山脊之上，南北长250余米，东西宽仅20米，三面悬崖高达45米。悬崖排列如柱，凌云耸立，大气磅礴。

西海龙嘴，自神龟峰西侧蜿蜒向西再向南前伸，至西首，亦形成一长长崮嘴，像另一巨龙伸出的长长大嘴。该崮嘴亦位于陡峭山脊之上，南北长为200米，均宽20米，三面悬崖高达45米。悬崖崚嶒峭拔，耸列云霄，气势宏伟。西海龙嘴于神龟峰之巨弯中，崖根耸立二石柱，高为40余米，如擎天玉柱。

海龙崖顶部面积为100余亩，多杂草灌木。崮下山体，中部神龟峰为石灰岩地层，多混杂灌木；东、西海龙嘴为古老变质岩地层，这也是与典型岱崮地貌之差别之处。山坡植有马尾松林。该崮适宜探险和崮下观光览胜。

7. 云台崮

位于镇驻地东北3千米许，崮顶分水为界，南为演马庄北大洼自然村，北为岱崮镇板崮泉村。海拔高度为580米。

云台崮中寒武统巨厚石灰岩地层东西耸列，长达1千米，岩层均厚40米，险象丛生。该崮西段，向南突出5座崮台，夏季云雾缭绕，崮台时隐时现堪称云台奇观，因而得崮名。西首、东首、南侧均有登崮之路，而北侧岩层较缓，故崮顶无山寨文化遗存。崮前中段崖根，有石如香炉，故称香炉石；东段崖根有洞，因战乱时张姓避难此洞，因称张家洞。

崮顶面积50余亩，多杂草灌木。崮下山体，北侧多马尾松林，南侧多杂树林。该崮，适宜探险，观光。

8. 鹰王崮

位于野店镇西北8千米处，南属石槽村，北属对景峪，海拔高度为652.4米。原名鹰王崖，亦名宁棒崖、永望崖，因其四周岩壁，实则为崮，故名鹰王崮。该崮南、北、西三面绝壁如削，高达35米。其顶部总面积为50亩，且较平缓。有东西二门可登崮顶。崮顶为古寨遗址，房屋遗址200余间，战乱时为黄崖、石槽、对景峪、石人坡等村乡人避难之所。东门附近岩层较低矮，故建有寨墙寨门，今残址仍存；西门亦建有寨门和岗堡，今残迹仍存。

崮顶多灌木、杂树。崮下山体为古老变质岩地层，有别于典型岱崮地貌的基座物质构成。四面均被马尾松林覆盖。该崮适宜探险、寻古。

9. 奶头崮

位于镇东6千米处，南属板崮崖村，北属上东门村，海拔高度为410米。

该崮因似妇女奶头而得名。崮顶为中寒武统巨厚石灰岩层，均厚20余米，周长仅100米，崮顶面积为300平方米崮顶岩层均裸露，中有古石臼、南侧有旗杆窝等遗址。该崮只有东侧一门，上有门转心遗迹。崮顶虽小，然古人曾栖居于上躲避战乱；按石臼破损程度推考，应为金、元时期崮顶文化遗存。

崮下山体为圆锥形尖山，属古老变质岩地层，有别于典型岱崮地貌的基座物质构成。东、西、北三面有马尾松林，东侧山体有歇脚石、送子石、龟石垛等岩石景观。该崮适宜旅游观光、寻古探奇。

10. 锁子崮

位于镇驻地南6千米处，南邻黄崖顶，北属桑子峪村，海拔高度为510米。

该崮为中寒武统巨厚石灰岩层，岩层均厚30余米，周长为120米。崮顶东西长为40米，南北宽为15米，总面积600平方米，其形酷似古时长方形铜锁而得名。古时，此崮为古寨遗址，四周原有坚固之寨墙，今均已坍塌。崮西南角有寨门，今已残缺不全。下有人工开凿之石级。

崮下山体，为古老变质岩地层，与典型岱崮地貌基座构成有差异，多为马尾松覆盖。该崮适宜探险寻古。

11. 小崮子

小崮子，位于晨云崮东北0.5千米处，北距镇驻地3千米，海拔高度为510米。

该崮为中寒武统巨厚石灰岩层，均厚30余米，周长为230余米。崮顶南北长为100米，东西宽为20米，崮顶面积为1.5亩，形似古时人们打火用的火镰。该崮为古寨遗址，原崮边均有寨墙，东门西门设立有岗堡，中有房屋遗址，今残迹均无。崮东西各有一门，寨门残迹仍存。

崮下山体为古老变质岩地层，与典型岱崮地貌基座构成有差异。基座坡地东侧为杂树，西侧为马尾松林。该崮适宜探险、探奇。

12. 锚头崮

位于瞭阳崮南0.5千米处，西北距镇驻地4千米，东属板崮崖村，北属野店村，海拔高度为450米。

该崮为中寒武统石灰岩层，厚为20余米，周长为300米。顶部南北长为100米，东西均宽为30米，面积为2亩许。该崮因地壳运动变化，北侧向上抬升，致使崮顶岩层倾斜，似一妇女用长巾裹着头部，因此得崮名。

崮下山体为古老变质岩地层，与典型岱崮地貌基座构成有所不同。基座坡地东侧为梯田，西侧为马尾松林。该崮适宜探险。

二、坦埠镇境内崮的特征

1. 艾山崮

位于蒙阴县坦埠镇以西的故县村西邻，海拔高度为369米。位于山巅的碧霞元君庙原为宋代所建，距今有千余年的历史。艾山自然人文景观荟萃，原庙宇、山门、院墙整体建筑错落有致，古朴典雅，为远近闻名的道教文化圣地。“文革”时期遭到破坏，山门荡然无存。2007年秋，故县村民自愿捐资重建，修复东西山门。山门呈阁楼式建筑，红砖石结构，长、宽各为5米，高为8米，雄伟壮观，造型别致，具有古代山门之风韵。西面不远处是中山寺旅游风景区。

自东面小路登山。东面山门雄伟壮观，山门上方八仙阁有题联：“艾山天姿呈独秀，碧霞祠韵冠群芳”。进入山门，登上八仙阁回首远望，整个坦埠镇、故县村、艾山前村一览无遗，右前方的云蒙湖（岸堤水库）湖波荡漾，在阳光的映照下金光闪闪，景色优美。山上的建筑布局依次为东山门、二虎庙、道士坟、民房遗址、碑林、观音阁、西山门。为躲避土匪，以前山顶四周筑有围墙。观音阁前一排石碑，其中有一立于清同治七年（1868）的旧石碑，上刻“重修碧霞元君旧碑志”几个大字，清辛酉科举人公道东撰文，现碑文湮灭不清，经仔细辨认，仅可看清“治乱兴废之迹皆是示后世而使不忘”“（土匪）逢起齐鲁骚然”“家君率族人即附近邻里避乱于”“数载以前兵燹四警”等字，可知立此碑时艾山附近形势紧张。山顶中间平坦处有三棵古松，略呈三角形，中间的几座石砌圆形坟堆便是早年道士归真之后的埋葬之处，人们称之为“道士林（坟）”。

2. 海龙寨

海龙寨借山势修建的寨门，称为南门，虽然已经破败，但仍能看出其御敌于门外的精心设计。寨门修建在峭壁上，共三进门，三个入门呈“S”形排列，每个门仅能一个人通过，绝对是“一夫当关万夫莫开”。寨门前有一个广场，宽阔平坦，周围长有松树，在靠近南门的大片区域只有杂草，整个面积有一个足球场那么大。

进入寨门。寨内杂草、树木野蛮生长，残垣遍地，但能看出当年修建的院落、房屋和岗哨等的大体位置。新中国成立后寨子里的老百姓就搬下山了，就是现在的海龙万村。站在寨内一块突出的大石头上，向东北方向的山下看去，就能看得到海龙万村。海龙万村是一个典型的山村，村民依山而建各自的房屋和院落，没有严整的规划，或十户八户聚居在一起或一户二户散落而居。

3. 茂崮寨

茂崮寨位于蒙阴县坦埠镇驻地西 4.6 千米处，西距蒙阴县城 30 千米，自公路北侧的诸夏村，往北石龙庄村，往北寨后村，村后即到。茂崮寨北有一山崮直插云霄，名云头崮。茂崮寨和云头崮中间的沟峪中有将军洞，为孟良崮战役前线指挥部遗址，属蒙阴县重点文物保护单位。

茂崮寨又名毛崮寨、茅崮寨，海拔高度为 433.5 米，面积为 1 平方千米。传说因山上驻扎过太平天国军队（老百姓称之为长毛），故名毛崮寨，后演变成茂崮寨。

崮顶中央有关帝庙遗址，庙前有一石砌影墙，庙门口西侧阶条石上有一石碑，1938 年立，保存完好，碑文大多可读，上刻“重修关帝庙碑记”，从碑文中可知此庙始建年代不可考，或为守寨者所建，1938 年重修。以关帝庙为中心，四周有大量石墙房屋遗址，为早年附近民众躲防土匪所建。山寨的西面、南面、东北面是高耸的悬崖，北面、东面稍缓处筑有宽约 3 米的围墙，北面、东面围墙中间建有山寨大门。山顶多松树，北部灌木丛生，南部有大片荆棵树。山寨东侧近山脚处坡上是大片桃园，北侧近山顶处种植花椒，往下一直到山峪是大片桃园。

4. 云头崮

云头崮位于坦埠镇西北 5.8 千米处，海拔高度为 560 米（图 4-47）。云头崮与海龙寨绵延相接，崮顶东端岩石崖壁陡峭，远望呈灰白色，直插云霄，远看像大团白云，而且山顶经常有云雾缭绕，故名云头崮。崮的最下层至顶层（由老到新）依次为石灰岩、黄色页岩、紫色页岩、石灰岩（崮顶）。

云头崮植被丰厚，主要有刺槐、侧柏和黄荆、山榆、酸枣、野藤等。崮顶有房屋、围墙等遗址。崮顶分为四块巨岩，由北往南依次渐小，越小的越陡。站在崮顶视野极为开阔，南望目力可及 5 千米外的龙架子山，西望是南崖子顶，东与海龙寨不足百米，但有深渊相隔，北望和东望，瞭阳崮、晨云崮、奶头崮、油篓崮、安平崮、大崮尽收眼底。

云头崮也像其他各崮一样，曾经保佑了一方百姓的平安。据说民国年间，沂蒙山区“闹光棍”的时候，许多百姓被土匪残害致死，崮下几个村子的村民便上此崮顶筑山寨防御土匪的进攻。崮上至今还有残存的围墙和舂米用的石臼窝。

崮下的将军洞（又称老君洞），距县城 30 千米，1947 年 5 月 12 日华东野战军

图 4-47　云头崮远眺(左图)及其崮体底部的侧向侵蚀槽(右图)(蒙阴县岱崮地貌办公室提供照片)

副司令粟裕率华东野战军前线指挥部到达坦埠前线，早饭前，12 架敌机轮番轰炸坦埠周围的故县、艾山前等十几个村庄，粟裕指挥前线指挥部安全转移到云头崮下的老君洞。在这里陈毅和粟裕共同指挥了举世闻名的孟良崮战役。

三、旧寨乡境内崮的特征

1. 杨家寨崮

海拔高度为 391 米，面积 2 平方千米，旧寨乡东南 2.8 千米处(图 4-48)。比邻云蒙湖，风景秀丽(图 4-49)。

图 4-48　杨家寨远眺和崮壁近照(蒙阴县岱崮地貌办公室提供照片)

据史书记载：杨家寨是旧寨九寨之一，位于县城东 17.5 千米的雨昙山上(王家庄子村前、大谢庄村后)。山上树木苍翠，山顶突出成崮，其四周都是悬崖峭壁，

图 4-49 从杨家寨远眺云蒙湖
（蒙阴县岱崮地貌办公室提供照片）

深沟大涧。只有山麓的右侧有一条蜿蜒小路可以爬上。顶上有方圆500米的平坦地势，可供人居住。相传因古时候有位姓杨的将军在崮顶上扎寨安营，故名杨家寨。

明朝崇祯乙卯春正月，兵匪四起，攻城陷地，烧杀掠夺，民不聊生。这时王柱国率乡人守御杨家寨，击败了兵匪，保全了乡人的生命，乡人对他及其族人感恩不尽。因其字振东，故尊其王姓为振东王。振东王至今在蒙阴乃至全国已成为王姓中较大的一支。

2. 腾龙崮

海拔高度约300米，整个崮区占地面积为16000亩，位于旧寨乡东北6千米处的杏山子村北面，因远眺形似一条腾起的巨龙而得名（图4-50）。

图 4-50 腾龙崮远眺（蒙阴县岱崮地貌办公室提供照片）

3. 梓龙崮

位于蒙阴县旧寨乡和坦埠镇交汇处，它是一条类似长龙的山脉组成。当地人把他称作梓龙崮。高高的龙头向西展望，旧寨乡庙后村、九峪子村、李家宅子、东彭吴村依附于它的周围。环首而居，安静祥和。

龙身蜿蜒曲折，高低起伏。又分出了好多山崮，连绵不断延伸到坦埠镇潘庄村，它的南面由西向东分别是大洼村、龚家庄、龙山村、龙虎寨村，北面傍依梓河。龙头的两侧分别有两个山泉，相传是龙的眼睛。它北面在庙后村上方，南面在大洼村上方。一年四季山泉叮咚，清澈见底。

祥和的梓龙崮也有不平凡的历史。相传梓龙崮的龙首和对面的向阳峪经常形成一道亮丽的彩虹，让当地人感到神奇和遐想，很多人把此山作为神灵的象征。明清时期，有人在梓龙崮龙首建了一座魁星阁，以此来保佑当地百姓，祈福上苍。此阁建造美观，神奇，是用巨大的石条通过打磨加工而成。抗战时期，曾经是八路军的据守点，当地民兵也经常在此协防。现仅留废墟。

4. 黄崖顶崮

海拔高度为 626 米，面积为 0.5 平方千米，位于旧寨乡东北 7 千米处(图 4-51)。因山崖呈现黄色而得名。此崮寨为旧寨最高的寨子，也是旧寨境内最高峰。山顶建有庙宇，有石碾、石磨、石墙等遗物。有小道直通山顶，登峰造极，眺望群山，连绵起伏，簇拥丛生，深涧重重，沟壑叠加。过去动荡年代当地百姓把她作为避难的家园，时下，在黄崖顶南面也建有许多时尚民宅，适宜居住，是休闲娱乐、调心静养的好去处。

图 4-51　黄崖顶崮风光(蒙阴县岱崮地貌办公室提供照片)

5. 梓阳山寨

海拔高度为 220 米，占地 60 余亩，位于旧寨村驻地，梓阳山上。崮体保存较差，但寨墙保存较好(图 4-52)。

寨前依"云蒙湖",波光涟漪、层峦叠翠、山水相依。寨墙保存完好,原居室清晰可见,丰富的自然景观与浓厚的人文景观尽现眼前。相传山前与云蒙湖畔的大士阁以洞相连。据《蒙阴县志》康熙廿四年(1685 年)版记载:旧寨集大士阁下,有重门叠户,石室累累,制作工巧,中有砂砾填淤,莫可穷度。或疑为古时陵墓之属。该记载距今已有 300 余年,可见此物年代之久远。

图 4-52 梓阳山寨寨墙(蒙阴县岱崮地貌办公室提供照片)

四、辐射区崮的特征

1. 沂水县纪王崮

纪王崮位于沂水县泉庄镇政府驻地西北 4 千米处,海拔高度为 577.2 米,面积约 4 平方千米(图4-53)。呈南北走向,地貌奇特,山势陡峭,雄伟挺拔,中寒武统碳酸盐岩崮壁高约 20～30 米,崮体周长超过 5 千米,为崮型方山地貌特征,可以确信,它是岱崮地貌的组成部分。

相传在两千多年前的公元前 256 年,在位 59 年之久周国最后一个国王周赧王姬延被秦国生擒而去,周王国被灭。亡国后,42 岁的姬召率领残兵败将不足百人一路北逃,来到当时叫作西大崮的纪王崮。借纪王崮地势险要、丛林密布,以防御敌人、重整旗鼓。他在纪王崮上盘踞 26 年,修建金銮殿,但最终因与敌人力量悬殊而郁郁而终。所以,当地人

图 4-53 纪王崮远眺

也称纪王崮为“姬王崮”。

在纪王崮山崖半腰处有一深约30厘米的断痕，被人们称为关公试刀石。传说当年关公来此剿匪，登至崖下，挥动青龙偃月刀砍向山崖，留下了这一断痕。从关公试刀石向南，便是纪王崮的南门——朝阳门，山门劈山而立，另有5道山门与山下相通，即北门塔子门、西门坷拉门、东门凳子门、西北门走马门和东南门雁愁门。六门之中，惟南门朝阳门可自由攀登，其他山门险峻难攀。攀上崮顶，心旷神怡，自然风光秀丽、古朴，站在崮顶举目远望，周围锥子崮、东汉崮、板子崮、猪栏崮、歪头崮、马头崮、透明崮等26个崮形态各异，竞险争雄。

纪王崮历史文化内涵丰富，传说春秋时期齐国伐纪，纪国的国君纪王失国后，便迁居此崮之上，至今当地仍流传着众多有关“纪王”和“纪王城”的传说，并保存下了大量遗迹和奇闻逸事，如崮顶北部便是传说中的纪王崮金銮殿遗址；金銮殿南面有并排两座小山包，传说为纪王坟，现已进行考古发掘。

2. 平邑县太皇崮

位于山东省临沂市平邑县白彦镇南，海拔高度为505米，崮体四壁峭立，十分险峻(图4-54)。崮体由上下两个巨厚层碳酸盐岩地层构成，东西两端的下层碳酸盐岩层面展出为平台，上有石臼等遗迹。上层碳酸盐岩地层厚达30多米，无路可攀登(图4-55)。太皇崮的南面中东部岩壁上有天然寺庙遗址，分布在上部厚层碳酸盐岩根部崮壁的凹进处，而下层碳酸盐岩平坦顶面为寺庙地面。寺庙顶部岩石穹窿上有精细雕刻的花纹图案，上面留有“菩提路”字样，尚存一些塑像，但多为残体。

抗战时期，太皇崮一带属鲁南抗日革命根据地，1943年3月24日，这里发生过有名的抗击日本侵略军的太皇崮战斗。

图4-54　平邑县太皇崮崮壁近照

图4-55　崮体碳酸盐岩溶蚀孔洞的后期矿物填充

3. 枣庄抱犊崮

抱犊崮位于枣庄市山亭区北庄镇与临沂市苍山县下村乡交界处，主峰海拔高度为584米(图4-56)。原名君山，汉称楼山，魏称仙台山。相传，东晋道家葛洪(号抱朴子)曾投簪弃官，抱一牛犊上山隐居，“浩气清醇”“名闻帝阙”，皇帝敕封为抱朴真人，抱犊崮故名。另一传说道，古时山下一王姓老翁，因无法忍受官吏的苛捐杂税，决心到又高又陡的楼山顶上去度残生，可老翁家的耕牛无法上去，他只好抱着一只牛犊上崮顶，搭舍开荒，艰苦度日。饥食松子茯苓，渴饮山泉甘露，久而久之，渐觉得神清目朗、风骨脱俗，后经一仙人点化，居然飞升成仙，抱犊崮因此而得名。清代诗人雷晓专门为此作诗一首：遥传山上有良田，锄雨耕云日月偏。安得长梯还抱犊，催租无吏到天边。

图4-56　枣庄抱犊崮远眺(左图)及厚层碳酸盐岩中的岩浆岩夹层(右图红层)

抱犊崮崮体为巨厚层寒武系碳酸盐岩，厚40余米。在厚层碳酸盐岩中下部夹有一层紫红色岩浆岩层，厚达数米，这是沂蒙七十二崮中独有的岩石景观。而碳酸盐岩层中大型溶蚀洞穴发育。

抱犊崮是一座集自然景观、人文景观为一体的名山。山势突兀、巍峨壮丽、泉流瀑泻、柏苍松郁。山脚下有古庙两座，分别为清华寺和巢云观；半山处有山洞数十个；崮顶沃土良田数十亩，松柏茂盛，苍翠欲滴，奇花异草，满崮烂漫。伫崮东眺，黄海茫茫云雾缭绕。《峄县志》载：“邑八景之冠，为君山望海”。极目南天，平野如画。山腰间，有一处十八罗汉洞，洞内四周壁崖上雕刻着神态各异的佛像。

第五节　崮型方山的地貌与环境意义

鲁南地区以蒙阴县为主，加上其周边的沂水县、费县、平邑县、枣庄市等都是典型的岱崮地貌的分布区，而这些崮体灰岩都是寒武系灰岩构成的。沂水县的纪王崮（也称天上王城）和枣庄市的抱犊崮已经开发为游览区，其中，抱犊崮是国家地质公园。蒙阴县的孟良崮虽然名气远扬，但它的地层是泰山群，属于变质岩系，与岱崮地貌的灰岩地层完全不同，不属于岱崮地貌的范畴。沂蒙 72 崮、岱崮镇小区域竟然汇集了 30 个崮，是为天下奇观，可惜由于研究滞后、开发不具体，使得迄今仍为旅游的处女地。以科学研究为依托、以旅游为支柱，是开发岱崮地貌的必由之路，也是繁荣崮乡文化、发展崮乡经济的无烟产业。

岱崮地区方山以其独特的方山结构、崮体单一的寒武系碳酸盐岩岩层、典型的页岩为主的基座，成为寒武系碳酸盐岩岩系产出的独特地貌类型，这不单与其海相沉积环境有关，与基地抬升的构造演化有关，也与持久的地表风化剥蚀作用有关。特殊的环境产出特别的地貌景观。

近年来，蒙阴县及岱崮镇非常重视崮群环境的绿化，尤其是经济林桃树的广泛栽植，使得崮群周围桃林遍布。每当春天桃花盛开之时，恍若粉红之霞蔽山漫川，似祥云笼罩。盛夏之时，绿叶遍野，成为植被覆盖度很高的生态园林。清逸的生态环境，巍然的岱崮风貌，相辅相成，相得益彰。自然风光造福于民，而民众也在美化着自然景观。人与自然的和谐体现在岱崮风情之中。

第五章　岱崮地貌景观研究

第一节　中国非岱崮型岩石造型地貌景观

岱崮地貌是一种典型的岩石造型地貌，与丹霞地貌、张家界地貌、嶂石岩地貌、喀斯特地貌等具有异曲同工之妙。在凝练及揭示岱崮地貌景观及其特征时，需要对非岱崮地貌的岩石造型地貌景观进行必要叙述，从而为岱崮地貌景观特征的研究提供必要的对比，以便突出岱崮地貌的特色。

一、嶂石岩地貌景观

1972 年，河北省科学院地理研究所的郭康在太行山考察中发现了一种气势壮阔的红崖长墙砂岩地貌，后经多年考察研究，正式将该地貌命名为嶂石岩地貌，为我国三大砂岩地貌（其他为丹霞地貌、张家界地貌）之一。嶂石岩国家级旅游风景区，位于太行山中段，地质构造上属于南北向、向北倾覆的赞皇大背斜的西翼，主要由中元古代长城纪红色石英砂岩组成，上覆古生代寒武纪灰岩，构成太行山的主脊。由于地层产状比较平缓[1]，上下层均大致呈水平产状层层叠垒，微向西倾

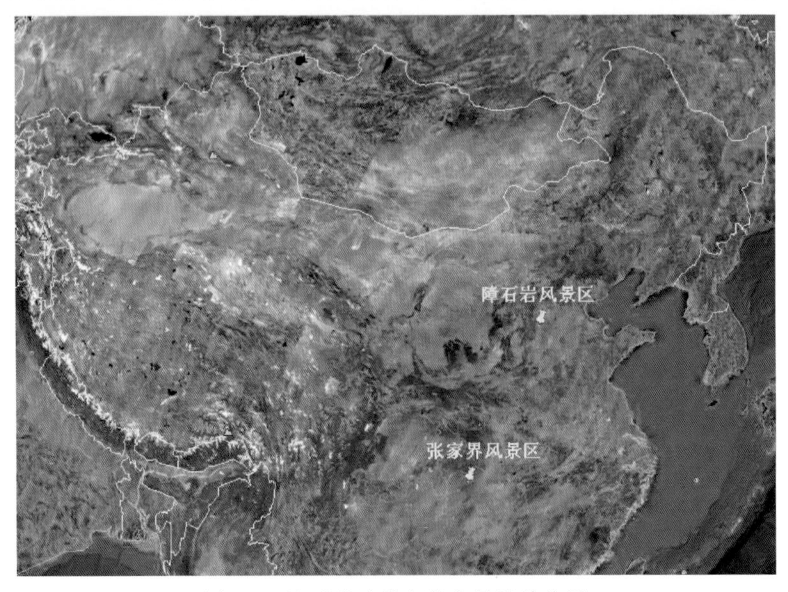

图 5-1　嶂石岩地貌和张家界地貌位置

斜，石英砂岩总厚度达400米以上，厚层砂岩中夹有薄层黏土岩，是构成嶂石岩地貌的主要岩层[2]。

嶂石岩地貌的主要成景原理，是随着新构造运动的抬升，由于水流沿崖边节理、层理的侵蚀风化作用，以楔形水平侵蚀和蚀空崩塌形式为主，形成顶平、身陡、棱角明显、整体性强的绵延大壁、复合障谷为主体内容，并发育着方山、石墙、塔柱、排峰、洞穴、崖廊等的奇险造型地貌[3]。

以嶂石岩地貌命名的嶂石岩国际级风景名胜区主要分布于河北省中南部赞皇县太行山深山区（图5-1）。除景区外，嶂石岩地貌主要分布在太行山的中南段，如：井陉的苍岩山；河南的红旗渠、云台山；山西的九龙关和五峰山都属“嶂石岩地貌”。嶂石岩地貌特征可以概括为：丹崖长墙连续不断、阶梯状陡崖贯穿全境、Ω形嶂谷相连成套、棱角鲜明的块状结构、沟谷垂直自始至终。形成了嶂石岩景区独特的“丹崖长墙，横贯天际；万丈红崚，绿栈镶嵌；Ω形嶂谷，连环成套；回音弧壁，天工巧成；塔柱石峰，棱角鲜明；垂直岩缝，形如刀切”的景观特色[4]。其主要景观有如下几类。

1. 丹崖长墙及阶梯状陡崖景观

丹崖长墙（图5-2）是山地夷平面被抬升、进而被切割破坏的产物，一侧为基岩

图5-2　丹崖长墙景观[5]

裸露的陡崖，由红色石英砂岩组成。风景区内长约 7 千米，往境外延伸可达 10 千米，相对高 500～700 米，呈南北向分布，故称长崖，当地称为“万丈红绫”[1]。长崖由三层阶梯状陡崖组成，因而又称为“阶梯状长崖”。自下而上：第一层高约 200 米，第二层高约 270 米，第三层高约 230 米。三层长崖之间是两级平台，当地称作“栈”。平台一般宽 10～30 米，个别宽 50 米[1]。

2.“Ω”形嶂谷景观

为半圆形围谷（图 5-3），上游陡崖封闭，河水从陡崖上以瀑布形式下泄，由于中间水流流速大，两侧小，较大水流对裂隙的侵蚀，为裂隙的扩大、岩石的崩塌后退创造了条件，而下落的水流有进一步向内掏蚀质地较软的岩层，逐渐形成半圆形构造。有的大型 Ω 谷中还有数个小型 Ω 谷，形成 Ω 型套谷，以回音壁最为典型，另外还有纸糊套、小西套[1]。

图 5-3 Ω 形嶂谷景观[6]

3. 棱角鲜明的块状结构及垂直沟谷景观

嶂石岩地貌的形成受垂直节理和水平掏蚀控制，由此造成的重力崩塌是当前地貌演化的主要形式，重力崩塌加之流水的侵蚀搬运，形成了嶂石岩地貌棱角鲜明的块状构造和垂直沟谷景观（图 5-4）。

图 5-4　棱角分明的块状结构及垂直沟谷景观[7]

4. 其他景观

嶂石岩地貌除上述典型景观外，还发育崖廊、方山、排峰、塔柱、石墙、洞穴等地貌景观[3]（图 5-5）。

图 5-5　其他典型景观：(a)崖廊[8]；(b)方山[9]；(c)排峰[10]；(d)塔柱[11]；(e)石墙[11]景观

二、张家界地貌景观

张家界砂岩峰林地质公园位于湖南西北部张家界市武陵源区境内(北纬29°16′25″—29°24′25″,东经110°22′30″—110°41′15″),2004年4月被联合国科教文组织评为世界地质公园,为第一批世界地质公园之一,以其独具特色的石英砂岩峰林组合享誉中外,是中国三大砂岩地貌之一。

园内的地貌类型以石英砂岩峰林地貌为主,为其核心景观地貌,次为喀斯特地貌、侵蚀构造地貌、河谷堆积地貌(图5-6)。张家界石英砂岩峰林地貌面积约83平方千米,有大小峰林3100多个,峰林高差数十至300米不等[12,18]。喀斯特地貌主要分布在西部和东北部[12](图5-6)。

形成于泥盆系(距今3.5亿～4亿年)的石英砂岩峰林地貌是张家界特有的地貌类型。自晚第三纪以来,由于地壳的缓慢、间歇性抬升,在流水的长期切割侵蚀以及重力崩塌作用下,张家界的景观地貌发育经历了平台→方山、峰墙→峰林、峰丛→残林三个发育阶段。所以,对应的景观特征大致也有这些类型。

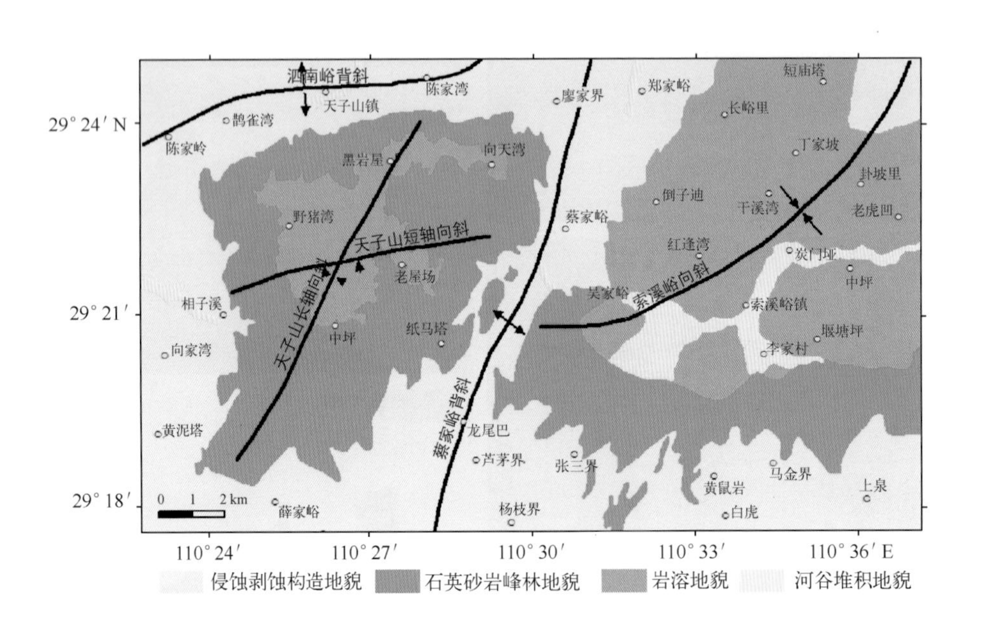

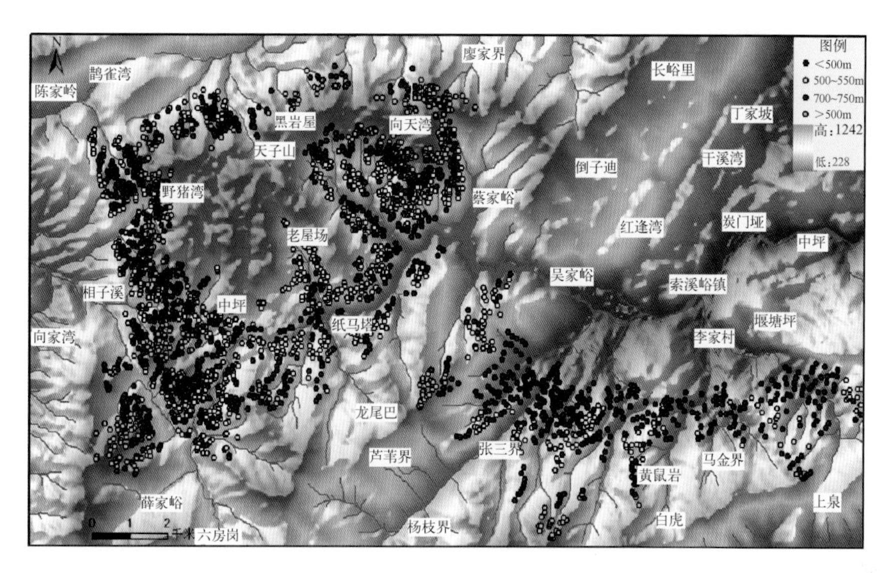

图 5-6　张家界景观地貌分布图[12]

1. 平台

景区顶部残存的准平原化地貌，为典型的灰岩台地(图 5-7)。

图 5-7　平台(夷平面，远景)[13]

2. 方山、峰墙

石英砂岩峰林地貌形成的最初阶段，方山为边缘陡峭、顶部平坦，有坚硬的含铁石英砂岩构成，相对高差几十至数百米的地貌类型，如天子山、黄石寨、鹞子寨。方山在共轭节理中发育规模较大的一组形成溪沟，两侧岩石陡峭，就形成峰墙，如百丈峡（图 5-8）。

图 5-8　方山、峰墙景观：(a)张家界天子山[14]；(b)张家界百丈峡[15]

3. 峰丛、峰林

流水继续侵蚀溪沟两侧的节理、裂隙，就形成峰丛，当切割到侵蚀基准面，侵蚀向侧向展宽，就形成无数由独立的峰柱构成的峰林（图 5-9）。

图 5-9　(a)峰丛[16]；(b)峰林[17]

除上述主要原生景观外，另有残峰景观（图 5-10）及一些次生景观，如石门、天生桥（图5-11）及峡谷、嶂谷等[18]。

图 5-10　残峰[19]

图 5-11　石门及天生桥景观：(a)张家界天门山[20]；(b)张家界天生桥[21]

三、丹霞地貌景观

20 世纪 30 年代陈国达提出“丹霞地形”的概念。丹霞地貌的物质基础是红色陆相碎屑岩，是相对于均质、致密的海相沉积和陆相化学沉积和生物沉积而言的。丹霞地貌主要发育在红色砾岩、砂砾岩、砂岩的地层组合上，而相对质地较软的粉砂质和泥质岩多发育红色丘陵。目前发现的红层均不早于中生代，最老的红层为三叠系，以白垩纪最多，约占 80%[22]。不同于嶂石岩地貌和张家界地貌这两种砂岩地貌，丹霞地貌在我国有广泛的分布，基于其分布可划分为三个区域(图 5-12)：东南丘陵一带的众多中小型红层盆地，如广东丹霞盆地、江西信江盆地、湘桂交接的资新盆地等；西南的四川盆地，为一个大型紫红色砂页岩盆地；西北一带的河湟谷地、陇中盆地等中小型红层盆地[23]。由于各区地质构造、地壳演变过程不同，加之外动力，主要是水蚀作用和风蚀作用的差异，形成的丹霞地貌景观也有很大的差异。

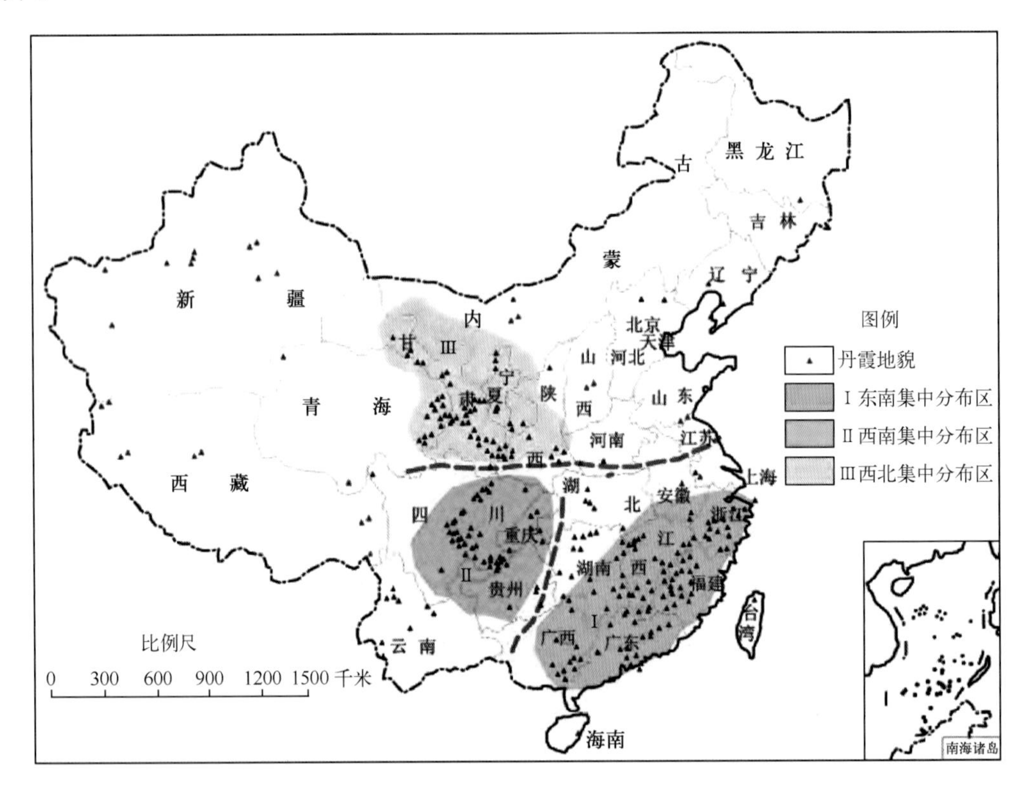

图 5-12 我国丹霞地貌三大集中分布区[24]

丹霞地貌发育的构造基础是区域构造控制的沉积盆地。由于沉积环境的差异和后期地质作用的改造，红层的颜色可变化为棕黄、褐黄、紫红、褐红、灰紫等偏红色[22]。丹霞地貌发育开始于红层盆地的抬升，其中断层破裂带和大节理成为容易遭受风化侵蚀的薄弱地带，流水首先沿红层的断层和垂直节理下切侵蚀，形成深峡的切沟。当下切遇到下伏坚硬岩层，水流开始以侧向侵蚀为主，岩层基地遭受破坏，谷壁沿垂直节理发展崩塌，使切沟逐渐转变为巷谷、峡谷。陡崖壁高出谷底的部分的崩塌则主要是通过软岩层的风化，导致上覆岩层的崩塌，而缓慢进行的[25]。

丹霞地貌的景观在中国不同地区有一定区别，图 5-13 展示我国不同地区的主要丹霞景观特征。东南部典型景观：由于该地区地壳抬升较慢，区内多发育幽深曲折的溪流，丹霞地貌以峰林陡壁、一线天、天生桥、额状洞等景观为主。以南岭山地和武夷山地最为集中，如粤北丹霞山、武夷山的九曲溪两岸、耒江中游及资江上游等丹霞山水最为典型[24]。

图 5-13　各区典型丹霞地貌景观图：(a)广东丹霞山(李云防摄)[26]；(b)广东丹霞山[27]；(c)贵州习水赤壁神州[28]；(d)重庆四面山风景区[29]；(e)坎布拉[30]；(f)甘肃张掖[31]

西南部典型景观：受新构造运动的强烈影响，该区地壳差异升降显著，形成典型的峡谷地貌，峡谷两侧陡坡地带，重力崩塌严重，山体易形成垂直的陡崖绝壁。该区深切峡谷形成的丹崖赤壁规模宏大，是其他两区所少见的。同时该区降雨充沛，加之森林覆盖率高，有利于涵养水源，常年瀑布众多。如习水、四川盆地南部诸县的玦谷及赤壁丹崖，四面山、赤水的丹霞瀑布群等[32]。

西北部典型景观:受青藏高原强烈抬升的影响,西北丹霞地貌区地壳运动幅度大,因而多陡倾斜甚至垂直和扭曲性丹霞地貌。受干旱气候和上覆黄土的影响,西北地区丹霞崖面多呈枯黄色。由于不充分的降雨将黄土中钙质和硅质的淋溶,将下伏的砾石层胶结起来,形成坚硬的盖层,上覆黄土被流水侵蚀,顺流而下,形成含泥量较大的钙质柱乳,黏附于崖壁上,形成西北特有的丹霞地貌景观。典型的丹霞地貌风景区如坎布拉、炳灵寺、老龙湾、麦积山、张掖五彩山等[32]。

四、喀斯特地貌景观

大范围分布的可溶性岩石如碳酸盐岩、硫酸盐岩、卤化盐岩在流水作用下,被溶蚀形成的地貌景观通常称为岩溶地貌,又称为喀斯特地貌[33]。相对砂岩地貌以物理侵蚀为主的特点,喀斯特地貌则以化学溶蚀为主,因而相对于砂岩地貌的垂直节理发育、崖壁陡立的特点,喀斯特地貌则具有"瘦、皱、漏、透"的特点。中国裸露与半裸露的各种碳酸盐岩层约占我国总面积的四分之一,碳酸盐岩占主要比例的岩层,加之埋藏的碳酸盐岩则占到我国面积的 70%,如此广泛的碳酸盐岩层的分布为我国喀斯特地貌的发育提供了充足的物质基础[34](图 5-14)。

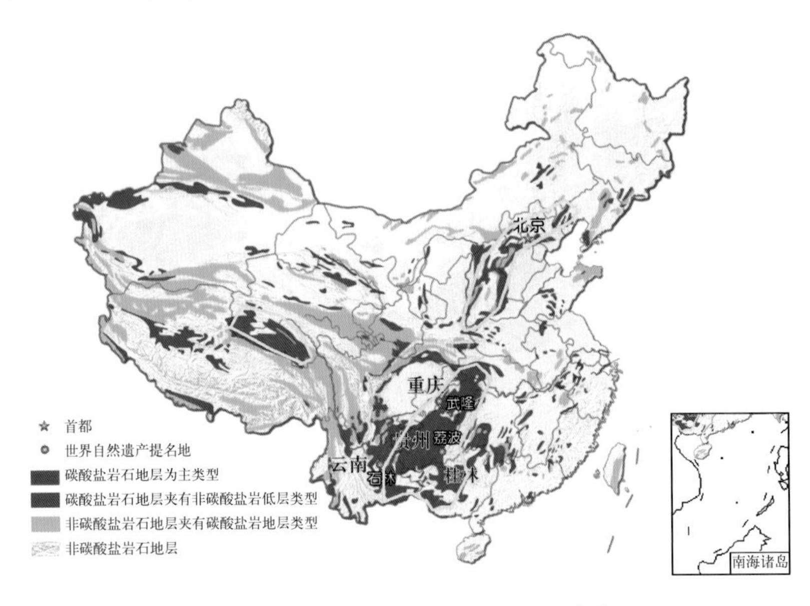

图 5-14　我国主要喀斯特景观分布区[34]

由于喀斯特地貌以化学溶蚀为主,有赖于湿热的气候,因而位于热带、南亚热带湿热气候区,碳酸盐岩沉积厚度达到 1 万米以上的西南地区,是中国喀斯特旅游景观的主要分布区，以贵州、广西和云南东部为主体，包括了四川、重庆、湖北、湖南的一部分，典型景区如广西桂林、云南石林等。其次还包括北方岩溶区：山西高原到辽宁一线；西藏高寒岩溶区，但高寒区由于受气候限制，岩溶景观发育不理想。

喀斯特地貌景观主要有普通地表喀斯特景观（图 5-15）、地表钙化堆积（图 5-16）和溶洞景观（图 5-17）三大类，而每个大类则包含不同的亚类。

图 5-15　典型普通地表喀斯特地貌：(a)峰丛[35]；(b)峰林[36]；(c)孤峰[37]；(d)布柳河天生桥[38]；(e)大石围天坑群[39]；(f)云南石林与石芽[40]

1. 普通地表喀斯特

其主要景观类型有：峰林、峰丛、孤峰、石芽、天生桥、溶蚀洼地、溶蚀谷地、干谷、竖井、天坑等，典型地区如广西桂林、云南石林等(图 5-15)。其中峰林为彼此间有一片平坦的平原隔开的石峰群；峰丛则是具有共同基座的石峰群，石峰之间常分布着许多深切的封闭洼地[41]。地表水的侵蚀是峰林地貌发育的必要条件，因而峰林常见于地下水位较浅的地区，如桂中、湘南一带以及云贵高原。峰丛常分布在地下水位较深的地区，如云贵高原与桂林平原之间的斜坡地带，以及长江及珠江水系的支流峡谷两侧[41]。

2. 地表钙华堆积

其主要景观类型有：瀑布华、钙华堤坝、岩溶泉华(图 5-16)。瀑布华是地表水流速突然增大，内力作用减小，水中二氧化碳外逸形成，如黄果树瀑布；钙华堤坝和岩溶泉华则为含大量溶解碳酸钙的冰雪融水和地下岩溶水，在流动中随着水温升高、流速增大及大量藻类植物的作用，形成钙华沉淀，由于含有许多杂质和不同元素，使钙华呈现不同色彩，如四川黄龙寺、玉龙西泉华滩。

图 5-16　地表钙华堆积景观：(a)贵州黄果树瀑布瀑布华[42]；(b)贵州九寨沟黄龙钙华堤坝[43]；(c)川西玉龙西泉华滩岩溶泉华[44]

3．地下溶洞

该类喀斯特地貌的主要景观有包括石笋、石柱、石钟乳、石幔、石锅、边槽等，如湖南黄龙洞、云南燕子洞（图 5-17）等。

图 5-17　地下溶洞景观：(a)湖北黄龙石笋[45]；(b)湖北黄龙[46]；(c)云南燕子洞[47]；(d)云南燕子洞[48]

中国西南岩溶区的可溶岩以前三叠纪的致密、坚硬的碳酸盐岩为主。碳酸盐岩地层与非可溶岩层的组合情况有两种类型：互层型和连续型。互层型分布在黔、滇东、川南、鄂西一带，其碳酸盐岩层厚度可达 3000～10000 米，主要为寒武—奥陶系和泥盆系—三叠系两个区间。连续型分布在桂、湘一带，厚度达 3000 米，由中泥盆统到中三叠统呈连续分布。本区碳酸盐的主要岩石类型有石灰岩、白云岩及一些不纯的碳酸盐岩[41]。

五、岱崮地貌与上述四类地貌的区别

嶂石岩地貌分布在太行山脉，主要由中元古代长城纪红色石英砂岩组成的红崖长墙砂岩地貌，张家界地貌是分布在张家界武陵源区境内形成于泥盆系的砂岩峰林地貌，丹霞地貌是以砾岩、砂砾岩、砂岩为主的岩层平缓、岩壁陡峻的陆相红层地貌，喀斯特地貌是大范围分布的可溶性岩石如碳酸盐岩、硫酸盐岩、卤化盐岩在流水作用下溶蚀形成的岩溶地貌。前三种以物理侵蚀成因为主，后者以化学侵蚀成因为主。岱崮地貌是分布在以蒙阴为典型区、岱崮为核心区的寒武系灰岩构成的集群分布的方山地貌，虽然可溶性岩石为其地貌主体，但是以物理侵蚀作用为其主要成因。显然，岱崮地貌与前述四大类地貌从物质组成、分布形式、成因及演化方面都有明显的不同之处。

第二节　岱崮地貌的景观特征

一、岱崮地貌的景观分类

岱崮地貌崮体的岩石类型非常单一，虽然基座的岩石类型具有多样性。但是，在如此单一的岩石类型上，发育的地貌景观却非常丰富，具有景观特征的多样性。另外，构成崮体及基座岩石的某些景观，对于岱崮地貌来说具有标志性特征，也是我们将要发掘的景观类型。除了上述两大类岩石造型景观外，还有其他的景观，比如，岩石结构景观，如溶蚀孔洞、山泉、生物化石等。我们初步将岱崮地貌的景观特征分为如下几大类：崮体岩石造型景观，岩石结构构造景观，地下水及生物化石景观，以及文化符号景观四大类。其中文化符号景观主要是指与岱崮地貌有关的文化遗迹景观，如石磨、石碾、石棋盘、石舂、石寨门、石寨墙、石屋等等，这些不是自然产物，在此不再多述。

崮体岩石造型景观主要包括：方山崮景观、崮上尖山景观、桥崮景观、叠崮景观、复合崮景观、错位崮景观、人像崮景观、长崮景观、折线崮景观、残崮景观、坠石景观等；岩石结构构造景观主要包括：节理景观、鲕粒/豆粒结构灰岩景观、溶蚀景观、溶洞填充景观等；地下水及生物化石景观主要有：三叶虫化石景观、龙泉景观等。对于一些重要的岱崮地貌自然景观特征进行必要的分述。

二、岱崮地貌崮体岩石造型景观特征分述

1. 方山崮景观

方山崮景观是指岱崮地区最典型的崮，包括面积较小、以近似圆形或凸面三角形为主的形态简单的崮体，它多位于孤立的山丘上，部分位于高低相间的山脊高处，远观之恰如典型方山。碳酸盐岩崮体保存完好，岩壁陡直，四周崮壁连续。这类景观一般非常险峻，个别崮体难以攀登到其顶部(如北岱崮、南岱崮等)。无论远观近瞧，都非常震撼人心。岱崮镇境内大多数小型崮都属于这类地貌景观。

2. 崮上尖山景观

崮上尖山景观是岱崮镇较为常见的一类地貌景观，它是一些面积较大的大型崮体之上分布的单一或多个尖山现象。前文提到，岱崮镇的崮体是由石灰岩为主的碳酸盐岩巨厚地层构成的，而这层岩层的上下相邻地层则以页岩地层为主、夹有中厚层碳酸盐岩地层，因此，崮上尖山景观的岩性主要是页岩，由于页岩抗风化能力较弱而崮体巨厚层碳酸盐岩的抗风化能力较强，因此，当崮体岩壁以陡壁形式固守其形貌时，其上的以页岩为主的地层在水蚀、风蚀的持续作用下逐渐变成了上小下大的锥形尖山，也是页岩地层适应侵蚀过程的自然选择。

在岱崮镇地区，这类景观以大崮崮体之上的三个尖顶最具代表性，此外，莲花崮上的九顶，也是崮上尖山的集中展现。

3. 桥崮景观

桥崮，即像桥一样连接两个崮的中间过渡地层，该过渡地层可以是构成崮体的上寒武统碳酸盐岩，也可是中寒武统非主力崮体岩层的中厚层碳酸盐岩地层。代表性地貌为天桥崮(图 5-18)及其拱形构造特征(图 5-19)。

在岱崮镇地区，天桥崮中间的上寒武统碳酸盐岩桥体是典型的桥崮景观(图 5-18)，以窄、直、平的碳酸盐岩剥蚀残留地层连接其两端保存较为完好的崮体，它不但连接南顶子和中、北顶子等多个崮体，其本身也是崮体的组成部分。更为奇特的是，该桥崮景观的中部东侧具有似人工架构的石拱桥特征(图 5-19)，可谓奇观天成。实际上，具有拱形特征的碳酸盐岩地层其厚度为中等，岩层之间的层面明显、延伸较远且清晰，似旋卷构造。拱形岩层之下存在枕状岩石包裹体，虽然它也为碳酸盐岩，但其厚度明显偏大，呈块状构造。

图 5-18　天桥崮全貌(桥崮景观为崮上最窄细处)

图 5-19　桥崮景观呈现的拱形石灰岩岩层

另外,小崮与大崮之间的山脊上存在中厚层碳酸盐岩桥形地貌单元,也呈现桥崮景观特征(图 5-20),只是其地层应该属于下寒武统,为基座岩体中的中厚层碳酸盐岩。与天桥崮的桥崮景观相比,该桥崮景观除了地层与小崮及大崮崮体中寒武统碳酸盐岩不一致外,其形态的持续性也不是很好,碳酸盐岩地层在局部地段由于山脊两侧的严重剥蚀而消失不见,使之难以真正构成大小崮之间连通的桥梁。不过,如果把地质演变时代向前倒回若干万年,这里则会清晰展现完整桥崮景观特征。

图 5-20　小崮与大崮之间的桥崮景观(下寒武统中厚层石灰岩岩层)

无论如何，天桥崮的桥崮景观是完整的、典型的，正处于体现该类景观演变的适时阶段，而大崮与小崮之间的桥崮景观是其演变的后期阶段，可以说是桥崮景观风烛残年的写照。可以预见，再过数万年，则天桥崮上的这个桥崮景观也会呈现出如大崮小崮之间残缺的桥崮景观特征。二者反映了这类景观的前后发展阶段，可谓相辅相成。

4．叠崮景观

叠崮景观是指岱崮地区那些由两层、个别由多层巨厚层碳酸盐岩地层复合叠置的崮体景观，这类景观的特征在第四章有关双层结构崮体的特征中进行了较为详细的介绍。无论如何，这类地貌景观在岱崮地区也是非常有代表性的景观。这类景观主要是针对那些崮体面积较小、崮体形态特征比较鲜明的双层结构的崮体(图 5-21)，板崮作为这类景观的最典型代表，此外还有安平崮、獐子崮等多个崮体也呈现如此景观。

在这类景观中，安平崮双层叠置的碳酸盐岩地层，其上下两层的厚度大致相近，而其他双层叠置的崮体，多是下部为巨厚层、上部为中厚层，其下部与上部地层厚度的比例大致为 4∶1。

图 5-21　岱崮地貌的叠崮景观特征

由于风化剥蚀的差异性，该景观中、上层碳酸盐岩地层的厚度在某些崮体中呈现厚薄不一状态，如油篓崮。

5．复合崮景观

岱崮地区的崮体的构成岩层大多数是中寒武统巨厚层碳酸盐岩，而且这些崮体基本分布在梓河右岸地带。而位于梓河左岸地带的那些崮体，其主要特征是顶部为上寒武统巨厚层碳酸盐岩构成的、已经有较明显剥蚀的真实崮体层，以及其基座中部明显出露的中寒武统巨厚层碳酸盐岩构成的腰带状潜在崮体层。二者分别作为现有尖山顶部的碳酸盐岩崮体及基座中突兀嶙峋的巨厚层陡壁发育的碳酸盐岩地层，在景观上结合，可以称作复合崮景观。遗憾的是，这类地貌景观中以前存在的上寒武统崮体大多已经被剥蚀而成为尖山景观，岱崮地区残留下来的崮体已经不多(仅有蝙蝠崮、天桥崮、小油篓崮等)且发育不大连续，与山腰的厚层连续中寒武统碳酸盐岩岩壁相比差异悬殊。当然，可喜的是，梓河左岸岩层由于剥蚀速率远小于梓河右岸地层的剥蚀速率，所以才能够见到上寒武统崮体的出现，虽然与梓河右岸中寒武统碳酸盐岩崮体相比其已经处于接近老年阶段。

6. 错位崮景观

这类岱崮地貌景观主要是指崮体某部位出现明显断裂使得断裂带两侧的崮体在高度上出现分异，或者在平面上发生错位移动现象。团圆崮和大崮由于受到地层断裂的影响，崮体明显发生错位，属于错位崮景观，其中团圆崮断裂的走向大致呈现东西向（当然，在崮体以下的页岩层等软弱地层中，由于地表风化及松散物质的披覆而难以追踪到该断层），使得南崮和北崮由同一个崮体错断为两个高低不同的崮体，且南崮相对较低（图 5-22）。该断层很可能是正断层，南崮作为上盘相对于下盘北崮来说发生明显的相对下降。

7. 人像崮景观

图 5-22　团圆崮呈现的错位崮景观
（由南南西向北北东方向拍摄，断距约有 20 米）

岱崮地区当地老百姓对具有该特征的崮进行的形象化命名，如石人崮、十人崮等。人像崮景观也是根据崮体局部岩石似人体形状或者如人头像等特征而提出并命名的，这类景观有石人崮、十人崮等。其中十人崮，是其崮体周边边壁的不同地方有类似人形的岩块，总计有十个；而石人崮，是其中一个残留岩块的北边呈现佛像特征（参见图 4-33）。

8. 长崮景观

与形态较简单的崮体相比，形体为长形的崮体也是一种重要岱崮地貌景观。在岱崮地区，长形崮体主要以卧龙崮为代表。这是位于山梁之上且岩层持续展布、中间没有发生明显断开或剥蚀的碳酸盐岩崮体。但是，这类崮体顶面并非平坦不变，因为局部地段的剥蚀有可能相对严重一些。

9. 折线崮景观

折线崮从本质上来说也属于长崮景观，但是，由于其在中间某一部位发生明显转折，成为折线形态，因此，它与长形崮又有必然的区别。折线崮的形成与区域地质构造和当地水流侵蚀关系密切。岱崮地区最著名的折线崮是龙须崮。

10. 残崮景观

在崮体的发展演化中，这类崮体基本处于生命的老年阶段，崮体的完整性已经被大自然那看不见的威力进行了极大的破坏，保留下来的主要是大块的单一岩块或聚集岩块，岩块之间崮体不连续，伴随一些东倒西歪的变形岩块（如落石、崩石、离石等）（图 5-23）。

图 5-23　石人崮局部反映的残崮景观

作为残崮景观，必须具备两大基本特征：一是崮体破碎或者已经解体，崮体顶面基本没有很好保存，单个岩块顶部为尖锐形态；二是远看如石芽形态。石人崮是这类地貌景观的典型代表。

11. 坠石景观

崩塌或坠落的崮体大型岩块构成的景观则成为坠石景观，这些景观由于是从巨厚层崮体碳酸盐岩层上崩落的，因此其岩性也是碳酸盐岩。这类景观由于坠石所途径的地貌部位不同、其赋存位置和方式也出现明显差异。如，南蝎子崮东北侧的厚层灰岩的坠落后，沿基座肩部坡面滑移数米，最后成为多层灰岩斜躺状态（图 5-24）；大崮的坠石景观，大部分落在山腰（或基座腰部）比较平缓的地貌部位（图 5-25）。这些岩块如是滑塌，则其地层呈现正常的层序关系，即上部地层的形成年代晚于下部的；如是翻转崩塌，那么岩层的层序可能与沉积时序正好相反。

坠石景观实际上反映了岱崮地貌形成演化过程中的重力侵蚀作用机理，每一个崮的形成都要经过崮体周边数万年以上的无数次块石崩塌才能够呈现目前所见的地貌形态。

图 5-24　南蝎子崮东北侧坠落的岩石构成的坠石景观(左边为南蝎子崮崮体)

图 5-25　大崮东北侧的坠石景观(地层很可能已经出现翻转)

三、岩石结构构造景观特征分述

1. 豆粒结构灰岩景观

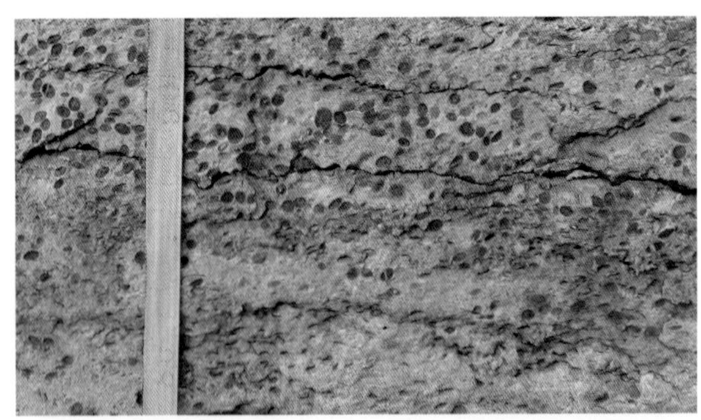

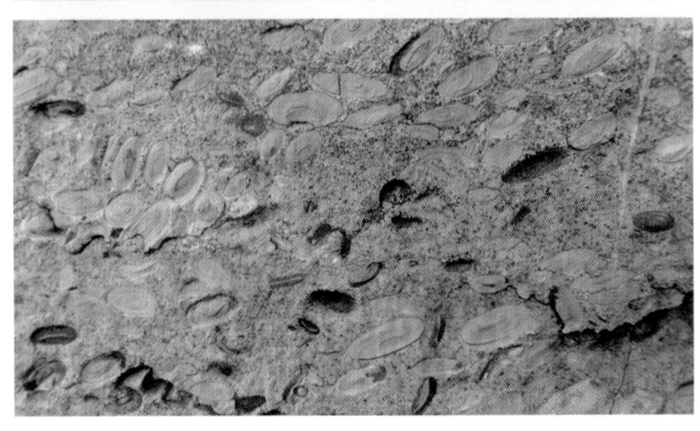

图 5-26　豆粒结构灰岩景观(下图为局部放大)

这类景观不同于前述的那些宏观景观,这是反映碳酸盐岩结构的一类微观景观(图 5-26)。豆粒灰岩反映了这类灰岩形成阶段时的沉积特征。

同鲕粒灰岩形成一样,豆粒灰岩是在各类海相生物骨骼碎屑等微小结晶核心存在时,文石等矿物便会围绕这些结晶核心开始以同心圆状一层层沉积,直至沉积颗粒大到抵消了海水扰动的托举力之后,这些在海水中漂浮、增大的颗粒逐渐下落到海底并逐层聚集起来,形成以同心圆状豆粒结构为主的豆粒灰岩。

在岱崮镇地区,这类豆粒灰岩出露于碳酸盐岩崮体以下基座内的中寒武统中厚层灰岩体内,在小崮西坡的地层实测剖面中以其第 17 小层相对富集且最明细(表 3-1)。

2. 竹叶状灰岩景观

这类灰岩是未固结的灰岩在高能环境下被波浪打碎成为小而长的块体，又在波浪作用下被冲刷成为竹叶状长条，后来被碳酸盐岩沉积物充填包裹，再接受压实和成岩作用，最终形成了在剖面中呈现竹叶状形态的碎屑灰岩（图 5-27）。在地层中，与豆粒灰岩常常相伴而生，其形成时的水体的动能要比豆粒灰岩形成时的大。在层序上如果出现竹叶状灰岩在下层，而豆粒灰岩在其上部，更上部出现鲕粒灰岩，那么该沉积层序反映着沉积环境水动力逐渐变弱的现象。

图 5-27　竹叶状碎屑灰岩景观（上部为豆粒灰岩景观）

岱崮镇地区这类岩石结构景观在崮体下部基座中部中厚层碳酸盐岩地层中。

3. 孔洞填充景观

岱崮地貌作为碳酸盐岩为主的造型地貌，其碳酸盐岩一定具有溶蚀孔洞。而溶蚀孔洞常常会被后期的不同于母岩的沉积矿物填充。这类现象反映在微地貌方面，可以称作孔洞填充景观。

在岱崮地区的崮体表面，很少发现溶蚀孔洞的填充作用。但是，在崮体的崩塌块体的新鲜断面上，我们发现了这一现象。图 5-28 所示的是大崮坠落石块新

图 5-28　碳酸盐岩溶蚀孔洞被后期形成的石膏放射状晶体所填充

鲜断面上发现的石膏晶簇，呈现扇形放射状。此外，还有方解石矿物的填充现象。

4．层面三叶虫化石景观

我们在卢崮基座的泥灰岩地层中发现有三叶虫化石残体，表明这类薄层泥灰岩、灰质泥岩中适宜三叶虫化石的形成和保存。如果能够发现大面积三叶虫化石分布层，那么该地层将会是典型的层面三叶虫化石景观。

5．涌泉景观

涌泉是降水渗入地下，经裂隙汇聚非透水层之后，由于受到压力而涌动排出现象。在岱崮地貌区，石灰岩的洞穴和节理等裂隙构成了降水下渗及汇聚的条件，页岩等非渗透性地层成为天然的隔水层，使得泉水出流现象在该地区较为普遍。如果地层中的承压水富集，就会出现涌泉景观。

这类景观在岱崮镇沟谷比较常见，一些崮上地方也可以出现泉，比如，在大崮、莲花崮碳酸盐岩崮体之上都发现有泉水，一般在连续降雨的情况下才呈现出现涌泉景观，平常只为泉眼。

第三节　岱崮地貌的成景原理

如第三章沉积演化和地貌形成模式所揭示的一样，岱崮地貌的形成过程经历了滨浅海的长期沉积作用、大陆板块运动引起研究区地壳的逐渐隆升作用和不同程度的构造变形作用、外营力为主的长期剥蚀改造作用。

对于岱崮地貌景观的形成，可以简单地概括为三个阶段：(1)地貌景观的物质准备阶段(沉积作用为主的阶段)；(2)地貌景观的初始变形及塑造阶段(构造作用为主的阶段)；(3)地貌景观的逼真刻画阶段(外营力作用为主的阶段)。上述三个作用阶段的连续作用，是岱崮地貌景观成景所遵循的基本原理。下面，对这三个阶段成景的基本原理进行简单叙述。

一、岱崮地貌景观的物质准备阶段

由研究区地层剖面所揭示的地层序列特征可知，该区在古生代海侵期形成了巨厚的沉积地层，包括灰岩—页岩夹灰岩—厚层鲕状灰岩、生物碎屑灰岩、藻灰岩等为特征的地层序列。其中中寒武统巨厚层灰岩成为构成梓河右边地区诸多崮体地层的基本物质，也是梓河左边一些山腰巨厚层碳酸盐岩地层的物质基础，而上寒武统灰岩构成了梓河左边一些山脊崮体地层的基本物质。这些碳酸盐岩地层，成为各类与崮有关的景观的基本地层。另外，页岩以及页岩与中厚层碳酸盐岩互层等地层，成为形成崮体基座的基本地层。也是形成一些上寒武统或中寒武统尖山景观的物质基础。

无论如何，这些物质的聚集、这些地层的形成，都是在滨浅海的海底进行的。其一旦抬升至陆上之后，才有可能被改变成为现今的岱崮地貌景观。而要将海底形成的岩层顶升到陆上，这一巨大“力士”则是地质构造运动。

二、岱崮地貌景观的初始形变及塑造阶段

像华北广大地区所经历的构造运动一样，山东蒙阴岱崮地区也经受过不同时期的强烈的地质构造运动的深入作用和深刻影响。

由于受印支期和燕山期构造运动的影响，华北形成的郯城庐江左行走滑断层，使鲁西地区形成一系列近东西向的隆起和凹陷，鲁西地块发生北西向张裂作用，形成一系列北北东向断裂构造。新生代由于受喜马拉雅运动的影响，地壳活动加强，该区沉积的碳酸盐岩、页岩岩系、巨厚的张夏组（鲕状灰岩）地层在构造运动的巨大作用力影响下逐渐被抬升到陆表，这时，出露于陆上的地层在其地势变化显著的地表水流高能带、断裂带等脆弱处开始遭受风化剥蚀，而构造引起的隆升在持续进行中，一些侵蚀很小的地带高出海平面数百米，甚至过千米，而侵蚀速率较大的那些地带则被变为冲沟、沟壑、沟谷及河流等地貌单元，使得地貌形态出现分化的同时，地表岩石在接受着不同强度的侵蚀改造。这些作用的合力影响下，岱崮地貌的原始地形开始形成，也为岱崮地貌景观的最终形成创造了地形条件。

地质构造运动除了对宏观地形的塑造外，还对岩体进行了重要改造，比如，对岩体施加作用力导致岩层出现节理，长距离的错断作用使岩体出现断层，还有褶皱、褶曲、掀斜等作用也在区域或局部地层系统中留下了印记。这些印记为岩层后期的改造留下了伏笔。

三、岱崮地貌景观的逼真刻画阶段

当这些基础地层在地质构造运动中抬升到必要的高度时，地表岩石已经经历

了深刻的外营力改造作用，除塑造了初始地形地貌，还为崮体将来发育的大致位置、形状等进行了定调：如，沟谷和河流地带不会发育崮体，而山脊、丘顶等则是崮体发育的场所。当然，接下来外营力对形成崮体的碳酸盐岩体、形成基座的以页岩为主的岩系的精确塑造、逼真刻画，成为不可避免的阶段。

研究区构造应力的作用方向主要有三个，从而在岩层中产生了三组明显的节理，这些节理导致岩层之间断开，为其后续的外营力作用提供了方便。构成岱崮地貌崮体的碳酸盐岩以鲕状灰岩为主（其次为藻灰岩等），而鲕状灰岩岩石脆性大、颗粒粗，颗粒之间具方解石胶结，在多期次构造应力作用下，形成的几组的节理极其发育，地表降水首先汇聚于节理缝隙，从而引起化学侵蚀在节理缝隙中更显著，而冬春季的冰劈作用会使岩石沿节理缝隙分开，岩石会变成彼此分离的块体。页岩层系则以流水侵蚀、风力侵蚀等为主的外营力作用下持续进行，侧向及垂向的侵蚀速率远大于碳酸盐岩的，因而其高程降低较快、侧向蚀退更为明显，常常使得其上部层位的碳酸盐岩悬空失稳。对于因下部页岩相对快速侵蚀而悬空的较厚层碳酸盐岩来说，沿节理崩塌是岩石侵蚀后退的主要演变方式。

在海底形成的地层中，在构造运动的影响下，外营力的精雕细刻，使得岱崮地貌各类景观逐渐形成。对于地层结构构造景观来说，它们在沉积阶段就已经形成了雏形，而在成岩阶段就完成了交代作用，使方解石交代了原来的文石，从而变成了豆粒结构灰岩景观、鲕粒结构灰岩景观等；至于竹叶状灰岩结构景观，基本上形成于沉积阶段，此后的一切变动对其形态影响不大。而对于三叶虫化石景观来说，沉积阶段使得死去的三叶虫沉积下来，成岩阶段时硅质物质交代了三叶虫的钙质骨骼，这样就基本形成了这类生物化石景观。

四、与其他岩石造型景观成景的比较

岱崮地貌景观的发育及形成和演化，与丹霞地貌、张家界地貌、嶂石岩地貌、喀斯特地貌的成景都有着相似的历程。其中岱崮地貌的溶蚀溶洞景观的形成与喀斯特地貌相关景观发育过程大体遵循相同的原理，而岱崮地貌各类崮体景观的形成却与丹霞地貌、张家界地貌、嶂石岩地貌的演变原理相近。显然，从成景原理来看，几类岩石造型地貌之间存在着很多的相似处。

1. 嶂石岩地貌

自喜马拉雅运动第二幕以来，太行山地沿东麓山前大断裂的强烈抬升，使其与东部平原的相对高差增大，为嶂石岩地貌的塑造提供了前提条件[49]。石英砂岩质地坚硬，垂直裂隙发育，块体崩塌盛行[1]。在嶂石岩地貌发育区，到处可见百米左右，甚至更高的笔直陡崖，陡壁上布满了条条垂直窄缝，缝口宽从几十厘米到几米，甚至几十米以上，并向壁里逐渐尖灭，形成锲状。这种锲状横切模式的发育不同于丹霞地貌、张家界地貌的那种从上向下的垂直切割和坍塌，是一种由山体一侧陡壁横向切入的模式，形成垂直于崖壁的横向沟峰。在沟峰的发育过程中，如果遇到交错的构造线，就形成次级沟峰，逐级的分叉就形成多等级的树杈状沟谷系列[2]。

这种锲形横切模式是由节理和外营力对软弱带的水平掏蚀作用共同作用的结果[49]。构成嶂石岩地貌主体的长城系砂岩在历次构造运动中受侧向挤压，在岩层中形成密集的节理带，节理带的密度是普通岩层的 50～100 倍。由于密集的节理使岩层更加破碎，成为抗蚀能力较差的软弱带，容易遭受侵蚀，同时侵蚀沿此软弱带向陡壁横向切入，形成垂直崖壁的沟缝。风蚀在近于水平向的软弱带岩层形成掏蚀，蚀空可使上覆岩层沿节理塌落，长期持续作用引起崖壁后退，缓慢地由下而上地崩塌后形成向内、向下的反梯状坍塌面。由于楔形横切模式形成于各级巷谷系统，其在空间展布和结构形态上亦非常相似，因而嶂石岩地貌中的各种地貌类型均具有各自在时间、空间上的自相似性[49]。

发育嶂石岩地貌的长城系、寒武系地层产状平缓，坚硬岩层和软弱岩层相间分布，形成嶂石岩地区近 600 米高的阶梯状大陡崖，在其横断面上崖栈相间，坚硬的岩层形成“崖”，软岩层形成“栈”，由此形成三级阶梯，有上有下，第一级阶梯的“崖”“栈”分别由古生代寒武系坚硬的张夏组和软弱的馒头组构成；第二级阶梯的“崖”“栈”分别由中元古代长城系坚硬的常州沟组三段石英岩和软弱的常州沟组二段石英岩、粉砂岩互层构成；第三级阶梯的“崖”“栈”分别由中元古代长城系坚硬的常州沟组一段红色石英砂岩和软弱的赵家庄组紫红色泥岩构成[49]。

嶂石岩地貌景观的发育演化经历了幼年期、青年期、壮年期和老年期阶段。

幼年期以长墙、岩缝、垂沟和巷谷为典型景观。在甸子梁期夷平面形成以后，随着喜马拉雅构造运动第二幕的开始，太行山中段地区的地壳迅速抬升，坚硬的石英砂岩出露并形成陡崖。伴随构造运动产生的大量垂直节理使锲形沟缝大量发育，伴随着近水平向的风化侵蚀，使岩体发生横向切入，在崖壁上形成大小不等的岩缝，岩缝进一步发展成为巷谷。典型景观如小天梯、一线天等。巷谷的进一步扩大发育成为障谷，障谷上又有次一级的障谷发育，由此形成 Ω 型套谷，随着巷谷的延伸，山体被分割，形成方山、断墙等景观，该阶段为青年期的地貌景观，典型景观如莲头寨、正西套等。障谷形成后向下层发育成叠谷套，同时，方山、断墙被沟峰、巷谷进一步分割为排峰、石柱等景观，说明该地貌景观已经进入了壮年期，典型景观如九女峰等。当排峰、石柱进一步被侵蚀为残丘、孤石和块石堆时，则标志着该地貌景观已进入了老年期，典型景观如白马墒[49]。

从小天梯到白马墒在空间上展示了嶂石岩地貌发育演变的全过程(图5-29)。最初的大陆崖位于白马墒以东，随着岩缝、垂沟、巷谷的发育，大断崖不断后退，白马墒则经历了由长墙到方山、石墙，进而到石柱、残丘的景观演变全过程。当前白马墒相对于该景观发育的老年期，向西的九女峰的地貌景观相对于青、壮年期，莲头寨相当于幼年、青年期，再向西出现的小天梯、一线天则为典型的幼年期景观[49]。

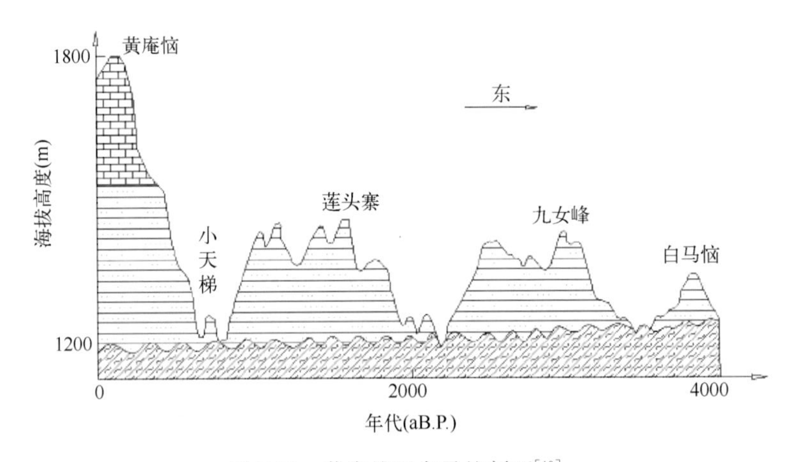

图 5-29　黄庵墒至白马墒剖面[49]

2. 张家界地貌

区内主要为沉积岩分布，变质岩极少，未见岩浆岩产出[12]；出露地层从板溪群 Pt 到第四系 Q，其中缺失泥盆系下统、石炭系。出露地层中，以志留系、泥盆系分布最广，占地层出露面积的 70%以上[18]。石英砂岩峰林地貌是张家界特有的地貌类型，发育于泥盆系中统云台观组和上统黄家磴组。云台观组为灰色、肉红、紫红色巨厚—中厚层细粒石英砂岩，厚约 500 米，黄家磴组的为紫红色中薄层或中厚层石英砂岩，近顶部为鲕状铁矿石，厚为 1～2 米[12]。侵蚀剥蚀构造地貌主要由志留系的小溪组和秀山组构成，岩性为粉砂岩及砂质泥岩。岩溶地貌主要为二叠系和三叠系灰岩，为碳酸盐岩系[50]；河谷堆积地貌主要为第四系河流冲积、洪积物组成[12]。

张家界石英砂岩峰林地貌景观集中分布于三官寺向斜部扬起端的天子山一

带和桑植向斜轴部扬起端的峰峦溪。它们都是位于北东东向宽缓向斜的扬起端，由于北北东向褶皱叠加，使北东东向向斜扬起端地层被进一步抬平，产状平缓有利于峰柱的保持。园内节理发育了四组呈 X 型交叉而近于直立的节理裂隙，这些裂隙将岩层切割成方形、菱形，间距一般为 15～30 米。这些构造形成以柱状为主的峰林景观[12]。

自震旦纪以来接受了一套典型的地台型沉积，沉积类型以陆源建造、碳酸盐建造为主，含煤建造次之。在沉积过程中，又以稳定的下沉为主，间有多次的上升运动[50]。晚三叠世印支期安源运动和燕山运动形成了园区的基础构造格局，控制着其地貌发育。喜马拉雅造山运动早期，地壳相对稳定，研究区遭受强烈的夷平剥蚀，形成海拔高度约 1100～1300 米灰岩顶部残存的准平原化地貌，构成一系列的连续分布的夷平面，为典型的灰岩台地。之后地壳的抬升使上覆灰岩被剥蚀，露出灰岩与砂岩的接触面，海拔高度在 800～1000 米左右，为剥夷面发育期。之后地壳进入间歇性抬升期，石英砂岩的盖层岩石被剥蚀，流水沿几组节理下切，将古剥夷面分割成大小不等的初始方山及条状山脊，其边缘沿节理切割成岩墙及岩柱的雏形。地壳的进一步抬升，侵蚀基准面进一步下降，河流深切及向源侵蚀交替进行，水网密度增大，使初始方山台寨、岩柱进一步增高，并且由于沿垂直节理出现边坡式重力崩塌，进而塑造成各种砂岩峰林地貌，逐渐形成了平台、方山—峰墙、峰丛—峰林—残林的峰林地貌景观[12]。

3. 丹霞地貌

丹霞地貌形成的物质基础是巨厚层或多层叠置的陆相红色碎屑沉积岩层，可以是砾岩、砂岩等。发育的构造基础是区域构造控制的沉积盆地。由于沉积环境的差异和后期地质作用的改造，红层的颜色可变化为棕黄、褐黄、紫红、褐红、灰紫等偏红色[22]。丹霞地貌发育开始于红层盆地的抬升，其中断层破裂带和大节理成为容易遭受风化侵蚀的薄弱地带，流水首先沿红层的断层和垂直节理下切侵蚀，形成深峡的切沟。当下切遇到下伏坚硬岩层，水流开始以侧向侵蚀为主，岩层基底遭受破坏，谷壁沿垂直节理发生崩塌，使切沟逐渐转变为巷谷、峡谷。陡崖壁高出谷底的部分的崩塌则主要是通过软岩层的风化，导致上覆岩层的崩塌，而缓慢进行的[25]。

区域构造控制着沉积盆地的分布和演变。中生代以来，中国许多在海西运动以后稳定的陆台发生活化，东部地区受太平洋板块的影响，形成一系列北东—北北东向的隆起带和凹陷带；西部受印度板块的挤压，从北向南渐次成陆，并形成若干盆地；中部则形成一个北东向的压扭性地带，中国中、新生代盆地基本以此格局展布，控制着红层盆地的分布规律[24]。

中国东南部丹霞地貌景观主要集中于南岭—武夷山—仙霞岭及其弧形延伸的两侧。其红层盆地大都形成于白垩世晚期，受地壳运动及火山活动的影响，使地壳沿断裂带发生断陷，形成断陷盆地，继而随着喜马拉雅造山运动和新构造运动，在盆地边缘和盆地内部丘陵山地发生差异性抬升，伴随着流水侵蚀和重力崩塌等外力作用形成了该区的丹霞景观[24]。

中国西南部丹霞地貌景观主要位于云贵高原、川西高原与四川盆地的过渡带上。该区大地构造属于扬子地台的两个不同单元：黔北台隆和四川台坳。中生代末的燕山运动使黔北台隆大幅度褶皱上升，出露了中生代至震旦纪的各时代地层。四川台坳在晚三叠世至晚白垩世期间沉积了数千米厚的红层及含煤组合，受喜马拉雅山造山运动影响，该区抬升，红层出露，其中大面积分布的白垩系鲜红色厚层块状的长石石英砂岩是丹霞地貌发育的主体[32]。

中国西北部的丹霞地貌景观主要分布在青藏高原东北部和黄土高原西部，包括甘肃的中、东部和青海东部。丹霞地貌主要集中在陇山周围、渭河上游和河湟谷地。受青藏高原强烈抬升的影响，青藏高原东北部，尤其是河湟谷地抬升速度快，加之黄河及其支流湟水、渭河等流水侵蚀作用，古湖盆边缘堆积的大量较坚硬的红色砂岩出露，沿河形成连绵的高大赤壁丹崖的景观[32]。

4. 喀斯特地貌

中生代晚期发育的北东向新华夏构造体系对中国西南部岩溶的宏观分布有重要影响，造成一个由贵阳向北东—南西方向延伸的主要隆起带，从而造成一个广阔的裸露型岩溶区，其两侧为沉降带。其西北侧的四川盆地、东南侧的湖南盆地的碳酸盐岩层都被红色地层覆盖，形成覆盖型岩溶区。在本区最西部的昆明南北，新生代的经向构造体系构成一系列南北向的隆起带和地堑构造，前者成为裸露岩溶区，后者则沉积了数百上千米的第三、第四纪湖相沉积。本区最强烈的岩溶作用发生在晚第三纪以来，因当时的潮湿气候有利于岩溶地貌的发育，现在见到的大部分岩溶形态都发生在这个时期[41]。

邹成杰将喀斯特地貌的演化划分成了三个阶段[51]，初期阶段：在古溶原面上最早发育的岩溶形态，有大量的溶沟、溶槽和石林等，此时，河流切割深度很浅，两岸地下水坡度平缓，因而侧向水平作用占优势。中期阶段，在新构造运动支配下，地壳上升，河流基准面下降，河流深切，地下水位快速降低。地下水运动在包气带中以垂直循环为主，在河谷两岸以水平循环为主，在地貌上形成由分水岭到河谷的喀斯特分带地貌，可分为峰丛溶洼、峰林溶盆、峰丛谷地及深切河谷几个地貌分带。晚期阶段,在地壳相对稳定情况下,喀斯特地貌逐渐被夷平,地下水比降变缓,河流又演变为浅切割型,水动力以侧向水平运动为主,峰丛、峰林逐渐解体,向孤峰演化,溶洼侧向扩展,向溶盆或溶原方向演变。

第四节 岱崮地貌的学术与资源价值

一、岱崮地貌开发的内涵及意义

价值实现是主体利用客体、客体作用于主体的运动过程。这一过程是客体潜在价值向现实价值的转化过程。岱崮地貌的潜在价值,是被主体(游客、地方居民、政府、经营管理者)认识而未被实现的价值(科考、教育、生态、历史文化等),而岱崮地貌的现实价值,是地貌景观客体在现实的社会实践活动中对主体产生的实际效应。岱崮地貌价值的实现,就是通过主体的社会实践活动,使其潜在价值转化为现实价值。这种社会实践活动就是对岱崮地貌资源进行开发利用,具有以下三个方面的意义。

(1)旅游开发是实现岱崮地貌多元价值的有效途径

岱崮地貌景观资源类型丰富、品味高,具有极大的资源优势及旅游开发价值。而旅游具有经济功能、社会教育功能、文化传播功能等,一旦岱崮地貌的功能属性与旅游开发活动的功能结合,就形成相对应的动静关系。也就是说岱崮地貌社会经济的功能与价值需要通过旅游活动来实现。而旅游开发为旅游者提供了观光、休闲、寓教于乐的学习和受教育的机会,所以,旅游开发是实现岱崮地貌的社会价值和经济价值的有效载体。

(2)岱崮地貌开发能促进蒙阴经济社会发展,提升区域形象

以岱崮地貌保护为基础,深入挖掘地貌景观功能,结合蒙阴县固有的自然和人文资源优势,加强岱崮地貌核心区相应配套设施建设,塑造以岱崮地貌为核心的旅游形象,最终形成以岱崮地貌旅游目的地城市为最终目标,打造中国岱崮地貌风景区。一是,岱崮地貌的旅游开发能够提升蒙阴县的旅游产品的价值,形成完整的旅游产业链。二是,岱崮地貌的深入开发和旅游产业的进一步发展,将有助于带动蒙阴县第三产业的发展,进而促进产业结构的优化调整。三是,岱崮地貌的开发将带来大量的旅游者,增加外来经济的收入,有利于增加政府税收,增强蒙阴县的经济实力。

(3)通过旅游开发实现岱崮地貌保护与开发的双赢格局

注重对岱崮地貌旅游开发的深度发掘,让国内外受众能感受到其自然景观的奇特和历史文化的厚重。充分依靠旅游开发所创造的经济价值,为更好地保护岱崮地貌提供条件,最终达到保护与开发的双赢格局。通过岱崮地貌的开发,一是生态环境将得到有效的保护,二是城乡环境将得到改善,基础设施和服务设施将不断增加,居民生活环境也将得以改善。

二、岱崮地貌的典型性和稀有性

岱崮地貌其独特的地质结构、崮体单一的寒武系碳酸盐岩岩层、典型的页岩为主的基座,成为寒武系碳酸盐岩岩系产出的独特地貌类型,是我国一种典型的岩石造型地貌,与丹霞地貌、张家界地貌、嶂石岩地貌、喀斯特地貌等具有异曲同工之妙,在国内外具有典型性和稀有性。

三、岱崮地貌的系统性和完整性

岱崮地貌景观资源丰富,类型多样,同时具有浓郁的地域人文景观资源,自然与人文景观相得益彰,构成了整体景观的资源系统。地貌景观的集群分布,不仅使单一的崮体具有较高的品位,而且崮与崮之间又形成了整体的自然组合,既能充分体现单个崮体景观的价值,又能使崮群的整体景观价值得到提升。

四、社会经济价值

岱崮地貌构成了蒙阴县乃至山东省独特的旅游资源,必将成为中国重要的自然风景区。随着岱崮地貌的旅游开发以及人们对地质遗迹科普知识的需求,越来越多的旅游者对岱崮地貌资源及其相关的地学知识抱以极大的兴趣。同时借助岱崮地貌的独特优势加强宣传,以便吸引更多的投资,促进蒙阴县社会经济的发展。

五、科学价值

岱崮地貌具有极高的地学研究、科考、科普和观赏价值,是宝贵的景观旅游资源。能够记录下其所在区域的古地理、古气候、古生物、古构造等方面的地质信息，又拥有众多罕见的、不可再生的地貌景观，各种地貌要素齐全，微地貌景观丰富多样，褶皱、断层等地质现象典型清晰，地层沉积韵律特征明显，含有丰富的生物化石，是研究地貌形成与演化的绝佳科学研究场所，也是展示海陆变迁、构造运动、沉积建造等地学内容的科普基地，具有较高的地层学、古生物学、岩石学、构造学、沉积学、地貌学及世界自然遗产价值。

六、美学价值

岱崮地貌属于地质遗迹，其旅游观赏价值也就是其美学价值，是游客欣赏和获得不同愉悦度的主要动力心理因素，其美学特征是空间三维与主体观察时间、视角、意念感受甚至文化等多维度的组合。从旅游景观角度去鉴赏，更具有一种景观组合美，能够提供给旅游者一种审美体验，是其旅游吸引力的主要构成因素之一。

岱崮地貌是大自然艺术构图的一角，具有“奇、秀、幽”的景观效果，是观光游览的理想基地，同时也是体味人文景观之美的奇妙家园，其景观美学价值和鉴赏开发研究具有重要意义，它将为景观资源的保护与开发提供新的思路。

七、科普教育价值

作为全国唯一的岱崮地貌集群地区，是国内岩石地貌考察研究的重点区域，必然会受到国内外学者、普通民众的关注和热爱。人们可以在蒙阴县岱崮镇及其他乡镇，通过观光、科考、休闲、度假、民俗乡村旅游等方式获取岱崮地貌与特殊生态系统一起所蕴涵的地球演化、构造运动和海陆变迁等活动规律、特殊的地质地貌形成过程，及其生态系统的特性、悠久的文化历史、人地协调的资源利用模式等科学知识、生态知识和美学知识。

通过岱崮地貌的科学普及教育功能，增强人们有关世界自然遗产保护保存、生物多样性保育、生态环境维系与民俗文化传承等方面的科学知识、科学方法，宣传人与自然和谐共处的环保理念，使保护世界自然遗产地、保育有益生物、保护生态环境、弘扬民族文化成为一种自觉行为。

八、旅游开发价值

奇特地貌景观与丰富的动植物资源，共同构成了蒙阴县立体的、多层次的旅游环境。在这些自然资源和生态环境得到保护的基础上，进行旅游开发，使人们在游览欣赏秀丽景色的同时，还能领略到自然资源的科学价值，对于提高公众的地质遗迹保护和环保意识，促进科学进步和社会和谐发展都有十分重要的意义。

岱崮地貌的开发，不仅能加强对地质遗迹资源的保护，而且能够使地质遗迹与其所在区域的其他自然景观、人文景观结合在一起，作为地质旅游资源促进蒙阴旅游业的发展，推动地方经济的发展。不仅可以改变岱崮地貌所在区域传统的生产方式和资源利用方式，而且为县域经济的发展提供新的机遇。

参考文献

[1] 吴忱，许清海，阳小兰. 河北省嶂石岩风景区的造景地貌及其演化. 地理研究，2002，**21**(2)：195-200.
[2] 郭康，邸明慧，马辉涛. 主宰"嶂石岩地貌"的两种坡面发育模式. 地理学与国土研究，1997，**13**(1)：61-64.
[3] 郭康. 嶂石岩地貌之发现及其旅游开发价值. 地理学报，1992，**47**(5)：461-470.
[4] 樊克锋，杨东潮. 论太行山地貌系统. 长春工程学院学报，2006，**7**(1)：51-53.
[5] http://editorial. vcg. com/index/showmid? lid=&outid=394616073.
[6] http://www. 51yala. com/html/2006116144320－1. html.
[7] http://www. hdylw. com. cn/show. php? contentid=8515.
[8] http://liujingyou100. blog. sohu. com/172361772. html.
[9] 杨孝. 中国国家地理. 2011(5)：44－45.
[10] http://bj. feiren. com/tour/sight_did_595. html.
[11] http://www. lvmama. com/guide/2010/0817－6441. html.
[12] 杨振. 基于 RS 和 GIS 的张家界砂岩地貌形成过程研究. 北京：中国地质大学，2011.
[13] http://www. jlmrswlxs. com/html/yzly/218. html.
[14] http://www. citszjj. com/Forum/548. html.
[15] http://www. jing360. com/page－36－8637/.
[16] http://www. zhangjiajie. gov. cn/html/51/n_19651. html.
[17] http://www. zjjwxzl. com/jingdian/zjj/20120412/1150. html.
[18] 唐云松，陈文光，朱诚. 张家界砂岩峰林景观成因机制. 山地学报，2005，**23**(3)：308－312.
[19] http://www. souzjj. com/jdmp/info. asp? id=6.
[20] http://www. lvlian5. com/shop/jingdianxinxi_618_355. html.
[21] http://wwbbcc. blog. sohu. com/162941827. html.
[22] 彭华. 中国丹霞地貌研究进展. 地理科学，2000，**20**(3)：203-211.

[23] 罗浩，陈敬堂，钟国平. 丹霞地貌与岩溶地貌旅游景观之比较研究. 热带地理，2006，**26**(1)：12-17.

[24] 黄进，陈致均，齐德利. 中国丹霞地貌分布(上). 山地学报，2015，**33**(4)：385-396.

[25] 黄进. 丹霞地貌坡面发育的一种基本方式. 热带地理，1982，**3**(2)：107-134.

[26] http://blog.voc.com.cn/blog_showone_type_blog_id_642285_p_1.html.

[27] http://www.reocar.com/blog/5290.html.

[28] http://cctpage.com/jdtp/guizhou-2.asp.

[29] http://www.ly.com/news/detail-46964.html.

[30] http://www.51766.com/zhinan/11021/1102116966.html.

[31] http://www.freeyou.cn/Scenic/City/316.

[32] 齐德利. 中国丹霞地貌空间格局. 地理学报，2005a，**60**(1)：41-52.

[33] 丁晨，沈方. 中国喀斯特的形成机制及分布. 唐山师范学院学报，2003，**25**(5)：72-73.

[34] 卢耀如. 中国喀斯特地貌的演化模式. 地理研究，1986，**5**(4)：25-34.

[35] http://guilin.baike.com/article-20695.html.

[36] http://www.iszed.com/node_152326.htm.

[37] http://www.suijue.com/fengjing/1339_3.html.

[38] http://www.dswtk.com/intro_sub.aspx? ColumnID=1&TypeID=6&ExampleID=6.

[39] http://www.hclx.net/Item/28564.aspx.

[40] http://www.mlr.gov.cn/tdzt/zdxc/dqr/42earthday/rsdq/dxbk/201104/t20110406_829959.htm.

[41] 袁道先. 我国西南部的岩溶及其与华北岩溶的对比. 第四纪研究，1992，4：352-361.

[42] http://www.gzkpw.gov.cn/common_news_view.aspx? sid=M0201&cid=M0201&id=2.

[43] http://www.guile.cn/.

[44] http://www.doyouhike.net/forum/backpacking/544248,0,0,0.html.

[45] http://www.txjly.com/raider/nrTravel/282.html.

[46] http://www.9797ly.com/JinDianShow.aspx? nid=1628.

[47] http://www.travelyun.com/scenic/page/724221503.html.

[48] http://dcbbs.zol.com.cn/88/167_879987.html.

[49] 陈利江，徐全洪，赵燕霞，等. 嶂石岩地貌的演化特点与地貌年龄，2011，**31**(8)：964-967.

[50] 吴忱，张聪. 张家界风景区地貌的形成与演化. 地理学与国土研究，2002，**18**(2)：52-55.

[51] 邹成杰. 喀斯特地貌发育的时空演化问题初论. 中国岩溶，1995，**14**(1)：49-59.

第六章 岱崮地貌的保护与开发

第一节 岱崮地貌保护与开发的作用和意义

自然遗产保护与开发现已成为世界各国和联合国等国际组织日益重视的热点领域。岱崮地貌是自然遗产的组成部分，是大自然创造的瑰宝，做好其保护与利用工作，有利于实现人与自然和谐发展，是一项功在当代、利在千秋的事业。

岱崮地貌是构成代表地球发展史中重要阶段的突出例证；是构成地球演变的重要地质过程、生物演化过程以及人类与自然环境相互关系的突出例证；是独特、稀少和绝妙的地貌和具有罕见自然美的地带[1]。

一、独特性

岱崮地貌是经历了长期的自然演化所形成的自然地带或地貌景观，突出表现为不可替代性和不可再生性，这种景观一旦遭到破坏，永难恢复。

二、整体性

岱崮地貌是景观资源的集群，任何景观资源的失调，都会影响到整个岱崮地貌景观系统，因此对岱崮地貌的旅游开发，都应保持其原有的完整状态，不能机械地将其分为许多孤立的部分。

三、典型性

岱崮地貌是通过专家认真研究和论证以后，所选取的在国内外有突出代表特征的地域空间，能够代表地球演化和生物演化的重要阶段，具有典型的地貌景观形态。

四、高价值性

岱崮地貌是具有突出、普遍价值的地貌景观和明确划定的自然地带，因而呈现出高价值性、无可替代性。

第二节　岱崮地貌保护与开发的总体思路

岱崮地貌所在山区是乡村赖以生存和发展的基础，是旅游发展的重要条件[2]，因此岱崮地貌的开发更要注重保护与利用的协调。如何保证岱崮地貌及其环境资源不受破坏和污染，保持生态系统的完好，实现可持续发展对推动蒙阴县经济社会的又好又快发展具有重要的作用和意义。

一、地质环境是岱崮地貌保护与利用的基础

地质环境是岱崮地貌生态环境的载体，生态环境是地质环境的屏障，生态环境与地质环境共同构成了岱崮地貌景观系统中的一个相互作用、相互影响，同时又相对统一、完整的系统工程。地质环境不但构成岱崮地貌的主体部分，还是其他资源存在的基础。因此，岱崮地貌的保护既是地质环境的保护，又是生态环境的保护。

岱崮地貌是自然景观形成的主要骨架和背景基础，一些地貌景观直接成为主体旅游景观，对其科学价值、美学价值、文化价值等要进行挖掘和利用，并与生态旅游和科考科普旅游相结合。同时，岱崮地貌的形成、演化过程等对旅游环境带来的不同影响，直接成为岱崮地貌旅游规划、旅游线路设计、旅游开发与管理、景观保护等工作中不可忽视的重要因素之一。

二、旅游是岱崮地貌保护和利用的重要途径

岱崮地貌是十分珍贵的资源和财富，开展岱崮地貌旅游，是自然遗产保护与管理的重要实现途径。

1. 岱崮地貌旅游是自然遗产多功能发挥的最佳方式

自然遗产不但具有普遍性的科学价值，还具有美学价值和生态价值，从而具有社会教育功能、旅游功能、生态功能与经济功能。而将这些功能发挥出来，是岱崮地貌价值的真正体现。

2. 岱崮地貌旅游是蒙阴县社会经济发展的可持续载体

岱崮地貌旅游能推动县域经济的快速发展，并在一定程度上促进产业结构的转型换代。通过发展旅游，不但在很大程度上解决了就业与增收问题，还能促进相关产业的发展，从而促进蒙阴县产业结构的提升。同时，发展旅游业是环境破坏最小的一种遗产资源利用方式，利用岱崮地貌资源优势发展旅游业，是实现蒙阴县经济良性增长、环境友好发展的持续载体。

3. 岱崮地貌旅游能够促进对遗产保护的科学研究、社会监督和资金支持

岱崮地貌旅游开发需要加强对蒙阴县资源环境的监测和研究，这无疑能促进自然遗产保护的科学研究。通过旅游，有利于蒙阴县委县政府及相关乡镇、旅游开发商、旅游者等更多的人群能更深入地理解岱崮地貌价值，珍视这种价值，从而达到社会监督与提高自觉性的效果。随着岱崮地貌研究的深入，研究成果将转化为旅游产品，提高旅游产品的科学文化内涵，能使人们对岱崮地貌的理解更为深刻。

三、岱崮地貌在自然遗产中特色突出

在自然遗产中，旅游地质景观十分丰富，或具有重要的科学价值，或构成了以地质遗迹为基础的杰出自然美的地域，成为国内外旅游发展中一道道亮丽的风景线。岱崮地貌属于独特地质遗迹，具有以下特点：一是其形成的漫长性，地质遗迹是地球在漫长的运动中形成的；二是其不可再生性，地质遗迹一旦遭到破坏，其就会永远消失；三是其美观性，大范围的地质遗迹往往具有很高的欣赏性。

第三节　岱崮地貌保护与开发原则

通过对岱崮地貌的深入研究，其发展应当遵循：地质景观得到保护→地质遗迹开发→旅游资源知名度提升→交通、住宿、餐饮、娱乐、购物等旅游产业快速形

成与发展→旅游收入与社会就业率增加→居民可支配性收入增加。

一、坚持保护优先与持续发展原则

强调保护的重要性一方面表现在岱崮地貌对人类认识地球、环境和自身演化过程的标志意义，另一方面表现在岱崮地貌一旦遭到破坏就是对这种记忆的永久损失。通过保护使岱崮地貌得以持续性发展。

二、坚持景观为体、生态为基、以人为本、文化为魂的原则

找准岱崮地貌保护与开发协调发展的契合点，寻求保护与开发的互动共赢，是完善岱崮地貌可持续发展的关键。这需要用国际化的视角，从岱崮地貌价值的发现与展示入手，进行规划设计与管理活动的全面创新。

三、坚持保护与塑造村镇山水空间和谐的原则

岱崮地貌地处山区乡村独特的地理环境，山是脉、水是络，构成一个不可分割的山水整体。山水格调是一个完整的系统。形成通透的视觉画廊，在保护与开发中最大限度地保持山水的自然面貌，最终形成山、水、林、村、人的自然和谐。

四、坚持主题导向、形象制胜、精品支撑、滚动发展的原则

明确岱崮地貌保护与开发的主题，兼容并蓄地突出优势，吸引国内外各个层面的游客；通过不懈努力与完善，在游客心目中塑造独具特色的旅游形象。坚持有时序、有步骤、有重点、分阶段地投入开发。合理配置近期、中期、远期的可持续发展目标。

五、坚持政府主导、公众参与、市场运作的保护与开发原则

强化蒙阴县县委、县政府对岱崮地貌保护与开发的全局性宏观控制与协调作用。同时，政府在做好规范、控制、协调与服务的基础上，充分发挥企业的市场主导作用，提高大众参与力度，更重要的是让村民真正从开发旅游中受益，从而提高

大众保护生态环境和旅游资源的意识。

六、坚持严格执行保护与开发平衡发展策略

岱崮地貌的保护与开发必须严格执行"先保护，后开发，在保护中开发，在开发中保护"的原则。岱崮地貌首先要做的是保护，没有保护，就没有后续的发展。开发是为了更好的保护，保护是为了更高效益的开发。所以保护与开发应该平衡发展，在最大限度保护岱崮地貌的基础上，取得开发的最大经济效益。

第四节　岱崮地貌保护与开发区划

一、岱崮地貌保护与开发目标

在岱崮地貌成因与开发价值研究的基础上，启动保护与利用的相关规划，进一步推动岱崮地貌按照"自然与文化相结合""历史与现代相结合""科普与开发结合""旅游与生态建设相结合"的总要求，加快岱崮地貌由省级地质公园向国家地质公园的升级。把岱崮地貌打造成国家有地位、世界有影响的景观特色显著、生态环境良好、历史文化深厚、展示手段先进、科普科研有序、旅游开发适度的先导性地质公园。同时要进一步创造条件，推动和打造岱崮地貌风景区建设，在条件成熟后，申报进入世界自然遗产名录。

二、区划依据

地域分异规律是岱崮地貌功能区划的理论基础，岱崮地貌功能区划必须综合分析区域内不同等级的地域分异作用，选择能反映地域分异的综合性指标作为划分的依据，以便于加强岱崮地貌区域联网和旅游整合，发挥不同尺度岱崮地貌区域优势互补[3-5]。其次，岱崮地貌保护与开发的环境与基础是差异化功能定位的依据，区划应充分考虑岱崮镇，蒙阴县其他乡镇，临沂市、枣庄市的其他区县社会、经济发展的影响因素，进行综合区划。区划的依据是以岱崮地貌的区域范围为基础，以地理分布密集性、地貌单元完整性和地理相通性为原则[6]。

根据岱崮地貌的分布特征、资源价值、环境敏感度，遵循“地质遗迹保护优先、保持地质公园完整性和分级保护”的原则进行分区。根据不同的保护与开发功能进行旅游开发，把不同性质的活动限制于不同的区域，既便于进行旅游开发和岱崮地貌景观的建设和管理，发展旅游经济，也能防止地质遗迹遭受人为的损坏，有效保护地质遗迹[7-9]。

三、区域划分

为了促进岱崮地貌的保护和开发和资源的持续利用，结合蒙阴县及其周边区域（包括临沂市、枣庄市）岱崮地貌类型、特点、分布、经济社会发展状况以及旅游开发现状，适当结合行政区划界线，根据岱崮地貌分区的目的、原则，将其划分为：优先发展区、引导发展区和联动发展区。

1．优先发展区

优先发展区包含整个岱崮镇，控制范围总面积为180平方千米，辖42个行政村，人口为5.3万。

根据岱崮地貌及其区域发展要求和现状资源条件，核心发展区空间策略为：区域结合、中心带动、组团模式、分期开发、循环生态、结合区域交通设施、城镇市场布局等条件，合理布局核心发展区功能结构，建设综合体，带动核心区发展，也作为展示核心区风貌的窗口；确立分片开发、分期开发措施，明确建设时序，促进园区全面可持续发展；在空间布局中体现循环理念，结合自然条件布局各主体功能，减少污染和能源消耗，加强废弃物循环利用、节能环保、水循环的应用；注重生态廊道建设，加强核心区整体生态环境的营造和保护，加强核心区与周边乡镇及区域城市的旅游对接。

（1）满足自然保护的严格要求。岱崮地貌属于地质脆弱区，同时也是生态敏感区，对资源保护的要求严格。尤其核心区内，沟壑纵横，崖壁直立，森林茂密，目前仍保持着较完好的原始生态群落，尤其是很多崮崖顶端，生态系统基本保持原生状态，存在大量的生物景观。无论从崮体景观资源的价值还是作为生态保护的要求，核心区在自然资源的保护方面都肩负重要责任。

（2）做好保护与发展的协调。岱崮地貌地处北部山区，属于典型的经济欠发达地区，开发岱崮地貌，寻求经济增长，解决生活条件改善是各级政府和当地村民的迫切愿望。岱崮地貌优越的资源为发展旅游经济提供了条件，同时它也是镇域经济的基础，特别需要做好保护与发展的协调。控制旅游开发的体量和把握保护

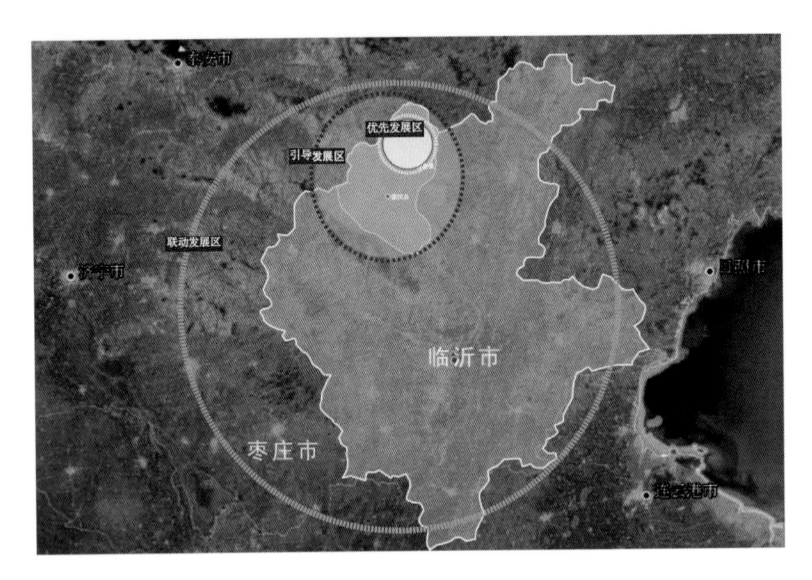

图 6-1 岱崮地貌保护和开发分区

建设的力度，避免人类的扰动给岱崮地貌造成生态破坏。

(3)特殊性开拓与开发组织。岱崮地貌的离散性决定了景观单元和旅游开发系统组织的特殊性，其特点是崮体离散，大多呈孤立的石峰、石堡、石墙、石柱等形态。崮体由崮顶、崮壁、崮根组合而成，整体上一般具有顶平、身陡、麓缓的坡面特点。沟域蜿蜒穿过，沿途形成崮山碧水、村落田园组合景观，构成优美的山水风景线。在保护与开发中应充分考虑岱崮地貌的特殊性特征，把握主要矛盾，有针对性地进行空间规划、开发利用，以实现保护和利用的和谐统一。

(4)合理处理岱崮地貌保护与乡村人居环境建设的关系。核心区控制范围总面积为 180.7 平方千米，辖 42 个行政村，人口为 5.3 万。如何处理岱崮地貌的保护与乡村人居环境建设关系问题，是岱崮地貌开发和生态环境保护成败的关键。照顾原住居民的利益并带动农民脱贫致富，推动乡村人居环境的改善，实现核心区特色风貌的维护是一个不容忽视的问题。

(5)构筑景观系统，进行分区开发与管理。岱崮地貌景观的多样性需要运用视线安全格局理论对核心区景观视线最敏感地段进行判读，以便对重要崮体进行重点保护与开发。核心区作为山岳型风景区的观光平台，具有鸟瞰全景的绝佳效果，选取卧龙崮、南北岱崮、莲花崮等作为视点窗口，运用 GIS 技术进行岱崮地貌的可视域分析，确定核心区的可视域高敏感区。保护景观视觉质量较高的地区，控制影响视觉的区域，建立景观视线安全格局，并以此确定核心区标志性景观作为观光游览节点，构筑景观系统。

(6)启动旅游发展规划，明确核心区功能定位，形成合理的岱崮地貌区域布局。旅游规划是核心区建设的关键，要按照因地制宜，形成特色的要求，根据岱崮地貌的功能定位及发展目标，按照一次规划、分步实施的原则，组织技术力量进行顶层设计，尽早制定核心区建设的总体框架和年度实施方案，科学确定核心区内各功能区的发展领域，形成以旅游综合开发为主，农游一体化与村镇体系合理配合的区域布局，核心区旅游规划既要坚持高起点、高标准，又要发挥区域优势和本土特色，要站在山区农村经济与生态文明城镇与美丽乡村建设的高度，努力发挥核心区建设的市场优势和比较优势，还要切合实际，量力而行，避免脱离当地发展实际，盲目求大、求全，造成区域旅游低效益重复运行。

综上所述，核心区主要承接对重点景观和生态环境的保护以及开发利用方式。该区域内崮体景观资源比较典型又集群发育且生态环境系统较为脆弱，一旦遭到破坏就难以恢复。因此，为了核心区内的特殊地质遗迹景观资源和生态环境，可以配置必要的安全防护设施，严格限制开发，维持核心区生态环境优良。

2. 引导发展区

引导发展区包含坦埠、野店、旧寨三个乡镇，控制范围总面积为 406 平方千米，辖 122 个行政村，人口为 10.6 万。

重点发展区是岱崮地貌核心区的外延部分，也是岱崮地貌保护与开发的重点区，该区作为核心区景观与旅游设施的配套区域，基本具备与景观区同等重要的价值地位，因此把该区定为重点发展区。区内的景观保护与开发组织要相互协调，还要与核心区形成优势互补。重点发展区旅游线路和服务设施要与核心区联网，其开发组织不能对岱崮地貌景观造成破坏，保持景观保护与开发的协调。应从要素、过程集成的角度，构建重点发展区开发格局，加强新的自然要素、经济社会文化要素在区域旅游发展过程中的作用。强化该区旅游资源、旅游产品、旅游生态、旅游市场以及旅游地功能格局。

(1)城乡统筹保护。引导发展区在节约资源、保护环境的基础上，进一步优化结构，促进生产要素集聚，推动区内经济又好又快发展。健全区内三镇城镇规模结构，逐步形成发展布局科学合理、规模结构组合有序、基础设施健全完善、功能定位优势互补、资源要素有效聚集的新型城镇，形成农游一体化产业体系，合理开发并有效保护岱崮地貌景观资源，将资源优势转化为经济优势，做到“点上开发，面上保护”。加强环境保护，强化节能减排，切实保护耕地，减少工业化和城镇化对生态环境的影响，突出村镇绿心和城镇绿地培育保护，构建合理的生态格局，打造宜游村镇。

(2)生态与环境保护。主要以崮及山体为主线进行保护,严加限制对山体造成破坏的矿山或建材开发,提高崮及山体的森林覆盖率,减少崮根以下区域的水土流失。完善区内基础设施各项建设,切实做好生态环境、基本农田等的保护规划,避免出现诸如过多占用土地、过度开发岱崮地貌资源和加大生态环境压力等问题,努力提高环境质量。

(3)岱崮地貌旅游开发。重点发展区内岱崮地貌资源景观虽不像核心区那样丰富多样,优美奇特,但也是一山独秀,不可替代,因此区内三个乡镇要统筹崮的保护与开发,选择适宜本镇的开发方向或设景区(景点)或实现农游一体化或在核心区需求条件下建立旅游综合体等。在不降低地貌景观质量的条件下,可根据需要再适当设置一定规模的地质科普旅游、探险、攀岩等特色旅游项目。

(4)休闲农业发展。区内三个乡镇是蒙阴县主要特色林果基地,具体发展休闲农业的天然条件和产品基础。利用区内这一优势与岱崮地貌景观实现有机结合,使地质旅游与农业旅游和乡村旅游互为补充,相互促进。

3. 联动发展区

联动发展区涉及临沂市蒙阴县、沂水县、沂南县、平邑县、费县、淄博市沂源县和枣庄市山亭区 7 个区县,控制范围总面积为 11948 平方千米,人口为 545 万。

联动发展区是指鲁中南低山丘陵区岱崮地貌景观发育的区域总称。联动发展区是一种自然地理单元和核心地貌景观资源相对一致的区域。因处在鲁中南低山丘陵区不同行政区域之间,受行政边界分割影响较大,倡导联动发展区通过多种形式的合作管理,进而达到更好的岱崮地貌资源保护与开发目标。

在岱崮地貌正式命名之前,有些城市已经把岱崮地貌作为一种特殊地质景观进行旅游开发,取得了重要成果。随着岱崮地貌的正式命名,实现岱崮地貌区域的景观联网、产业整合、区域联动已经成为岱崮地貌保护与开发亟待解决的问题。岱崮地貌涉及区域较多,相邻地区必须共同协作,相互协调,取长补短,发挥整体优势,增强区域整体竞争力,保证区域旅游的可持续发展。实施区域联动发展,有助于岱崮地貌的区域保护和整体开发。

(1)区域岱崮地貌景观资源保护与利用。联动发展区域旅游产品开发必须克服开发过程中局部利益和短期利益,能够从区域资源的整体性和全局性的实际出发,按照有利于生态发展和可持续发展的要求进行合理论证。没有合理的区域布局,岱崮地貌必然是分片开发,主体从自身发展出发,往往忽视区域整体利益,这样一方面导致资源开发的不平衡,使一部分资源存在过度利用的可能;另一方面,存在部分区域无序竞争的局面,无视资源开发规律,盲目发展。这些,都将导致资源难以可持续发展。通过联动发展的合理布局，可以在整个区域范围内发展统一的旅游业。

（2）明确区域整合发展方向，确立岱崮地貌旅游开发主题。依托岱崮地貌区域分布的资源优势，优化配置良好的自然生态、组合丰富多样的人文资源，以市场为导向，将岱崮地貌打造成为中国著名的旅游地貌品牌，把联动发展区建设成为个性鲜明、特色突出、设施领先、服务一流的国家著名地貌旅游目的地。根据这一发展战略思路，明确岱崮地貌区域联动的发展方向，使岱崮地貌资源整合服务于区域旅游的主题，形成鲜明的旅游形象，打造最具市场竞争力的核心产品。

（3）启动联动发展，实施岱崮地貌一体化发展。联动发展区各县区都进行了区域旅游规划，也包括岱崮地貌资源的局部开发。但没有从区域联动发展的角度进行整体规划，尤其是岱崮地貌一体化发展。这种现状导致旅游区域间缺少有效合作，没有形成合力，各做各的文章，而岱崮地貌丰富的地质资源和自然景观、人文景观和革命遗址常常被孤立分隔开发，已开发的资源显得散、乱、小，已经影响和限制了岱崮地貌的利用与开发。

联动发展区是一种大尺度空间的开发区域，它涉及两个或多个行政区域。这种跨界区域开发主要从旅游经营者的角度界定，而不是从旅游消费者的角度界定。打破行政区界限，相互协作互利，联合编制岱崮地貌旅游发展规划、保护与开发旅游资源、打造旅游形象、经营旅游活动，最终实现互惠互利的跨区域旅游一体化发展。

第五节　岱崮地貌保护对策与措施

一、保护对策

1. 加快岱崮地貌保护基础数据库建设

根据岱崮地貌保护与发展的要求，选择合适的基础数据库与图形平台，组建崮体景观点及保护成果等基础数据库的空间数据库建设；以保护成果为基础，建成集地质遗迹点、分级区划、保护设施和地质遗迹保护成果为一体的岱崮地貌管理信息系统，实现岱崮地貌信息采集、查询、统计、保护等自动化[10]，提高岱崮地貌办公室决策和突发事件应急处置的能力和水平。

2. 尽快推广岱崮地貌保护示范点建设

为了提高岱崮地貌保护水平，在对具有重大保护价值的崮体开展有计划、有步骤地实施保护，在监测的同时，选择典型崮体，尽快推广岱崮地貌保护示范点建设。对重点崮体进行长期不间断的动态监测，监测岩石的风化剥蚀速度、边坡崩塌体后退速度，并通过对重点崮体的动态监测，获取监测点的形变数据，掌握崮体的稳定程度和发展趋势，推进保护示范点建设，是探索崮体保护与地质灾害防治相结合的新思路[11,12]。

3. 强化岱崮地貌保护知识的宣传和培训

岱崮地貌是在地球演化的漫长时期，经地壳内外力作用形成、发展并遗留下来的珍贵的、不可再生的自然遗产。是地球历史的物证，是现今生态环境的重要组成部分，是一种特殊的自然资源，是人类的宝贵财富。因此，面向社会公众以及当地居民深入浅出地展示岱崮地貌的科学内涵，通俗易懂地传播岱崮地貌科普知识，以满足人们对地学知识的求知解惑需要，增强社会各界参与保护地貌景观的意识[13]，同时，加大媒体对岱崮地貌保护的宣传力度，尽最大努力纳入“地理中国”拍摄范围。

4. 建立健全岱崮地貌地质灾害监测预警机制

维护岱崮地貌的旅游安全及其形象是岱崮地貌保护与开发的重要课题。本着以防为主，防治结合的原则，建立健全岱崮地貌地质灾害防治的行政管理体制和法规体系，认真开展旅游基础建设项目地质灾害影响评估工作，建立健全地质环境监测站网，全面勘查崮体景观与地质灾害隐患，启动地质灾害数据库建设，注重地质灾害预警预报工作，设立岱崮地貌地质灾害防治研究专项资金[14-17]。

二、具体措施

(1)加强岱崮地貌管理，制定岱崮地貌保护管理细则。由县政府进行发布，由岱崮地貌管理部门下发给各个乡镇和景区(点)。

(2)加强岱崮地貌科普宣传，提高公众对岱崮地貌景观认知能力。以学校教育为基础，以社会教育为补充，通过媒体、网络、报纸、杂志、标示标牌等进行岱崮地貌知识的传播。

(3)加强岱崮地貌的监督检查，建立岱崮地貌保护监测系统。公园管理部门要加强对地质遗迹的保护管理，开展对地质遗迹保护工作的检查、指导、监督等工作。

(4)对濒危崮体景观实施工程保护。对一些地处景区核心线路上的典型地质遗迹，要实施工程保护。包括修建保护亭、保护围栏、架空步道、崖壁栈道等工程。

(5)崮体的保护对于研究地区地质历史发展、演化具有重要意义。一是在崮与农田接触地段，在不占、不毁农田的基础上，对其进行保护，设置围栏、警示牌，对剖面本身也需进行防水处理；二是对还未被挖掘崮体剖面，应加强保护，派专人定期巡视，并在剖面附近设置警示牌，禁止开挖，如因科学研究确有需要的，还必须通过管理部门批准方可执行；三是岱崮地貌剖面遗迹跨度范围广、游览遗迹路线长，应考虑在地质博物馆中通过图片、文字、影像、三维模型等方式进行展示，做到“室外不足室内补”，以满足普通游客学习地质知识的需要[18]。

(6)启动岱崮地貌保护专项规划，分期分步组织实施。按照保护规划，对地质遗迹资源进行科学保护和分类管理，设置地质遗迹保护区。建议设立岱崮地貌生态环境保护专项资金。岱崮地貌需要多种专项治理和相关的科学研究，必须有一定的资金保障。

(7)沟域与水体资源保护。一是小流域水土保持工程，减少崮体泥沙向沟域的输入；二是水体环境的净化工程；三是沟域生态绿化工程。

(8)分批进行岱崮地貌区域废弃矿山生态修复。分轻重缓急对废弃矿山进行植物修复。

(9)加强岱崮地貌区域生态林建设与保护。一是积极开展荒山绿化、美化工程；二是农田与崮体绿化隔离带建设；三是山脚与乡村绿化隔离带建设。

(10)洪涝与地质灾害防治。一是对岱崮地貌区域沟域进行沟道疏理工程，减缓防洪压力；二是对重要崮体进行地质灾害防治工程。

(11)森林防火措施。一是岱崮区域内以预防为主，巡护森林，管理野外用火；二是景区内应设置有森林防火警示牌，要对游客进行防火安全教育。

(12)建立岱崮地貌特色动植物保护名录，并在景区进行宣传。

(13)建立岱崮优先发展区、引导发展区的标识系统(路标、景牌、说明牌、公益牌、宣传牌等)，增强路线和景点的通达性和可选择性。

(14)乡村与岱崮地貌自然风貌保护措施。一是新农村建设(天际线、色彩等)与岱崮地貌自然风貌和谐；二是旧村改造要与优先发展区、引导发展区协调。

(15)小城镇建设与岱崮地貌协调途径。一是小城镇建设要与岱崮地貌旅游综合体建设结合起来；二是小城镇建设要服从区域岱崮地貌整体风貌要求；三是小城镇功能建设要服从于岱崮地貌旅游综合体的需要。

第六节　岱崮地貌开发对策与措施

一、开发对策

岱崮地貌是一种特殊的地理单元，形成了具有特殊生态价值、资源价值、历史价值和文化价值的人地关系地域系统。岱崮地貌的开发应该从系统的角度，研究注入旅游发展要素后，山地人地关系地域系统的特征、功能、结构的演化过程和机制，研究旅游发展条件下的山地人地关系地域系统变化的识别、调控和优化。

岱崮地貌生态系统是山地人地关系地域系统的基础，也是重要的旅游吸引物，具有脆弱性和敏感性。旅游开发对不同区域、不同地质地貌条件和植被土壤条件下的山地生态系统的作用过程、作用机理和影响程度是岱崮地貌旅游研究的重要内容。同时应关注旅游发展背景下的山地生态环境保护问题。

1．岱崮地貌开发的区域整合

岱崮地貌开发面临前所未有的大好机遇：一是旅游业作为国家重点扶持的新兴产业和新的经济增长点，将继续受到国家宏观政策的支持；二是岱崮地貌独特的旅游资源逐渐得到人们的认识和了解，特别是得到县、市、省各级政府的大力支持；三是岱崮地貌的开发给鲁中南山区的旅游开发注入活力。根据岱崮地貌旅游资源和区位布局实际，其开发战略为：在空间布局上采取“围绕优先发展区，引导发展区，实现跨区组合，打造联动发展区，以点轴推进，辐射鲁中南”；在资源整合上采取“资源组合，突出重点，注重差异，优势互补”；在产品的打造上采取“政府主导，市场运作，树立形象，培育精品”。

(1)围绕优先发展区，引导发展区，实现跨区组合，打造联动发展区，以点轴推进，辐射鲁中南。岱崮地貌具有丰富地质旅游资源和生态景观资源的特点。目前，在岱崮地貌区域已经建立岱崮地貌省级地质公园、抱犊崮国家地质公园、纪王崮天山王城景区。已经形成了“点的开发、面的影响”。因此，岱崮地貌的开发应确立整体开发框架，实施岱崮地貌旅游资源与其他旅游资源相互结合、跨区整合战略。促进鲁中南山区的旅游发展，将有助于强化区域开发的集聚效应，也便于各地发挥各自优势，以各具特色的地貌旅游，实现差异化发展。

(2)实现岱崮地貌开发的区域资源组合，突出优先发展区和引导发展区的重点，注重联动发展区差异，达到优势互补。岱崮地貌所在区域既有地貌的共性，又有不同区域的特色性，在开发过程中，根据差异化原则把握差异，形成具有独特地貌特点的旅游景区，同时，把岱崮地貌旅游资源的开发同其他资源的开发一起进行。实现各种旅游资源相互融合，相得益彰。

在突出岱崮地貌特色旅游资源开发过程中，要摒弃现有的简单模式，更加适应市场需求，形成更多的参与性、游乐性、休闲性旅游产品。使游客真正感受到“游有所学，游有所乐”，增强旅游的吸引力。

(3)强化政府主导功能，实施市场运作方式，树立岱崮地貌形象，培育岱崮地貌旅游精品。政府主导，市场运作，是解决岱崮地貌区域旅游规划和投融资问题的最根本、最好的办法。实践表明，政府主导旅游业发展是行之有效，适合旅游业特点的战略思路。因此，应加大各级政府主导旅游业发展的力度，优化社会大环境和加大基础设施投入。一是政府是宏观经济调控者和管理者，应安排适当的启动资金用于岱崮地貌旅游规划的制订、环境的整治和宣传促销等；二是要大胆招商选资的创新，鼓励和支持社会各种经济成分兴办旅游业，尤其是引入国字号重点企业，形成全社会办旅游的生动局面；三是岱崮地貌开发要走市场化运作的路子，根据旅游受众的需求来定位岱崮地貌旅游的发展方向与方式，在旅游开发实施过程中引入市场机制，考量投入产出合理性，政府拥有岱崮地貌有形资源和冠名权、特许经营权、开发政策等资源，应注意运用市场的办法、经营的手段，把资源变成旅游发展的资本来运行；四是加快岱崮地貌区域基础设施的配套建设，有效地整合“食、住、行、游、购、娱”六要素，促进相关产业发展，增强综合竞争力；五是要遵循市场经济基本规律，积极发挥企业在岱崮地貌旅游开发中的重要作用，扶持组建以骨干企业为“龙头”，以资本为纽带的跨行业、跨所有制、跨地区的大型旅游企业集团。以对外批租、承包、租赁等形式，积极引进外资和民间资本，实现以资源换资金、以景点换资金、以经营权换资金的发展策略；六是岱崮地貌所在区域各级政府机构应联合起来，切实维护岱崮地貌的整体形象，整合优势旅游资源，实行整体推销，着力打造岱崮地貌旅游品牌。

2. 重视以资源保护为前提的可持续旅游资源化开发

岱崮地貌是不可再生的旅游资源，其旅游环境较为脆弱，应以法律、行政、经济手段来规范开发者的行为，禁止盲目的、破坏性的开发。即使合理的开发也应有所侧重，应以优先发展区为支撑点，引导发展区为重点，联动发展区为辐射点，实行“点线结合，带动全面”的有层次地逐步展开，避免不分主次，严格控制开发力度，建立景区的环境质量标准，才能有效合理地开发岱崮地貌旅游资源。实现旅游资源化开发是旅游需求层次提高的拉动力，是地质遗迹的保护需求的促动力，是新型旅游产业培育的驱动力，是国家政策支持的推动力，是岱崮地貌形象与品牌打造的带动力。

3. 加强政府宏观调控，启动岱崮地貌旅游发展规划

政府宏观管理包括制定相应法规、政策、审批开发项目、监督、评估管理者和宣传教育工作。在法规政策方面，政府要制定出相应的宏观政策，这是进行管理的前提和条件；在环境政策方面，要加强对岱崮地貌旅游产品的环境影响评价，出台相应的环保措施；在经济政策方面，要支持那些有利于岱崮地貌形象维护、增强地方生态旅游特色、可吸引更多生态旅游者的旅游项目。

岱崮地貌涉及范围大、区域广，开发时要把岱崮地貌作为一个完整的地域单元进行开发、设计，要从宏观上树立岱崮地貌的整体形象。应将岱崮地貌旅游纳入各级政府经济社会发展总体规划，在岱崮地貌成因、开发价值的基础上，系统组织专家对岱崮地貌旅游资源、生态环境现状进行调查，要对旅游资源制订出科学、全面、符合可持续发展与保护的规划方案，开发要做到整体与局部兼顾，长期与短期结合，构建一个科学合理的资源开发先后顺序，打造一个独特性、差异性的发展格局，力求使其产品具有较强的观赏性、趣味性、知识性，从而满足不同层次旅游消费者的不同需求。

4. 岱崮地貌开发深度与广度组合

岱崮地貌作为鲁中南山地重要的区域性旅游资源，其开发建设需得到区域内其他自然、人文旅游资源的辅助和支持，遵循旅游市场发展规律，整合岱崮地貌景观和民俗风情、红色文化等特色旅游资源，设计出适应市场需求的旅游产品谱系。

岱崮地貌是旅游开发的核心，在旅游产品的规划上，既要考虑到岱崮地貌的特殊性，以保护地貌景观为前提，突出其地质内涵，并肩负一定的科研科普责任，同时也注重其地质公园属性，强调它的娱乐休闲功能，要有趣味性，能吸引游客的到来。因此，岱崮地貌的旅游产品开发要集保护性、科普性、参与性、趣味性、美学性于一体，除了强调一般旅游活动的“食、住、行、游、娱、购”六要素以外，还应强调“学、研、护”的价值。岱崮地貌旅游产品主要包括体现地质公园核心价值的科考科普等核心产品；针对游客观光旅游的基础产品；利用地理条件开展的体育休闲等期望产品，以及其他人文旅游资源为基础民俗文化旅游等附加产品；针对特殊群体开展的休闲度假和会展中心等潜在产品。

5. 岱崮地貌品牌定位

当前，旅游品牌理论和实践的研究在大部分旅游地得到重视和发展，但地质

公园在品牌理论和实践研究方面还显得薄弱，为了使岱崮地貌在竞争激烈的旅游市场上站稳脚跟，对其品牌理论和实践研究的需求已迫在眉睫。

岱崮地貌旅游品牌价值是以高品质的地貌景观资源、特色化的服务、现代化的旅游服务设施、优美的生态环境、淳朴的民俗风情等因素为基础，表现出来的区别于其他地质公园的独特属性，是岱崮地貌综合价值的一种存在形态。它体现在岱崮地貌通过对品牌的培养和专育所获得的综合价值，以及旅游者通过品牌联想、品牌认知、品牌感知质量、品牌满意度和忠诚度等环节对岱崮地貌产生的感知价值和旅游意向。

岱崮地貌旅游品牌塑造必须从岱崮地貌旅游产品特性入手，在崮体保护的基础上，塑造出基于地质景观属性的差异化产品，提高其品牌的市场价值，塑造出游客心目中对品牌的独一无二的认知。岱崮地貌旅游产品的保护性、有限承载性决定了岱崮地貌旅游品牌塑造时，必须要考虑如何既满足旅游者的需求，又不损害旅游产品和服务赖以存在的生态环境。

岱崮地貌旅游品牌培育把握“突出主题，体现科学价值”的原则。紧紧抓住“世界方山奇观、中国岱崮地貌”独特优势，利用现代高科技手段，突出产品的科学性、参与性和趣味性，让游客在欣赏自然美的同时，亲自体验大自然的神韵和奥秘，集科学性、参与性、趣味性于一体。

6. 岱崮地貌旅游形象塑造

旅游形象是旅游地在大众心目中形成的总体印象和评价，是社会对某旅游地特点的概括和总体评价，是由旅游地的各种旅游产品（吸引物）和因素交织而成的总体印象。岱崮地貌旅游形象是宣传鲁中南山区旅游的主要表现形式，就是要使岱崮地貌深入到潜在游客心中，占据某处心灵位置，一个良好的、个性鲜明的主题形象，可以形成较长时间的垄断地位，对于旅游业持续发展具有重要意义。

岱崮地貌旅游形象是旅游者能够全面地、总体地、概括地、抽象地认知和评价的基础。旅游形象策划通过对旅游目的地形象定位、宣传口号设计、形象传播等的策划，形成的统一形象目标。成功的旅游形象定位有利于旅游营销推广，有利于旅游者对岱崮地貌的认知和理解。岱崮地貌是一个以保护具有重大科学研究和世界影响的中国五大旅游地貌之一，集地质地貌、民俗文化、红色旅游、生态旅游于一体，可开展科考科普、观光游览、休闲度假、生态旅游和文化旅游的综合型地质公园。

二、具体措施

岱崮地貌是自然遗产和历史文化的重要组成部分，蕴含着巨大的科学研究和文化学术价值，具有可开发性。作为自然景观具有美学观赏性，可以为旅游业所开发利用，可以作为一种高品位的知识性旅游产品推向社会。

1. 岱崮地貌开发要与鲁中南山区自然环境相协调

自然环境是指岱崮地貌所在区域的自然地理环境，包括地貌、水体、植被、气候等，与当地的社会人文环境一起组成岱崮地貌的旅游环境空间。岱崮地貌开发要从大处着眼，从整个宏观背景出发、小处着手，在一个大的框架中做区域开发。这样，一方面，景观结合默契，连点成线，连线成面，易营造良好的宏观旅游环境；另一方面，良好的景观组合还可以使景观之间相得益彰。

2. 岱崮地貌开发要与“三区”人文景观环境相和谐

人文景观不仅包括当地的社会、政治、经济、文体等社会人文环境，还包括依托岱崮地貌景观建设的各类旅游接待设施及当地赋存的古今人文建筑、历史遗存、风土人情、神话传说等。

(1)各类旅游接待设施与地貌景观相协调

接待设施在建筑体量、色彩、材料、建筑风格、选址、布局等众多方面应与岱崮地貌的自然风貌和谐一致。

(2)岱崮地貌开发与当地社会环境相融合

岱崮地貌开发应充分考虑当地的文明程度、开放意识，充分考虑岱崮地貌景观的社会兼容性，处理好景区建设与乡村发展的关系，为景区后续发展创造良好的社会人文环境。

(3)岱崮地貌开发与当地历史文化传承相结合

地方文化挖掘包括地脉和文脉，尤其是文脉。文脉的传承对形成岱崮地貌旅游形象和地方特色具有重要意义，深入挖掘其历史文化价值，一方面可以丰富岱崮地貌开发内容，增加地貌景观可游览性；更主要的是可以赋予岱崮地貌景观本身以永恒的主题和隽永的意味。

3. 岱崮地貌开发与外部旅游景区(点)相组合

岱崮地貌所在区域(优先发展区、引导发展区、联动发展区)要与周边地区景区进行区域旅游联合开发、线路组合，将一些吸引力大、知名度高的景区整合成综合性的旅游线路，创建良好的跨区域性旅游大环境，形成岱崮地貌整体旅游吸引力和整体市场竞争力。

4. 岱崮地貌的科学性与观赏性相结合

（1）充分展现岱崮地貌的科学性

岱崮地貌不同于一般的自然景观，其开发一定要突出其独特的科学价值，使其与众不同的科学意义通过人为有意识地突出和专门的途径、方式充分展现出来。

（2）解决好科学性和观赏性协调

岱崮地貌的科学性和观赏性应很好结合，防止一味地追求科学性而忽视观赏性，也要防止单纯展示其景观艺术而忽视其科学含义。

5. 岱崮地貌开发与文化旅游相结合

红色旅游是岱崮地貌开发的组合性旅游产品。沂蒙山区是一块古老神奇的文化沃土，是一块神圣的红色土地。沂蒙精神是在中国共产党的领导下，在人民军队的哺育下，山东党政军与沂蒙人民共同创造的财富。沂蒙精神代代相传，生生不息。作为岱崮地貌旅游的组合性产品，红色旅游与科考科普旅游产品相互促进，相得益彰。

民俗文化旅游就是旅游者被岱崮地貌区域独具个性的沂蒙山区特色文化所吸引，尤其是与岱崮地貌和乡村民俗相关的文化，以观赏、了解、体验民俗文化，参与民俗生活，满足游客“求新、求异、求乐、求知”的心理，是一种高层次的文化旅游。岱崮地貌民俗旅游结合探险、科考、度假、娱乐、购物、会展等开展多种形式的旅游项目，让游客游览民俗村寨，参加民俗节庆，品尝民俗餐饮，体验民俗歌舞，购买民俗商品，领略各种绚丽多彩的民俗风情文化活动，从而创建原生态的民族文化旅游模式和基地。

6. 岱崮地貌开发与乡村旅游相结合

岱崮地貌开发要突出乡土性，因地制宜开发乡村旅游资源。乡村旅游是城市居民假日休闲的重要出行目的地，其自然的生态景观、清幽静谧的生活环境、原生的乡土建筑、鲜明的乡村特色、良好的服务质量和配套环境，是稳定市场客源和保障乡村旅游长期健康稳定持续发展的关键。因此，岱崮地貌旅游资源开发要注意保持乡村自然和人文环境的原真性。在与乡村旅游资源结合中，实现生态乡村田野化、设施乡土化、服务乡俗化，突出乡野主题和特色。

7. 岱崮地貌开发与沟域旅游结合

岱崮地貌要以崮体与沟域作为完整地理空间进行整体开发，要保持岱崮地貌与沟域的地缘一体性，生态的连续性，产业的融合性和文化的相关性。以山体的自然景观、沟域的历史文化和产业开发基础为背景，通过对沟域的环境、景观、产业等元素统一整合，集成旅游观光、生态涵养、历史文化、民俗风情、科普教育等内容，建成形式多样、产业融合、规模适度、特色鲜明的岱崮地貌沟域产业带。同时对沟域进行整体规划，优化产业结构布局，深入挖掘和创新传统文化元素，形成以岱崮地貌旅游为核心的经济形态，构建以点带面、多点成线、联合互动的特色产业链，促进岱崮地貌区域沟域旅游发展与生态文明建设。

8. 岱崮地貌开发与美食文化结合

岱崮地貌所在区域生态环境良好，天然美食原料丰富，村民朴实热情，在长期的历史进程中形成了具有一定特色的沂蒙风味小吃、山区特色菜肴、名特优新产品等饮食文化。旅游者通过领略岱崮地貌所在区域美食体验，进而深入了解地域风俗习惯、风土人情和文化特征，获得丰富深刻的感官和审美体验。

岱崮地貌美食旅游不是简单的旅游要素的升华，不是简单意义上的饮食文化在旅游中的叠加或应用，它具有丰富的文化和社会内涵。岱崮地貌美食旅游是以品尝美食、探究美食文化为主要旅游动机，以体验美食艺术、烹饪方法、饮食礼仪、器皿器具为旅游活动的集合体，是饮食文化与岱崮地貌开发高度结合的专项旅游，是文化消费的高级形式。

参考文献

[1] 陈从喜. 国内外地质遗迹保护和地质公园建设的进展与对策建议. 国土资源情报，2004，(5)：8-11.

[2] 王兴贵，李铁松，张启春，等. 地质公园功能分区规划研究—以拟建四川万源八台山省级地质公园为例. 四川地质学报，2006，**26**(3)：160-163.

[3] 胡炜霞，吴成基. 论国家地质公园建设的可持续发展. 干旱区资源与环境，2007，**21**(6)：29-33.

[4] 胡炜霞，吴成基. 中国国家地质公园建设特色及快速发展过程中的问题与对策研究. 地质论评，2007，**53**(1)：98-103.

[5] 李如友. 地质遗迹旅游资源化：概念、动力及途径. 地质学刊，2012，**36**(1)：107-112.

[6] 李翠林. 地质遗迹景观保护开发国内外研究进展. 国土与自然资源研究，2012，(5)：64-65.

[7] 王彦洁，武法东，张建平. 北京延庆国家地质公园旅游资源类型与保护开发建议. 资源开发与市场，2013，**29**(1)：110-112.

[8] 马艳平，徐国伟，马诚超. 我国地质公园建设与地质遗迹保护现状及建议. 资源产业经济，2010，(2)：

24-25.
[9] 杨炯，孟华，王雷亭，等. 基于公众认知的地质遗迹保护与开发—以泰山地质公园为例. 资源与环境，2010，**26**(1)：60-62.
[10] 康永波. 地质遗产的保护与开发研究. 中国地质大学，2013.
[11] 谢艳平. 浙江省地质公园地质遗迹及其保护利用研究. 浙江大学，2006.
[12] 黄勋. 地质遗迹保护与利用协调性研究. 西南大学，2011.
[13] 董颖. 中国地质遗迹资源保护. 中国地质灾害与防治学报，2010，(4)：56-60.
[14] 余菡. 中国世界地质公园的资源类型、特点、现状及开发保护建议. 经济地理，2006，**26**(12)：59-63.
[15] 丁华，曹明明，戴宏. 陕西省地质遗迹特征与地质公园建设. 干旱区资源与环境，2007，**21**(10)：131-135.
[16] 马先娜. 地质遗产的保护与开发. 中国地质大学，2013.
[17] 胡菲菲. 山东栖霞地质公园地质遗迹资源与保护研究. 中国地质大学，2010.
[18] 温兴琦. 论生态文明视角的国家地质公园旅游开发. 求索，2008，(11)：72-73.

第七章　结论

第一节　主要结论

一、岱崮地貌的定义

岱崮地貌是由寒武系海相碳酸盐岩作为标志层的聚集型崮组成的一类地貌形态，以其独特的碳酸盐岩作为标志性“方山帽”，岱崮镇作为其集群产出的核心地区，成为有别于传统方山的另一类典型地貌景观，在国内外具有重要的学术研究价值和旅游开发价值。

二、蒙阴县出露地层类型及空间分布

蒙阴县出露地层主要有太古界、元古界的变质岩系，统称为前寒武系地层；古生代主要有寒武—奥陶系的沉积岩系；另有不同时代的侵入岩系以岩柱、岩墙、岩脉等形式进入上述地层内部，但比例有限；此外有新生代的松散堆积物。

从蒙阴县境内各类岩石的空间分布，寒武系主要出露在东北部，奥陶系出露在南部，泰山群变质岩系主要分布在蒙阴县西南部地区，此外在野店镇东部出露一套以花岗岩为主的岩浆岩。纵观蒙阴县境内的岩石空间分布可以发现，多数岩石类型地表出露的特征是都具有北西西向展布趋势，这大致与地貌形态，特别是与地表高程的空间分布密切相关。

三、实测剖面揭示的岱崮地貌地层特征

实测剖面揭示了地表坡度由山脚向山顶具有变大趋势。岱崮地貌的基座由页岩为主的多种岩石类型不同厚度交互组成，其中连续页岩层较厚，也是基座中最厚的，其次有豆粒状灰岩、碎屑灰岩，单个层系较厚，其他处于过渡性的岩层，比如，泥质灰岩、灰质泥岩，等等，各层的厚度都不大。岱崮地貌的顶部，即崮体，主

要是由巨厚层鲕粒灰岩构成的。个别崮顶存在尖山，一些是页岩尖山，一些是碳酸盐岩尖山，都是地表严重风化及剥蚀的产物。

地层的倾角介于4°～11°之间，主要向45°方向倾斜。这可以解释梓河右岸地区的崮体是由中寒武统碳酸盐岩构成，而梓河左岸分水岭上的却是上寒武统碳酸盐岩构成，这主要是地表高程的不同引起剥蚀速率的差异。

四、岱崮地貌的类型

根据发育时期，岱崮地貌的崮可以划分为发育期崮、成型期崮、维持期崮和解体期崮四大类。按照崮体垂直投影得到的崮体的平面形态特征可以将岱崮地区的崮体分为以下几类：近圆形崮、长形崮、似凸边三角形崮、不规则多边形崮等。按照崮体碳酸盐岩层数可以将岱崮地区的崮体分为单一厚层崮、双层叠置崮和多层叠置崮。按照崮体在山丘所处的位置不同，可以将岱崮地区的崮分为孤丘崮、山脊崮、山岔崮等几类。

五、纵横断面高程对比

通过纵横断面高程对比方法详细揭示了蒙阴县全境及岱崮镇境内地势沿经向和纬向的变化特征，结合地表遥感影像制作的数字三维地形图揭示了蒙阴县地势及地貌的区域变化特征，也揭示了岱崮地貌分布最为多见的岱崮镇地势特征——丘陵密布、山谷相间。同时，揭示了不同级别河流的分水岭在区域的展布特征，这为岱崮地貌的空间分布研究提供支撑。

六、岱崮地貌的空间分布

岱崮地貌按照分布密度可以划分为核心区、典型区和辐射区三个分布区域。蒙阴县岱崮镇为核心区，集群分布计有30个崮；而蒙阴县的野店镇、坦埠镇、旧寨乡作为典型区；沂水县、沂南县、费县、平邑县、枣庄市的山亭区等作为岱崮地貌的辐射区。

将岱崮地貌核心区——岱崮镇境内的主要崮及其所处的位置进行勾勒制图，可以发现，所有崮体都位于分水岭上或沿分水岭伸出的孤丘上。进一步研究可以明确，岱崮地区的崮主要位于四条分水岭上，其中3崮位于卢崮分水岭上，6崮位于獐子崮分水岭上，13 崮位于岱崮分水岭上，4 崮位于张家寨分水岭上，另外有 4 崮位于梓河东部分水岭上。岱崮镇地区的 30 个崮体无不依山岭而排列、择岭峰而定居。

七、岱崮地貌的影响因素

岱崮地貌作为很有特色的造型地貌景观，其形成受到各种因素的影响，主要影响因素大致有三个方面：其一，物质，包括岱崮地貌的岩性及物质组成；其二，内动力作用，包括地质构造动力及其引起的各种形变；其三，外动力作用，包括气候的长期及短期变化，各类侵蚀作用等等。

八、岱崮地貌的演化

岱崮地貌的演化包括下述几个重要阶段：合适的沉积环境中沉积形成寒武系这套地层；地质构造作用力导致包括这套地层在内的地层系统抬升直至出露水面以后再接受侵蚀的同时而持续隆升；地层沿软弱带被剥蚀从而逐渐形成岱崮地貌的雏形。因此，岱崮地貌的形成和演化要经历三个重要的阶段：沉积阶段、构造抬升为主阶段、侵蚀阶段。

岱崮地貌的演化模式可以概括为以下 A～D 四个阶段：A 阶段—沉积环境中岩层形成阶段；B 阶段—构造强烈隆升及陆上地层开始剥蚀变形阶段；C 阶段—沟谷及分水岭形成、厚层碳酸盐岩被切穿；D 阶段—崮型地貌的完成阶段。

九、岱崮地貌的典型特征

可以归纳为以下 10 项特征：(1)典型的方山形态；(2)崮体为独特的巨厚层碳酸盐岩；(3)较平缓的岩层面；(4)陡峻的崮壁；(5)相对易蚀的下伏岩层；(6)顶部岩层严重剥蚀；(7)崮体及其下伏岩层节理发育；(8)崮体平面形态的多样性；(9)崮体剖面形态的多样性；(10)崮体发育阶段的差异性。

十、岱崮地貌崮体几何特征参数

对于岱崮镇 30 个崮的各自特征进行了详细揭示，首先，运用遥感方法测定了每个崮的长度、宽度范围、周长和面积。这些数据是第一次完整测定，精度很高，为岱崮镇各个崮的开发提供了便利，也为崮体将来的研究积累了丰富资料。并探讨了崮顶高程的范围、不同区间的出现数量、沿分水岭的变化特征等。

崮体面积作为一种重要数据，是评价崮体开发方案的重要依据之一。从崮的面积大小来看，莲花崮面积最大，为2668亩，约为1.78平方千米。而木林崮面积仅为0.9亩，石人崮作为剥蚀最为严重的崮，以残崮形式零星出现，其保留总面积约为1.1亩。在岱崮镇30余个崮中，面积超过1000亩仅有莲花崮一个；面积介于1000～100亩的有5个，为大崮、荷叶崮、天桥崮、南蝎子崮和蝙蝠崮。有15个崮的面积介于100～10亩。小于10亩的有9个。

岱崮镇30个崮的长度相差悬殊，莲花崮最长，为4482米；十人崮、大崮、天桥崮三个崮居于第二至第四，其长度介于2000～1000米之间；长度介于1000～100米之间的崮有19个；长度小于100米的有7个。以十字涧河南北分水岭上崮体长度变化为例，发现崮体长度沿分水岭没有明显规律性或趋势性变化。

十一、岱崮地貌的景观特征

岱崮地貌是一种典型的岩石造型地貌，与丹霞地貌、张家界地貌、嶂石岩地貌、喀斯特地貌等具有异曲同工之妙。在对上述四类造型地貌特征的对比中，提炼出岱崮地貌的景观类型主要有以下几类：

(1)崮体岩石造型景观，主要包括方山崮景观、崮上尖山景观、桥崮景观、叠崮景观、复合崮景观、错位崮景观、人像崮景观、长崮景观、折线崮景观、残崮景观、坠石景观等。(2)岩石结构构造景观，主要包括节理景观、鲕粒/豆粒结构灰岩景观、溶蚀景观、溶洞填充景观等。(3)地下水及生物化石景观，主要有三叶虫化石景观、龙泉景观等。

十二、岱崮地貌的成景原理

与岱崮地貌形成模式类似，岱崮地貌的形成过程经历了滨浅海的长期沉积作用、大陆板块运动引起研究区地壳的逐渐隆升作用和不同程度的构造变形作用、外营力为主的长期剥蚀改造作用。岱崮地貌景观的形成，可以简单地概括为三个阶段：(1)地貌景观的物质准备阶段(沉积作用为主的阶段)；(2)地貌景观的初始变形及塑造阶段(构造作用为主的阶段)；(3)地貌景观的逼真刻画阶段(外营力作用为主的阶段)。上述三个作用阶段的连续作用,是岱崮地貌景观成景所遵循的基本原理。

十三、岱崮地貌的学术及资源价值

岱崮地貌具有典型性、稀有性、系统性和完整性。其科学价值体现在该地貌景观记录了其所在区域的古地理、古气候、古生物、古构造等方面的地质信息,是研究地质演化、地貌形成的绝佳科学研究场所,也是展示海陆变迁、构造运动、沉积建造等地学内容的科普基地,具有较高的地层学、古生物学、岩石学、构造学、沉积学、地貌学研究价值及世界自然遗产价值,也具有科普教育价值。岱崮地貌是大自然艺术构图的杰作,具有"奇、秀、幽"的景观效果,是观光游览的理想基地,探险和健身的绝佳去处,同时也是体味人文景观之美的奇妙家园,具有鲜明的景观美学价值,因而具有旅游开发价值和社会经济价值。

十四、岱崮地貌保护与开发的意义

岱崮地貌作为大自然创造的瑰宝具有独特性、集群性、典型性等特性,是自然遗产的组成部分,做好其保护与利用工作,有利于实现人与自然和谐发展,是一项功在当代、利在千秋的事业。如何保证岱崮地貌及其环境资源不受破坏和污染,保持生态系统的完好,实现可持续发展对推动蒙阴县经济社会的又好又快发展具体重要的作用和意义。

十五、岱崮地貌保护与开发的原则和区划

通过对岱崮地貌的深入研究,其发展应当遵循:地质景观得到保护→地质遗迹开发→旅游资源知名度提升→交通、住宿、餐饮、娱乐、购物等旅游产业快速形成与发展→旅游收入与社会就业率增加→居民可支配性收入增加。坚持保护优先与持续发展原则;坚持景观为体,生态为基,以人为本,文化为魂的原则;坚持保护与塑造村镇山水空间和谐的原则;坚持主题导向,形象制胜,精品支撑,滚动发展的原则;坚持政府主导,公众参与,市场运作的保护与开发原则;坚持严格执行保护与开发平衡发展策略。

根据岱崮地貌的分布特征、资源价值、环境敏感度,遵循"地质遗迹保护优先、

保持地质公园完整性和分级保护”的原则，将岱崮地貌划分为优先发展区，引导发展区和联动发展区。其中优先发展区包含整个岱崮镇，控制范围总面积为 180 平方千米，辖 42 个行政村，人口为 5.3 万；引导发展区包含坦埠、野店、旧寨三个乡镇，控制范围总面积为 406 平方千米，辖 122 个行政村，人口为 10.6 万；联动发展区涉及临沂市蒙阴县、沂水县、沂南县、平邑县、费县、淄博市沂源县和枣庄市山亭区 7 个区县，控制范围总面积为 11948 平方千米，人口为 545 万。

十六、岱崮地貌保护对策和措施

保护对策包括：(1)加快岱崮地貌保护基础数据库建设；(2)尽快推广岱崮地貌保护示范点建设；(3)强化岱崮地貌保护知识的宣传和培训；(4)建立健全岱崮地貌地质灾害监测预警机制。

具体措施：(1)加强岱崮地貌管理，制定岱崮地貌保护管理细则；(2)加强岱崮地貌科普宣传，提高公众对岱崮地貌景观认知能力；(3)加强岱崮地貌的监督检查，建立岱崮地貌保护监测系统；(4)对濒危崮体景观实施工程保护；(5)启动岱崮地貌保护专项规划，分期分步组织实施；(6)建议设立岱崮地貌生态环境保护专项资金；(7)沟域与水体资源保护；(8)分批进行岱崮地貌区域废弃矿山生态修复；(9)加强岱崮地貌区域生态林建设与保护；(10)洪涝与地质灾害防治；(11)森林防火措施；(12)建立岱崮地貌特色动植物保护名录，并在景区进行宣传；(13)建立岱崮优先发展区、引导发展区的标识系统；(14)乡村与岱崮地貌自然风貌保护措施；(15)小城镇建设与岱崮地貌协调途径。

十七、岱崮地貌开发对策和措施

开发对策：(1)岱崮地貌开发的区域整合；(2)重视以资源保护为前提的可持续旅游资源化开发；(3)加强政府宏观调控，启动岱崮地貌旅游发展规划；(4)岱崮地貌开发深度与广度组合；(5)岱崮地貌品牌定位；(6)岱崮地貌旅游形象塑造。

具体措施：(1)岱崮地貌开发要与鲁中南山区自然环境相协调；(2)岱崮地貌开发要与“三区”人文景观环境相和谐；(3)岱崮地貌开发与外部旅游景区(点)相组合；(4)岱崮地貌的科学性与观赏性相结合；(5)岱崮地貌开发与文化旅游相结合；(6)岱崮地貌开发与乡村旅游相结合；(7)岱崮地貌开发与沟域旅游结合；(8)岱崮地貌开发与美食文化结合。

第二节　下一步工作建议

该专题报告对于岱崮地貌的自然属性的研究做得较为细致深入，但是，对于其保护及开发措施的细化还需要做进一步的艰苦工作。因此，建议蒙阴县将来以政府名义或者以旅游局名义，设立岱崮地貌的旅游规划课题，专门的规划任务可以为岱崮地貌的旅游开发提供具体指导。

一、编制《中国岱崮地貌旅游区发展总体规划》

岱崮地貌的旅游开发需要规划先行，通过确定岱崮地貌旅游发展目标，提高吸引力，综合平衡游历体系、支持体系和保障体系的关系，拓展旅游内容的广度与深度，优化旅游产品的结构，保护旅游赖以发展的生态环境，保证旅游地获得良好的效益并促进地方社会经济的发展。

二、创建国家级风景名胜区

丹霞地貌、张家界地貌和嶂石岩地貌已经成功创建了国家级风景名胜区，建议岱崮地貌创建国家级风景名胜区。

三、创建国家5A级旅游景区

近期创建国家3A级旅游景区，3～5年内创建国家4A级旅游景区，8～10年乃至更长一段时间内创建国家5A级旅游景区。

四、争创国家地质公园和世界地质公园

岱崮地貌旅游区目前已经是山东省省级地质公园，但是岱崮地貌旅游区体量大、保存完整、科学意义深远，具备申请成为国家地质公园的条件，建议近期着手国家级地质公园的申请工作。也为申报世界地质公园进行前期筹备工作。

五、时机成熟，申报世界自然遗产

《保护世界文化与自然遗产公约》规定，属于下列各类内容之一者，可列为自然遗产：(1)从美学或科学角度看，具有突出、普遍价值的由地质和生物结构或这类结构群组成的自然面貌；(2)从科学或保护角度看，具有突出、普遍价值的地质和自然地理结构以及明确划定的濒危动植物物种生态区；(3)从科学、保护或自然美角度看，具有突出、普遍价值的天然名胜或明确划定的自然地带。建议着手进行岱崮地貌相关资料的整理和汇编，并启动岱崮地貌世界自然遗产申请程序。

岱 崮 赋

张义丰

品齐鲁之格调，阅沂蒙之舆情，凝天地之灵性，辉山水之光芒者，惟岱崮是也。夫研究者，视岱崮若生命，地貌奇观，不可再生，其质脆弱，务以保护为统领，扬生态旅游之大乘，重生态环境之和谐，乃蒙阴发展所遵从。遍观岩石风景，以乡镇为名者，则仅岱崮而已矣。

岱崮地貌，灰岩地貌独特类型，华北地块构造背景，灰岩成景之母岩，数亿年流水侵蚀、重力崩塌、风化营力而形成。妙哉岱崮，出于奇观，造化风景，其绵延起伏，群崮毓秀，立地成景。可谓山川相协，村崮相融，风景这边独好，引爆旅游新喜，为沂蒙挥毫，为齐鲁增荣。

岱崮地貌得以问世，并非一时之念。从提出命题，到审定确立，既有开创先河的艰辛，又有考察研究的劳苦，更有蒙阴党政的期待，还有百姓的愿景。实属来之不易，必须格外珍重。

视蒙阴为故乡，以岱崮诉真情，重科学创新引领，解区域发展路径，孰能尽数，抒以豪兴，乃之为赋。